新编21世纪高等职业教育精品教材

公共基础课系列

微课版

高等数学

（理工科）

主　编　方媛璐

副主编　王　颂　位　赛　郑君慧

参　编　杨　萌　商梓敬

中国人民大学出版社

·北京·

图书在版编目（CIP）数据

高等数学：理工科 / 方媛璐主编. -- 北京：中国人民大学出版社，2024. 10. --（新编 21 世纪高等职业教育精品教材）. -- ISBN 978-7-300-32911-6

Ⅰ. O13

中国国家版本馆 CIP 数据核字第 2024Y6J385 号

新编 21 世纪高等职业教育精品教材 · 公共基础课系列

高等数学（理工科）

主　编　方媛璐

副主编　王　颂　位　赛　郑君慧

参　编　杨　萌　商梓敬

Gaodeng Shuxue (Ligongke)

出版发行	中国人民大学出版社		
社　址	北京中关村大街 31 号	**邮政编码**	100080
电　话	010－62511242（总编室）		010－62511770（质管部）
	010－82501766（邮购部）		010－62514148（门市部）
	010－62515195（发行公司）		010－62515275（盗版举报）
网　址	http://www.crup.com.cn		
经　销	新华书店		
印　刷	北京昌联印刷有限公司		
开　本	787 mm×1092 mm　1/16	**版　次**	2024 年 10 月第 1 版
印　张	11.75	**印　次**	2024 年 10 月第 1 次印刷
字　数	260 000	**定　价**	39.00 元（赠送配套习题）

PREFACE | 前言

“高等数学”课程是高等职业教育中的一门必修的公共基础课，学习该课程可为学生今后学习工程数学、专业基础课以及相关的专业课程打下必要的数学基础. 依据高等职业教育的人才培养目标和高等数学的课程标准，本书整合了高等数学的教学内容，注重基本概念、基本计算和基本方法的讲解，以适应各企业对人才的需求和社会发展对人才的要求.

全书在编写过程中，力求体现创新性与实用性，突出“培养数学思维，加强数学应用，服务企业社会”的思想；在保证知识内容完整性的基础上，按照“少而精”的原则，降低理论难度，弱化定理的推导过程，采用数形结合通俗易懂的表达方法，使复杂的问题简单化；在保证知识内容系统性的前提下，突出以解决问题为核心的能力培养，重视理论联系实际，注重培养基本运算能力和分析问题、解决问题的能力. 党的二十大报告指出，“必须坚持系统观念. 万事万物是相互联系、相互依存的. 只有用普遍联系的、全面系统的、发展变化的观点观察事物，才能把握事物发展规律”. 本书具有如下特点：

（1）内容选取遵循“以应用为目的，以必需够用为度”的原则，理论讲解简单易懂，内容陈述清晰明了，易于学生理解.

（2）注重知识拓展，每一章开头都设有“学习引导”“学习目标”“案例引入”三个栏目，并在“学习目标”栏目中设置了素质培养.

（3）内容与生产实践相结合，每一章都设有“知识链接”栏目，将数学知识与生产实践相结合，充分展示了数学的魅力和实用价值.

（4）每一章都设有“即学即练”栏目，加深学生对重点难点内容的理解；每一章都设有“知识回顾”和“目标检测”栏目，以便学生巩固对本章知识的掌握.

（5）配有单独的习题集和考试模拟真题，帮助学生进一步巩固和提高.

本书由方媛璐任主编，王颂、位赛、郑君慧任副主编，杨萌、商梓敬参与编写. 在编写过程中得到各参编单位和出版社的大力支持，在此一并表示诚挚谢意！由于编者水平有限，书中难免存在疏漏和不足之处，敬请广大读者批评指正！

感谢使用本书的学校、教师和学生！恳请使用本书的广大师生、专家提出宝贵意见和建议，以便本书进一步完善和提高！

编者

CONTENTS 目录

第一章 极限与连续

学习引导

极限是高等数学最基本的概念之一，是研究微积分的基本工具. 数学中的极限思想是由求某些实际问题的精确解而产生的. 自然界中有许多连续变化的现象，例如气温的变化、河水的流动、植物的生长等，这些现象反映了函数的连续性，连续性是函数具有的重要特性.

本章我们将介绍函数极限和函数连续等基本概念，以及极限与连续的计算与判断，这些内容都是学习高等数学必需的基本知识.

学习目标

掌握 极限四则运算法则，两个重要极限，常用求极限的方法，无穷大与无穷小的关系，无穷小的比较.

熟悉 函数极限的概念，函数连续性的概念及间断点的定义，初等函数的连续性，闭区间上连续函数的性质.

了解 数列极限的概念，无穷大与无穷小的概念，函数间断点的分类.

素质培养 培养学生做人做事一丝不苟、严谨认真、精益求精、追求卓越与完美的品质.

案例导入

我们熟知圆的面积公式是 $S=\pi r^2$，其中 r 是圆的半径，π 是圆周率，S 是圆的面积，这个公式是怎么得来的呢？

第一节 极 限

案例分析

如何求圆的面积？我国古代魏末晋初的杰出数学家刘徽（约 225—约 295 年）提出了“割圆术”，成功推算出圆周率和圆的面积.“割圆术”是利用圆内接正六边形、正十二边形、正二十四边形、……、正 $6\times 2^{n-1}$ 边形等一系列边数逐次加倍的正多边形的面积来逼近圆的面积.

设半径为 R 的圆的内接正六边形的面积为 A_1，

内接正十二边形的面积为 A_2，

内接正二十四边形的面积为 A_3，

…………

内接正 $6\times2^{n-1}$ 边形的面积为 $A_n(n\in N_+)$，

如此下去，就得到了一系列内接正多边形的面积 $A_1,A_2,\cdots,A_n,\cdots$，它们所构成的一列有次序的数，即数列. 如图 1－1 所示，当正多边形的边数无限增多时，正多边形的面积 A_n 也就无限接近于某一个确定的数值 A，这一确定的数值就为圆的面积. 这个确定的数值 A 就称为这组数列 $A_1,A_2,\cdots,A_n,\cdots$ 当 $n\to\infty$ 时的极限.

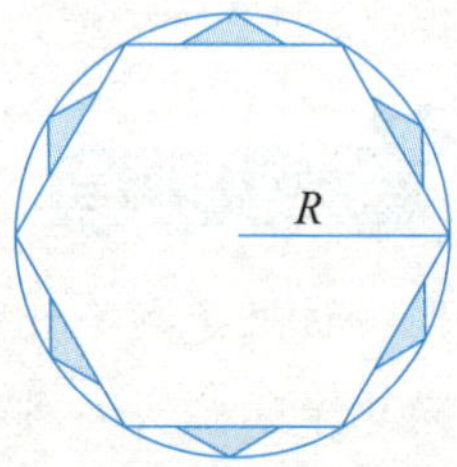

图 1－1

一、数列极限

1. 数列极限定义

我们知道，两个数 a 与 b 之间的接近程度可以用这两个数之差的绝对值 $|b-a|$ 来度量，$|b-a|$ 越小，a 与 b 就越接近.

定义 设 $\{x_n\}$ 为一数列，如果存在常数 a，对于任意给定的正数 ε（不论它多么小），总存在正整数 N，使得当 $n>N$ 时，不等式 $|x_n-a|<\varepsilon$ 都成立，那么就称常数 a 是数列 $\{x_n\}$ 的极限，或者称数列 $\{x_n\}$ 收敛于 a，记为 $\lim\limits_{n\to\infty}x_n=a$，或 $x_n\to a(n\to\infty)$.

如果不存在这样的常数 a，就说数列 $\{x_n\}$ 没有极限，或者说数列 $\{x_n\}$ 是发散的，即 $\lim\limits_{n\to\infty}x_n$ 不存在.

例 1 证明数列 $2,\ \frac{1}{2},\ \frac{4}{3},\ \cdots,\ \frac{n+(-1)^{n-1}}{n},\ \cdots$ 的极限为 1.

证明 $|x_n-a|=\left|\frac{n+(-1)^{n-1}}{n}-1\right|=\frac{1}{n}$.

$\forall\varepsilon>0$，要使 $|x_n-a|<\varepsilon$ 成立，只要 $\frac{1}{n}<\varepsilon$，即 $n>\frac{1}{\varepsilon}$.

所以，$\forall\varepsilon>0$，取 $N=\left[\frac{1}{\varepsilon}\right]$，则当 $n>N$ 时，就有 $\left|\frac{n+(-1)^{n-1}}{n}-1\right|<\varepsilon$，即

$$\lim_{n\to\infty}\frac{n+(-1)^{n-1}}{n}=1.$$

例 2 设 $x_n=C$（C 为常数），证明 $\lim\limits_{n\to\infty}x_n=C$.

证明 $|x_n-a|=|C-C|=0$.

所以，$\forall\varepsilon>0$，对于一切自然数 n，恒有 $|x_n-a|=|C-C|=0<\varepsilon$，

所以，$\lim\limits_{n\to\infty}x_n=C$.

2. 数列极限性质

定理（极限的唯一性） 如果数列 $\{x_n\}$ 收敛，那么它的极限唯一.

如果数列 $\{x_n\}$ 有两个极限 $\lim\limits_{n\to\infty}x_n=a$ 和 $\lim\limits_{n\to\infty}x_n=b$，且 $a\neq b$，则这时在数轴上看，当通项 x_n 变化到一定“时刻”后，x_n 既要与点 a 无限接近，又要与点 b 无限接近，显然这是不可能的. 因此，数列极限是唯一的.

定理（收敛数列的有界性） 如果数列 $\{x_n\}$ 收敛，那么数列 $\{x_n\}$ 一定有界.

推论 无界数列必定发散.

这就是说，数列有界是数列收敛的必要条件，而不是充分条件，即有界数列未必收敛，无界数列必定发散，发散数列未必无界.

上述的数列极限的两个性质对函数极限同样成立.

二、函数极限

与数列极限类似，对于函数 $y=f(x)$，在自变量的某个变化过程中，如果对应的函数值无限接近于某个确定的数，那么这个确定的数就称为在这个变化过程中函数的极限. 我们主要研究自变量趋于有限值时和自变量趋于无穷大时这两类情况下的函数极限.

1. 自变量趋向于有限值时的函数极限

设 $f(x)$ 在点 x_0 的某个去心邻域内有定义，如果在 $x\to x_0$ 的过程中，对应的函数值 $f(x)$ 无限接近于确定的数 A，那么 A 称为函数 $f(x)$ 当 $x\to x_0$ 时的极限，记为 $\lim\limits_{x\to x_0}f(x)=A$. 下面给出当 $x\to x_0$ 时，函数 $f(x)$ 极限的精确定义.

定义 设函数 $f(x)$ 在点 x_0 的某一去心邻域内有定义，如果存在常数 A，对于任意给定的正数 ε（不论它多么小），总存在正数 δ，使得当 x 满足不等式 $0<|x-x_0|<\delta$ 时，所对应的函数值 $f(x)$ 都满足不等式

$$|f(x)-A|<\varepsilon,$$

那么常数 A 就称为函数 $f(x)$ 当 $x\to x_0$ 时的极限，记作

$$\lim_{x\to x_0}f(x)=A \text{ 或 } f(x)\to A(x\to x_0).$$

此时，也称当 $x\to x_0$ 时，函数 $f(x)$ 的极限存在；否则称当 $x\to x_0$ 时，函数 $f(x)$ 的极限不存在.

上述定义可总结表示为：

$$\lim_{x\to x_0}f(x)=A\Leftrightarrow\forall\varepsilon>0,\exists\delta>0,\text{当 }0<|x-x_0|<\delta\text{ 时,有}|f(x)-A|<\varepsilon.$$

例 3 证明 $\lim\limits_{x\to x_0}C=C$，其中 C 为常数.

证明 $|f(x)-A|=|C-C|=0$，
$\forall\varepsilon>0$，任取 $\delta>0$，当 $0<|x-x_0|<\delta$ 时，能使 $|f(x)-A|=|C-C|=0<\varepsilon$ 成立，
所以 $\lim\limits_{x\to x_0}C=C$.

例 4 证明 $\lim\limits_{x\to x_0}x=x_0$.

证明 $|f(x)-A|=|x-x_0|$，

$\forall\varepsilon>0$，取 $\delta=\varepsilon$，当 $0<|x-x_0|<\delta=\varepsilon$ 时，能使 $|f(x)-A|=|x-x_0|<\varepsilon$ 成立，所以 $\lim\limits_{x\to x_0}x=x_0$.

2. 自变量趋向于无穷大时的函数极限

定义 设函数 $f(x)$ 当 $|x|$ 大于某一正数时有定义，如果存在常数 A，对于任意给定的正数 ε（不论它多么小），总存在着正数 X，使得对于满足不等式 $|x|>X$ 的一切 x，所对应的函数值 $f(x)$ 都满足不等式

$$|f(x)-A|<\varepsilon,$$

那么常数 A 就称为函数 $f(x)$ 当 $x\to\infty$ 时的极限，记作

$$\lim_{x\to\infty}f(x)=A \text{ 或 } f(x)\to A(x\to\infty).$$

此时，也称当 $x\to\infty$ 时，函数 $f(x)$ 的极限存在；否则称当 $x\to\infty$ 时，函数 $f(x)$ 的极限不存在.

上述定义可总结为：

$$\lim_{x\to\infty}f(x)=A\Leftrightarrow\forall\varepsilon>0,\exists X>0,\text{当 }|x|>X\text{ 时，有 }|f(x)-A|<\varepsilon.$$

如果 $x>0$ 且无限增大，记作 $x\to+\infty$，那么只要把定义中的 $|x|>X$ 改为 $x>X$，就得到 $\lim\limits_{x\to+\infty}f(x)=A$ 的定义，即

$$\lim_{x\to+\infty}f(x)=A\Leftrightarrow\forall\varepsilon>0,\exists X>0,\text{当 }x>X\text{ 时，有 }|f(x)-A|<\varepsilon.$$

如果 $x<0$ 且无限增大，记作 $x\to-\infty$，那么只要把定义中的 $|x|>X$ 改为 $x<-X$，就得到 $\lim\limits_{x\to-\infty}f(x)=A$ 的定义，即

$$\lim_{x\to-\infty}f(x)=A\Leftrightarrow\forall\varepsilon>0,\exists X>0,\text{当 }x<-X\text{ 时，有 }|f(x)-A|<\varepsilon.$$

定理 $\lim\limits_{x\to\infty}f(x)=A$ 存在的充分必要条件是 $\lim\limits_{x\to+\infty}f(x)=\lim\limits_{x\to-\infty}f(x)=A$. 即

$$\lim_{x\to\infty}f(x)=A\Leftrightarrow\lim_{x\to+\infty}f(x)=\lim_{x\to-\infty}f(x)=A.$$

例 5 证明 $\lim\limits_{x\to\infty}\dfrac{\sin x}{x}=0$.

证明 由于 $\left|\dfrac{\sin x}{x}-0\right|=\left|\dfrac{\sin x}{x}\right|\leqslant\dfrac{1}{|x|}$，

$\forall\varepsilon>0$，当 $|x|>X$ 时，要使 $\left|\dfrac{\sin x}{x}-0\right|<\varepsilon$，只要 $\dfrac{1}{|x|}<\varepsilon$，即 $|x|>\dfrac{1}{\varepsilon}$.

因此，取 $X=\dfrac{1}{\varepsilon}$，则当 $|x|>X$ 时恒有 $\left|\dfrac{\sin x}{x}-0\right|<\varepsilon$，故

$$\lim_{x\to\infty}\frac{\sin x}{x}=0.$$

3. 单侧极限

定义　设函数 $f(x)$ 在点 x_0 的某一去心邻域内有定义，如果存在常数 A，$\forall\varepsilon>0$，$\exists\delta>0$，使得当 $x_0-\delta<x<x_0$ 时，有

$$|f(x)-A|<\varepsilon,$$

那么常数 A 称为函数 $f(x)$ 当 $x\to x_0^-$ 时的左极限，记作 $\lim\limits_{x\to x_0^-}f(x)=A$ 或 $f(x_0^-)=A$.

定义　设函数 $f(x)$ 在点 x_0 的某一去心邻域内有定义，如果存在常数 A，$\forall\varepsilon>0$，$\exists\delta>0$，使得当 $x_0<x<x_0+\delta$ 时，有

$$|f(x)-A|<\varepsilon,$$

那么常数 A 称为函数 $f(x)$ 当 $x\to x_0^+$ 时的右极限，记作 $\lim\limits_{x\to x_0^+}f(x)=A$ 或 $f(x_0^+)=A$.

函数 $f(x)$ 在点 x_0 的左极限与右极限统称为单侧极限，单侧极限的定义表明 $\lim\limits_{x\to 0^+}f(x)$ 仅与 $f(x)$ 在点 x_0 右侧附近的定义有关；$\lim\limits_{x\to 0^-}f(x)$ 仅与 $f(x)$ 在点 x_0 左侧附近的定义有关；当 $f(x)$ 在点 x_0 左右两侧的表达式不同时，需要分析其左、右两侧的极限.

定理　极限 $\lim\limits_{x\to x_0}f(x)=A$ 成立的充分必要条件是 $\lim\limits_{x\to x_0^+}f(x)=\lim\limits_{x\to x_0^-}f(x)=A$，即

$$\lim_{x\to x_0}f(x)=A\Leftrightarrow\lim_{x\to x_0^+}f(x)=\lim_{x\to x_0^-}f(x)=A.$$

这就说明，当 $x\to x_0$ 时函数 $f(x)$ 的极限是 A 的充分必要条件为 $f(x)$ 在点 x_0 处左、右极限都存在且相等；如果左、右极限中有一个不存在，或者左、右极限都存在但不相等，那么当 $x\to x_0$ 时函数 $f(x)$ 的极限不存在.

例 6　设函数

$$f(x)=\begin{cases}x-1, & x<0,\\ 0, & x=0,\\ x+1, & x>0,\end{cases}$$

求证极限 $\lim\limits_{x\to 0}f(x)$ 不存在.

证明　当 $x\to 0$ 时，$f(x)$ 的左极限

$$\lim_{x\to 0^-}f(x)=\lim_{x\to 0^-}(x-1)=-1,$$

$f(x)$ 的右极限

$$\lim_{x\to 0^+}f(x)=\lim_{x\to 0^+}(x+1)=1,$$

因为左、右极限虽然均存在但不相等，所以 $\lim\limits_{x\to 0}f(x)$ 不存在.

知识链接

曲边梯形的面积

如图 1－2 所示，位于非负曲线 $y=f(x)$ 下方，x 轴上方，夹在 $x=1$ 与 y 轴之间的图形，我们称这个类似于梯形的图形为曲边梯形，求其面积.

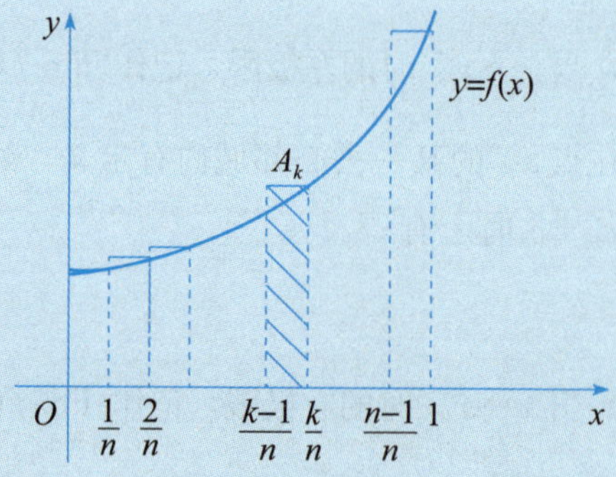

图 1－2

首先将区间 $[0,1]$ n 等分，那么区间 $[0,1]$ 的 $n+1$ 个等分点分别为 $0,\frac{1}{n},\cdots,\frac{n-1}{n},1$. 按照这些等分点把曲边梯形分割为 n 个小曲边梯形. 将每个小曲边梯形的面积用矩形面积近似表示，如第 k 个小曲边梯形近似看作底边是区间 $\left[\frac{k-1}{n},\frac{k}{n}\right]$，高为 $f\left(\frac{k}{n}\right)$ 的矩形，这样第 k 个小曲边梯形的面积近似为 $A_k=\frac{1}{n}f\left(\frac{k}{n}\right)$，而整个曲边梯形的面积近似为

$$S\approx\sum_{k=1}^{n}A_k=\frac{1}{n}\sum_{k=1}^{n}f\left(\frac{k}{n}\right).$$

当分割足够细，即 n 无限增大时，上述近似值将趋于曲边梯形的面积.

第二节　极限运算

一、极限运算法则

1. 四则运算法则

定理　设 $\lim\limits_{x\to x_0}f(x)=A$，$\lim\limits_{x\to x_0}g(x)=B$，则

(1) $\lim\limits_{x\to x_0}[f(x)\pm g(x)]=A\pm B$；

(2) $\lim\limits_{x\to x_0}[f(x)\cdot g(x)]=A\cdot B$；

(3) $\lim\limits_{x\to x_0}\dfrac{f(x)}{g(x)}=\dfrac{\lim\limits_{x\to x_0}f(x)}{\lim\limits_{x\to x_0}g(x)}=\dfrac{A}{B}$，其中 $B\neq 0$.

上面定理中若自变量 $x\to x_0$ 变为 $x\to x_0^+$，$x\to x_0^-$，$x\to\infty$，$x\to+\infty$，$x\to-\infty$，则定理也是成立的. 定理中（1）和（2）可以推广到有限个函数的情况，例如，如果 $\lim\limits_{x\to x_0}f(x)$，$\lim\limits_{x\to x_0}g(x)$，$\lim\limits_{x\to x_0}h(x)$ 都存在，则有

$$\lim_{x\to x_0}[f(x)+g(x)-h(x)]=\lim_{x\to x_0}f(x)+\lim_{x\to x_0}g(x)-\lim_{x\to x_0}h(x),$$

$$\lim_{x\to x_0}[f(x)\cdot g(x)\cdot h(x)]=\lim_{x\to x_0}f(x)\cdot\lim_{x\to x_0}g(x)\cdot\lim_{x\to x_0}h(x).$$

关于定理中的（2）有如下推论：

推论 1　如果 $\lim\limits_{x\to x_0}f(x)$ 存在，C 为常数，则 $\lim\limits_{x\to x_0}[Cf(x)]=C\lim\limits_{x\to x_0}f(x)$.

推论 2　如果 $\lim\limits_{x\to x_0}f(x)$ 存在，n 是正整数，则 $\lim\limits_{x\to x_0}[f(x)]^n=[\lim\limits_{x\to x_0}f(x)]^n$.

例 1　求 $\lim\limits_{x\to 1}(2x-1)$.

解　$\lim\limits_{x\to 1}(2x-1)=\lim\limits_{x\to 1}2x-\lim\limits_{x\to 1}1=2\lim\limits_{x\to 1}x-1=2\times 1-1=1.$

例 2　求 $\lim\limits_{x\to 2}\dfrac{x^3-1}{x^2-3x+5}$.

解　
$$\begin{aligned}\lim_{x\to 2}(x^2-3x+5)&=\lim_{x\to 2}x^2-\lim_{x\to 2}3x+\lim_{x\to 2}5\\&=(\lim_{x\to 2}x)^2-3\lim_{x\to 2}x+\lim_{x\to 2}5\\&=2^2-3\times 2+5=3\neq 0,\text{即分母的极限不为零},\end{aligned}$$

所以 $\lim\limits_{x\to 2}\dfrac{x^3-1}{x^2-3x+5}=\dfrac{\lim\limits_{x\to 2}x^3-\lim\limits_{x\to 2}1}{\lim\limits_{x\to 2}(x^2-3x+5)}=\dfrac{2^3-1}{3}=\dfrac{7}{3}$.

例 3　求 $\lim\limits_{x\to 1}\dfrac{x^2-1}{x^2+2x-3}$.

解　当 $x\to 1$ 时，分子、分母的极限都是零，于是分子、分母不能分别取极限，可先约去不为零的公因子 $x-1$ 后，再求极限.

$$\lim_{x\to 1}\frac{x^2-1}{x^2+2x-3}=\lim_{x\to 1}\frac{(x+1)(x-1)}{(x+3)(x-1)}=\lim_{x\to 1}\frac{x+1}{x+3}=\frac{1}{2}.$$

上述例题中的极限称为“$\dfrac{0}{0}$”型未定式极限，通常采用“消去零因子”法求极限，即设法消去分子、分母中极限为零的公因式，然后再用极限的四则运算法则求其极限.

例 4　求 $\lim\limits_{x\to 3}\dfrac{\sqrt{1+x}-2}{x-3}$.

解　当 $x\to 3$ 时，分子、分母的极限都是零，即“$\dfrac{0}{0}$”型未定式极限. 对分子进行根式有理化，则

$$\lim_{x\to 3}\frac{\sqrt{1+x}-2}{x-3}=\lim_{x\to 3}\frac{\sqrt{1+x}-2}{x-3}\cdot\frac{\sqrt{1+x}+2}{\sqrt{1+x}+2}$$
$$=\lim_{x\to 3}\frac{(1+x)-4}{x-3}\cdot\frac{1}{\sqrt{1+x}+2}$$
$$=\lim_{x\to 3}\frac{1}{\sqrt{1+x}+2}$$
$$=\frac{1}{4}.$$

例 5 求 $\lim\limits_{x\to\infty}\frac{2x^3+3x^2+5}{7x^3+4x^2-1}$.

解 当 $x\to\infty$ 时，分子、分母的极限都是无穷大，先用 x^3 去除分子、分母，再求极限.

$$\lim_{x\to\infty}\frac{2x^3+3x^2+5}{7x^3+4x^2-1}=\lim_{x\to\infty}\frac{2+\frac{3}{x}+\frac{5}{x^3}}{7+\frac{4}{x}-\frac{1}{x^3}}=\frac{2}{7}.$$

上述例题中的极限称为“$\frac{\infty}{\infty}$”型未定式极限. 通常采用“无穷小因子分出”法，即以分母中自变量的最高次幂除分子、分母，以分出无穷小，然后再求极限.

例 6 求 $\lim\limits_{n\to\infty}\frac{3^n+(-2)^n}{3^{n+1}+(-2)^{n+1}}$.

解 此极限为“$\frac{\infty}{\infty}$”型未定式极限，分子、分母同除以 3^{n+1}，则

$$\lim_{n\to\infty}\frac{3^n+(-2)^n}{3^{n+1}+(-2)^{n+1}}=\lim_{n\to\infty}\frac{\frac{1}{3}+(-1)^n\times\left(\frac{2}{3}\right)^n\times\frac{1}{3}}{1+(-1)^{n+1}\times\left(\frac{2}{3}\right)^{n+1}}=\frac{1}{3}.$$

2. 复合函数的极限运算法则

定理 设函数 $y=f[g(x)]$ 由函数 $u=g(x)$ 与函数 $y=f(u)$ 复合而成，$f[g(x)]$ 在点 x_0 的某去心邻域内有定义，若 $\lim\limits_{x\to x_0}g(x)=u_0$，$\lim\limits_{u\to u_0}f(u)=A$，且存在 $\delta_0>0$，当 $0<|x-x_0|<\delta_0$ 时，有 $g(x)\neq u_0$，则

$$\lim_{x\to x_0}f[g(x)]=\lim_{u\to u_0}f(u)=A.$$

此定理表明：如果函数 $u=g(x)$ 和 $y=f(u)$ 满足该定理的条件，那么作代换 $u=g(x)$ 可把求 $\lim\limits_{x\to x_0}f[g(x)]$ 化为求 $\lim\limits_{u\to u_0}f(u)$，这里 $u_0=\lim\limits_{x\to x_0}g(x)$.

例 7 求 $\lim\limits_{x\to 2}\sqrt{\frac{x-2}{x^2-4}}$.

解　令 $u(x)=\dfrac{x-2}{x^2-4}$，则

$$\lim_{x\to 2}u(x)=\lim_{x\to 2}\frac{x-2}{x^2-4}=\lim_{x\to 2}\frac{1}{x+2}=\frac{1}{4},$$

根据复合函数的极限运算法则得

$$\lim_{x\to 2}\sqrt{\frac{x-2}{x^2-4}}=\lim_{u\to\frac{1}{4}}\sqrt{u}=\frac{1}{2}.$$

微课

两个重要极限

二、两个重要极限

1. 第一重要极限：$\lim\limits_{x\to 0}\dfrac{\sin x}{x}=1$

第一重要极限是“$\dfrac{0}{0}$”型，可以表示为 $\lim\limits_{\square\to 0}\dfrac{\sin\square}{\square}=1$（其中“□”表示同一变量），使用此公式的关键是分子中 sin 后面的角与分母必须一致.

例 8　求 $\lim\limits_{x\to 0}\dfrac{\tan x}{x}$.

解　$\lim\limits_{x\to 0}\dfrac{\tan x}{x}=\lim\limits_{x\to 0}\left(\dfrac{\sin x}{x}\cdot\dfrac{1}{\cos x}\right)=\lim\limits_{x\to 0}\dfrac{\sin x}{x}\cdot\lim\limits_{x\to 0}\dfrac{1}{\cos x}=1.$

例 9　求 $\lim\limits_{x\to 0}\dfrac{1-\cos x}{x^2}$.

解　$$\lim_{x\to 0}\frac{1-\cos x}{x^2}=\lim_{x\to 0}\frac{2\sin^2\frac{x}{2}}{x^2}=\lim_{x\to 0}2\left(\frac{1}{2}\cdot\frac{\sin\frac{x}{2}}{\frac{x}{2}}\right)^2=\frac{1}{2}\lim_{\frac{x}{2}\to 0}\left(\frac{\sin\frac{x}{2}}{\frac{x}{2}}\right)^2=\frac{1}{2}\times 1^2=\frac{1}{2}.$$

例 10　求 $\lim\limits_{x\to 0}\dfrac{\arcsin x}{x}$.

解　令 $u=\arcsin x$，则当 $x\to 0$ 时，$u\to 0$，由复合函数极限运算法则得

$$\lim_{x\to 0}\frac{\arcsin x}{x}=\lim_{u\to 0}\frac{u}{\sin u}=\frac{1}{\lim\limits_{u\to 0}\dfrac{\sin u}{u}}=1.$$

例 11　求 $\lim\limits_{x\to 0}\dfrac{\tan x-\sin x}{x^3}$.

解　$$\lim_{x\to 0}\frac{\tan x-\sin x}{x^3}=\lim_{x\to 0}\frac{\frac{\sin x}{\cos x}-\sin x}{x^3}=\lim_{x\to 0}\frac{\sin x}{x}\cdot\frac{1-\cos x}{x^2}\cdot\frac{1}{\cos x}=1\times\frac{1}{2}\times 1=\frac{1}{2}.$$

2. 第二重要极限：$\lim\limits_{x\to\infty}\left(1+\dfrac{1}{x}\right)^x=\mathrm{e}$ 或 $\lim\limits_{x\to 0}(1+x)^{\frac{1}{x}}=\mathrm{e}$

第二重要极限是“1^∞”型，可以表示为 $\lim\limits_{\square\to\infty}\left(1+\dfrac{1}{\square}\right)^{\square}=\mathrm{e}$ 或 $\lim\limits_{\square\to 0}(1+\square)^{\frac{1}{\square}}=\mathrm{e}$（其中“□”表示同一变量），使用此公式的关键是括号内第二项与括号外的指数互为倒数.

例 12 求 $\lim\limits_{x\to\infty}\left(1-\dfrac{1}{x}\right)^{x}$.

解 令 $t=-x$，$x=-t$，则当 $x\to\infty$时，$t\to\infty$，所以

$$\lim_{x\to\infty}\left(1-\frac{1}{x}\right)^{x}=\lim_{t\to\infty}\left(1+\frac{1}{t}\right)^{-t}=\lim_{t\to\infty}\frac{1}{\left(1+\frac{1}{t}\right)^{t}}=\frac{1}{\lim\limits_{t\to\infty}\left(1+\frac{1}{t}\right)^{t}}=\frac{1}{\mathrm{e}}.$$

例 13 求 $\lim\limits_{x\to\infty}\left(1+\dfrac{2}{x}\right)^{x}$.

解 $\lim\limits_{x\to\infty}\left(1+\dfrac{2}{x}\right)^{x}=\lim\limits_{x\to\infty}\left(1+\dfrac{2}{x}\right)^{\frac{x}{2}\cdot 2}$，令 $u=\dfrac{x}{2}$，则当 $x\to\infty$时，$u\to\infty$，所以

$$\lim_{x\to\infty}\left(1+\frac{2}{x}\right)^{x}=\lim_{u\to\infty}\left[\left(1+\frac{1}{u}\right)^{u}\right]^{2}=\mathrm{e}^{2}.$$

例 14 求 $\lim\limits_{n\to\infty}\left(1+\dfrac{2}{3^{n}}\right)^{3^{n}}$.

解 $\lim\limits_{n\to\infty}\left(1+\dfrac{2}{3^{n}}\right)^{3^{n}}=\lim\limits_{n\to\infty}\left(1+\dfrac{1}{\frac{3^{n}}{2}}\right)^{\frac{3^{n}}{2}\cdot 2}=\mathrm{e}^{2}.$

通过以上例题，可以总结出第二重要极限的推广公式：

$$\lim_{x\to\infty}\left(1+\frac{k}{x}\right)^{x}=\mathrm{e}^{k}\ \text{或}\ \lim_{x\to 0}(1+kx)^{\frac{1}{x}}=\mathrm{e}^{k}.$$

例 15 求 $\lim\limits_{x\to 0}\dfrac{\ln(1+x)}{x}$.

解 $\lim\limits_{x\to 0}\dfrac{\ln(1+x)}{x}=\lim\limits_{x\to 0}x^{-1}\ln(1+x)=\lim\limits_{x\to 0}\ln(1+x)^{\frac{1}{x}}=\ln\left[\lim\limits_{x\to 0}(1+x)^{\frac{1}{x}}\right]=\ln\mathrm{e}=1.$

【即学即练 1】

极限 $\lim\limits_{x\to 0}(1+4x)^{\frac{1}{x}}=$（　　）.

A. e^{-4}　　B. e^{4}　　C. $\mathrm{e}^{\frac{1}{4}}$　　D. $\mathrm{e}^{-\frac{1}{4}}$

三、无穷小量与无穷大量

1. 无穷小量

定义 如果函数 $f(x)$ 当 $x\to x_0$（或 $x\to\infty$）时的极限为零，那么称函数 $f(x)$ 为当 $x\to x_0$（或 $x\to\infty$）时的无穷小量，简称无穷小，记作 $\lim\limits_{x\to x_0}f(x)=0$（或 $\lim\limits_{x\to\infty}f(x)=0$）.

例如，因为 $\lim\limits_{x\to 0}\sin x=0$，所以函数 $\sin x$ 是当 $x\to 0$ 时的无穷小；又 $\lim\limits_{x\to\infty}\dfrac{1}{x}=0$，所

以函数$\frac{1}{x}$是当$x\to\infty$时的无穷小；再有$\lim\limits_{n\to\infty}\frac{(-1)^n}{n}=0$，所以数列$\left\{\frac{(-1)^n}{n}\right\}$是当$n\to\infty$时的无穷小. 这里要注意，无穷小是一个变量，不能与很小的数混淆；但零是可以作为无穷小的唯一的常数.

下面说明无穷小与函数极限的关系.

定理　在自变量的同一变化过程$x\to x_0$（或$x\to\infty$）中，函数$f(x)$具有极限A的充分必要条件是$f(x)=A+\alpha$，其中α为无穷小. 即

$$\lim_{x\to x_0}f(x)=A\Leftrightarrow f(x)=A+\alpha,$$

其中α是当$x\to x_0$时的无穷小.

2. 无穷大量

定义　如果函数$f(x)$当$x\to x_0$（或$x\to\infty$）时，对应的函数值的绝对值$|f(x)|$无限增大，那么称函数$f(x)$为当$x\to x_0$（或$x\to\infty$）时的无穷大量，简称无穷大，记作$\lim\limits_{x\to x_0}f(x)=\infty$（或$\lim\limits_{x\to\infty}f(x)=\infty$）.

按函数极限定义来说，当$x\to x_0$（或$x\to\infty$）时的无穷大的函数$f(x)$，极限是不存在的. 但为了便于叙述函数的这一性态，我们也说“函数的极限是无穷大”，并记作$\lim\limits_{x\to x_0}f(x)=\infty$或$\lim\limits_{x\to\infty}f(x)=\infty$.

必须注意，无穷大是变量，而不是数，不能与很大的数混淆；无穷大是一种特殊的无界变量，但是无界变量未必是无穷大.

无穷大与无穷小之间有如下的简单关系.

定理　在自变量的同一变化过程中，如果$f(x)$为无穷大，则$\frac{1}{f(x)}$为无穷小；反之，如果$f(x)$为无穷小，且$f(x)\neq 0$，则$\frac{1}{f(x)}$为无穷大.

例 16　求$\lim\limits_{x\to\infty}\frac{x^4}{x^3+5}$.

解　因为$\lim\limits_{x\to\infty}\frac{1}{\frac{x^4}{x^3+5}}=\lim\limits_{x\to\infty}\left(\frac{1}{x}+\frac{5}{x^4}\right)=0$，所以根据无穷小与无穷大的关系有

$$\lim_{x\to\infty}\frac{x^4}{x^3+5}=\infty.$$

3. 无穷小与无穷大的运算

定理　自变量在同一变化趋势中，有限个无穷小的代数和仍是无穷小.

特别注意，无穷多个无穷小的代数和未必是无穷小. 例如，$n\to\infty$时，$\frac{1}{n}$是无穷小，但n个$\frac{1}{n}$之和为1，不是无穷小.

定理　有界函数与无穷小的乘积是无穷小.

例如，当 $x\to 0$ 时，$x\sin\dfrac{1}{x}$，$x^2\arctan\dfrac{1}{x}$ 都是无穷小.

例 17　求 $\lim\limits_{x\to\infty}\dfrac{\sin x}{x}$.

解　因为当 $x\to\infty$ 时，$\dfrac{1}{x}$ 为无穷小，而 $\sin x$ 是有界函数，

所以 $\lim\limits_{x\to\infty}\dfrac{\sin x}{x}=0$.

推论 1　常数与无穷小的乘积是无穷小.

推论 2　有限个无穷小的乘积是无穷小.

定理　自变量在同一变化趋势中，无穷大有如下性质：

（1）有限个无穷大的乘积是无穷大；

（2）无穷大与有界量之和是无穷大.

特别需要注意的有以下两点：两个无穷大的和与差不一定是无穷大，例如“$\infty-\infty$”就是一种未定式极限；无穷大与有界函数的乘积也不一定是无穷大，例如“$0\cdot\infty$”就是另一种未定式极限.

4. 无穷小的比较

通过前面的学习可知两个无穷小的和、差、积仍为无穷小. 但是，关于两个无穷小的商，却会出现不同的情况. 例如，当 $x\to 0$ 时，x，x^2，$\sin x$，$x^2\sin\dfrac{1}{x}$ 都是无穷小，而

$$\lim_{x\to 0}\frac{x^2}{3x}=0,\lim_{x\to 0}\frac{\sin x}{x}=1,\lim_{x\to 0}\frac{x^2\sin\frac{1}{x}}{x^2}=\lim_{x\to 0}\sin\frac{1}{x}\text{不存在}.$$

两个无穷小之比的极限的各种不同情况，反映了无穷小趋于零的“快慢”程度不同.

定义　设 $\alpha(x)$，$\beta(x)$ 是在同一自变量的变化过程中的无穷小，而 $\lim\dfrac{\beta(x)}{\alpha(x)}$ 在这个变化过程中存在或为 ∞，且 $\alpha(x)\neq 0$.

（1）如果 $\lim\dfrac{\beta(x)}{\alpha(x)}=0$，那么称 $\beta(x)$ 是比 $\alpha(x)$ 高阶的无穷小，记作 $\beta(x)=o(\alpha(x))$.

（2）如果 $\lim\dfrac{\beta(x)}{\alpha(x)}=C(C\neq 0)$，那么称 $\beta(x)$ 与 $\alpha(x)$ 是同阶无穷小. 特殊地，当 $C=1$ 时，即 $\lim\dfrac{\beta(x)}{\alpha(x)}=1$，则称 $\beta(x)$ 与 $\alpha(x)$ 是等价无穷小，记作 $\alpha(x)\sim\beta(x)$.

（3）如果 $\lim\dfrac{\beta(x)}{[\alpha(x)]^k}=C$（$C\neq 0$，$k>0$），那么称 $\beta(x)$ 是关于 $\alpha(x)$ 的 k 阶无穷小.

（4）如果 $\lim\dfrac{\beta(x)}{\alpha(x)}=\infty$，那么称 $\beta(x)$ 是比 $\alpha(x)$ 低阶的无穷小.

由等价无穷小定义可以证明，当 $x\to 0$ 时，有以下常用的等价无穷小关系：

$\sin x \sim x, \tan x \sim x, 1-\cos x \sim \frac{1}{2}x^2, \arcsin x \sim x, \arctan x \sim x, \ln(1+x) \sim x, e^x - 1 \sim x,$

$(1+x)^{\frac{1}{n}} - 1 \sim \frac{1}{n}x.$

定理　设 $\alpha(x)$，$\beta(x)$ 是在同一自变量的变化过程中的无穷小，且 $\alpha(x) \sim \alpha_0(x)$，$\beta(x) \sim \beta_0(x)$，若 $\lim \frac{\beta_0(x)}{\alpha_0(x)}$ 存在，则

$$\lim \frac{\beta(x)}{\alpha(x)} = \lim \frac{\beta_0(x)}{\alpha_0(x)}.$$

此定理是无穷小等价替换定理，可用于计算“$\frac{0}{0}$”型未定式极限. 应用时，分子及分母都可用等价无穷小来代替，往往可使求极限变得简便.

例 18　求 $\lim\limits_{x \to 0} \frac{\sin 2x}{\tan 3x}$.

解　当 $x \to 0$ 时，$\sin 2x \sim 2x$，$\tan 3x \sim 3x$，所以

$$\lim_{x \to 0} \frac{\sin 2x}{\tan 3x} = \lim_{x \to 0} \frac{2x}{3x} = \frac{2}{3}.$$

例 19　求 $\lim\limits_{x \to 0} \frac{\sin x}{x^3 + 3x}$.

解　当 $x \to 0$ 时，$\sin x \sim x$，所以

$$\lim_{x \to 0} \frac{\sin x}{x^3 + 3x} = \lim_{x \to 0} \frac{x}{x^3 + 3x} = \lim_{x \to 0} \frac{1}{x^2 + 3} = \frac{1}{3}.$$

例 20　求 $\lim\limits_{x \to 0} \frac{\tan^2 2x}{1 - \cos x}$.

解　当 $x \to 0$ 时，$1 - \cos x \sim \frac{1}{2}x^2$，$\tan 2x \sim 2x$，所以

$$\lim_{x \to 0} \frac{\tan^2 2x}{1 - \cos x} = \lim_{x \to 0} \frac{(2x)^2}{\frac{1}{2}x^2} = 8.$$

例 21　求 $\lim\limits_{x \to 0} \frac{\tan x - \sin x}{x^3}$.

解　当 $x \to 0$ 时，$\sin x \sim x$，$1 - \cos x \sim \frac{1}{2}x^2$，所以

$$\lim_{x \to 0} \frac{\tan x - \sin x}{x^3} = \lim_{x \to 0} \frac{\sin x(1 - \cos x)}{x^3 \cos x} = \lim_{x \to 0} \frac{x \cdot \frac{1}{2}x^2}{x^3 \cos x} = \frac{1}{2}.$$

例 22 求 $\lim\limits_{x\to 0}\dfrac{e^{\sin 2x}-1}{\arcsin\dfrac{x}{2}}$.

解 当 $x\to 0$ 时，$e^{\sin 2x}-1\sim\sin 2x\sim 2x$，$\arcsin\dfrac{x}{2}\sim\dfrac{x}{2}$，所以

$$\lim_{x\to 0}\frac{e^{\sin 2x}-1}{\arcsin\frac{x}{2}}=\lim_{x\to 0}\frac{2x}{\frac{x}{2}}=4.$$

例 23 求 $\lim\limits_{x\to 0}\dfrac{(1+x^2)^{\frac{1}{3}}-1}{\cos x-1}$.

解 当 $x\to 0$ 时，$(1+x^2)^{\frac{1}{3}}-1\sim\dfrac{1}{3}x^2$，$\cos x-1\sim-\dfrac{1}{2}x^2$，所以

$$\lim_{x\to 0}\frac{(1+x^2)^{\frac{1}{3}}-1}{\cos x-1}=\lim_{x\to 0}\frac{\frac{1}{3}x^2}{-\frac{1}{2}x^2}=-\frac{2}{3}.$$

【即学即练 2】

设当 $x\to 0$ 时，$f(x)=\ln(1+kx^2)$ 与 $g(x)=1-\cos x$ 是等价无穷小，则常数 k 为（　　）.

A. $\dfrac{1}{4}$　　　　B. $\dfrac{1}{2}$

C. 1　　　　D. 2

第三节　函数连续

一、函数连续性

定义 设函数 $y=f(x)$ 在点 x_0 的某一个邻域内有定义，自变量 x 在这一邻域内从 x_0 变到 x 时，函数值相应地从 $f(x_0)$ 变到 $f(x)$，$\Delta x=x-x_0$ 称为自变量在点 x_0 的增量，$\Delta y=f(x)-f(x_0)$ 称为函数 $f(x)$ 相应于 Δx 的增量.

定义 设函数 $y=f(x)$ 在点 x_0 的某一邻域内有定义，如果当自变量的增量 Δx 趋向于零时，对应的函数的增量 Δy 也趋向于零，即 $\lim\limits_{\Delta x\to 0}\Delta y=0$ 或 $\lim\limits_{\Delta x\to 0}[f(x_0+\Delta x)-f(x_0)]=0$，那么称函数 $y=f(x)$ 在点 x_0 处连续，x_0 称为 $f(x)$ 的连续点.

因为 $x=x_0+\Delta x$，则 $\Delta x\to 0$ 就是 $x\to x_0$，由于 $\Delta y=f(x_0+\Delta x)-f(x_0)=f(x)-f(x_0)$，上述定义中的表达式可以写成

$$\lim_{x\to x_0}[f(x)-f(x_0)]=0,$$

即 $\lim\limits_{x\to x_0}f(x)=f(x_0)$，所以函数 $y=f(x)$ 在点 x_0 处连续的定义又可叙述如下.

定义 设函数 $y=f(x)$ 在点 x_0 的某一邻域内有定义，如果函数 $f(x)$ 当 $x\to x_0$ 时的极限存在，且等于它在点 x_0 处的函数值 $f(x_0)$，即 $\lim\limits_{x\to x_0}f(x)=f(x_0)$，那么称函数 $y=f(x)$ 在点 x_0 处连续.

例 1 试证明函数 $f(x)=\begin{cases}x\sin\dfrac{1}{x}, & x\neq 0,\\ 0, & x=0\end{cases}$ 在 $x=0$ 处连续.

证明 因为 $\lim\limits_{x\to 0}x\sin\dfrac{1}{x}=0$，又可知 $f(0)=0$，故 $\lim\limits_{x\to 0}f(x)=f(0)$，

所以函数 $f(x)$ 在 $x=0$ 处连续.

类似于左极限和右极限，还可以定义函数 $f(x)$ 在点 x_0 处左连续和右连续的概念：

如果 $\lim\limits_{x\to x_0^-}f(x)=f(x_0)$，那么就称函数 $y=f(x)$ 在点 x_0 处左连续；

如果 $\lim\limits_{x\to x_0^+}f(x)=f(x_0)$，那么就称函数 $y=f(x)$ 在点 x_0 处右连续.

左右连续与连续的关系：函数 $f(x)$ 在 x_0 处连续的充要条件是函数 $f(x)$ 在点 x_0 处既左连续又右连续. 这个结论常用来研究分段函数在分段点处的连续性.

在区间上每一点都连续的函数，叫作在该区间上的连续函数，或者说函数在该区间上连续. 如果函数在开区间 (a,b) 内连续，并且在左端点 $x=a$ 处右连续，在右端点 $x=b$ 处左连续，那么称 $f(x)$ 在闭区间 $[a,b]$ 上连续.

例 2 讨论函数 $f(x)=\begin{cases}x+2, & x\geqslant 0,\\ x-2, & x<0\end{cases}$ 在 $x=0$ 处的连续性.

解
$$\lim_{x\to 0^+}f(x)=\lim_{x\to 0^+}(x+2)=2=f(0),$$

$$\lim_{x\to 0^-}f(x)=\lim_{x\to 0^-}(x-2)=-2\neq f(0),$$

所以函数 $f(x)$ 在 $x\to 0$ 时右连续但不左连续，故函数 $f(x)$ 在 $x=0$ 处不连续.

二、函数间断点

由函数连续的定义知，$y=f(x)$ 在点 x_0 连续当且仅当满足下列三个条件：

(1) $f(x)$ 在点 x_0 有定义；

(2) $\lim\limits_{x\to x_0}f(x)$ 存在，即 $\lim\limits_{x\to x_0^-}f(x)$ 与 $\lim\limits_{x\to x_0^+}f(x)$ 存在且相等；

(3) $\lim\limits_{x\to x_0}f(x)=f(x_0)$.

如果其中有一个条件不满足，即 $f(x)$ 有下列三种情况之一：

(1) $f(x)$ 在点 x_0 没有定义；

(2) $f(x)$ 在点 x_0 有定义，但 $\lim\limits_{x\to x_0}f(x)$ 不存在；

(3) $f(x)$ 在点 x_0 有定义，且 $\lim\limits_{x\to x_0}f(x)$ 存在，但 $\lim\limits_{x\to x_0}f(x)\neq f(x_0)$，则函数 $y=f(x)$ 在点 x_0 不连续，使函数 $f(x)$ 不连续的点 x_0 称为 $f(x)$ 的不连续点或间断点.

函数 $f(x)$ 的间断点一般分为两大类：左、右极限都存在的间断点，称为第一类间断点；不是第一类间断点的间断点都称为第二类间断点.

1. 第一类间断点

(1) 跳跃间断点. 如果函数 $f(x)$ 在点 x_0 处左、右极限都存在但不相等，则称点 x_0 为函数 $f(x)$ 的跳跃间断点.

(2) 可去间断点. 如果函数 $f(x)$ 在点 x_0 处的极限存在，但 $\lim\limits_{x\to x_0}f(x)\neq f(x_0)$，则称点 x_0 为函数 $f(x)$ 的可去间断点.

跳跃间断点和可去间断点统称为第一类间断点.

例 3 讨论函数 $f(x)=\begin{cases}-x, & x\leqslant 0,\\ 1+x, & x>0\end{cases}$ 在 $x=0$ 处的连续性.

解 $\begin{cases}\lim\limits_{x\to 0^+}f(x)=\lim\limits_{x\to 0^+}(1+x)=1,\\ \lim\limits_{x\to 0^-}f(x)=\lim\limits_{x\to 0^-}(-x)=0,\end{cases}$

因为 $\lim\limits_{x\to 0^+}f(x)\neq\lim\limits_{x\to 0^-}f(x)$，故极限 $\lim\limits_{x\to 0}f(x)$ 不存在，

所以 $x=0$ 为函数的跳跃间断点.

例 4 讨论函数 $f(x)=\begin{cases}2\sqrt{x}, & 0\leqslant x<1,\\ 1, & x=1,\\ 1+x, & x>1\end{cases}$ 在 $x=1$ 处的连续性.

解 因为 $f(1)=1$，$\begin{cases}\lim\limits_{x\to 1^-}f(x)=\lim\limits_{x\to 1^-}2\sqrt{x}=2,\\ \lim\limits_{x\to 1^+}f(x)=\lim\limits_{x\to 1^+}(1+x)=2,\end{cases}$ 而 $\lim\limits_{x\to 1}f(x)=2\neq f(1)$，

所以 $x=1$ 为函数的可去间断点.

2. 第二类间断点

如果函数 $f(x)$ 在点 x_0 处的左、右极限至少有一个不存在，则称点 x_0 为函数 $f(x)$ 的第二类间断点.

例 5 讨论函数 $f(x)=\begin{cases}\dfrac{1}{x}, & x>0,\\ x, & x\leqslant 0\end{cases}$ 在 $x=0$ 处的连续性.

解 因为 $\begin{cases}\lim\limits_{x\to 0^-}f(x)=\lim\limits_{x\to 0^-}x=0\\ \lim\limits_{x\to 0^+}f(x)=\lim\limits_{x\to 0^+}\dfrac{1}{x}=+\infty\end{cases}$，所以函数 $f(x)$ 在 $x=0$ 处不连续，

$x=0$ 为函数的第二类间断点.

例 6　讨论函数 $f(x)=\sin\dfrac{1}{x}$ 在 $x=0$ 处的连续性.

解　因为在 $x=0$ 处函数没有定义，且 $\lim\limits_{x\to0}\sin\dfrac{1}{x}$ 不存在，

所以函数 $f(x)$ 在 $x=0$ 处不连续，$x=0$ 为函数的第二类间断点.

三、初等函数连续性

定理　基本初等函数在其定义域内是连续的，一切初等函数在其定义区间内都是连续的.

例 7　求 $\lim\limits_{x\to2}\dfrac{e^x}{2x+1}$.

解　初等函数求极限就是求其函数值.

因为 $f(x)=\dfrac{e^x}{2x+1}$ 是初等函数，且 $x=2$ 是其定义域内的点，所以 $f(x)=\dfrac{e^x}{2x+1}$ 在点 $x=2$ 处连续，故

$$\lim_{x\to2}\frac{e^x}{2x+1}=\frac{e^2}{2\cdot2+1}=\frac{e^2}{5}.$$

四、闭区间上连续函数的性质

前面我们已经学习了函数在区间上连续的概念，下面介绍在闭区间上连续的函数的几个重要性质，这些性质在几何直观上都很明显，我们以定理的形式学习这些性质.

1. 最大值和最小值定理

定义　对于在区间 I 有定义的函数 $f(x)$，如果存在 $x_0\in I$，使得对任一 $x\in I$，都有

$$f(x)\leqslant f(x_0)\text{（或 }f(x)\geqslant f(x_0)\text{）},$$

则称 $f(x_0)$ 是函数 $f(x)$ 在区间 I 上的最大值（或最小值），称点 x_0 是函数 $f(x)$ 在区间 I 上的最大值点（或最小值点）.

例如，函数 $f(x)=1+\sin x$ 在区间 $[0,2\pi]$ 上有最大值 2 和最小值 0.

定理（最大值和最小值定理）　在闭区间上连续的函数在该区间上一定能取得它的最大值和最小值.

如图 1-3 所示，如果函数 $f(x)$ 在闭区间 $[a,b]$ 上连续，则至少存在两点 ξ_1，$\xi_2\in[a,b]$ 使得

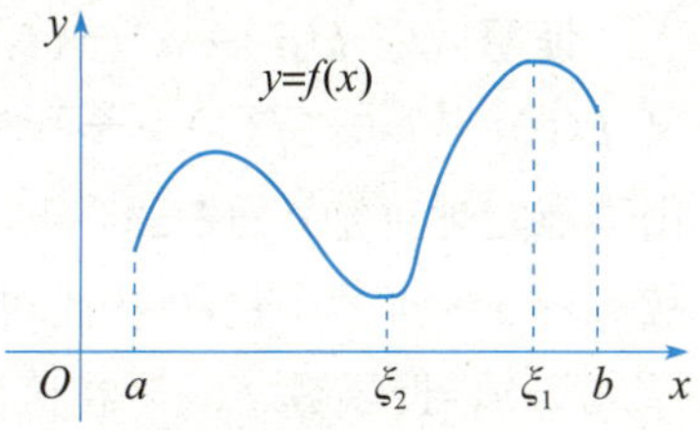

图 1-3

$$f(\xi_1)=\max_{x\in[a,b]}\{f(x)\},f(\xi_2)=\min_{x\in[a,b]}\{f(x)\}.$$

这里需要注意，如果函数在开区间上连续，或在闭区间上有间断点，那么上述定理不一定成立，即函数在该区间上不一定有最大值和最小值.

例如，函数 $y=\tan x$ 在开区间 $\left(-\frac{\pi}{2},\frac{\pi}{2}\right)$ 上连续，但却无界，也没有最大值和最小值. 又如函数

$$f(x)=\begin{cases}-x+1, & 0\leqslant x<1,\\ 1, & x=1,\\ -x+3, & 1<x\leqslant 2\end{cases}$$

在闭区间 $[0,2]$ 上有间断点 $x=1$，虽然函数 $f(x)$ 在闭区间 $[0,2]$ 上有界，但在闭区间 $[0,2]$ 上既无最大值也无最小值，如图 1-4 所示.

2. 零点定理和介值定理

定义 使 $f(x_0)=0$ 的点 x_0 叫作函数 $f(x)$ 的零点.

定理（零点定理） 如果函数 $f(x)$ 在闭区间 $[a,b]$ 上连续，且 $f(a)$ 与 $f(b)$ 异号，即 $f(a)f(b)<0$，那么在开区间 (a,b) 内至少存在一点 ξ，使 $f(\xi)=0$.

上述定理的几何意义：如果连续曲线 $y=f(x)$ 的两个端点位于 x 轴的不同侧，那么这段曲线与 x 轴至少有一个交点，如图 1-5 所示.

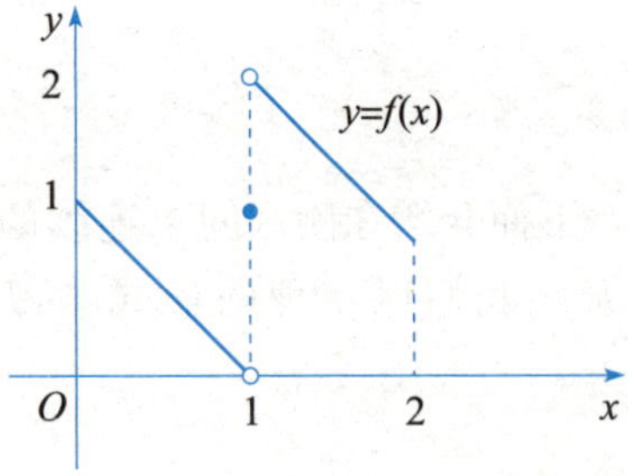

图 1-4

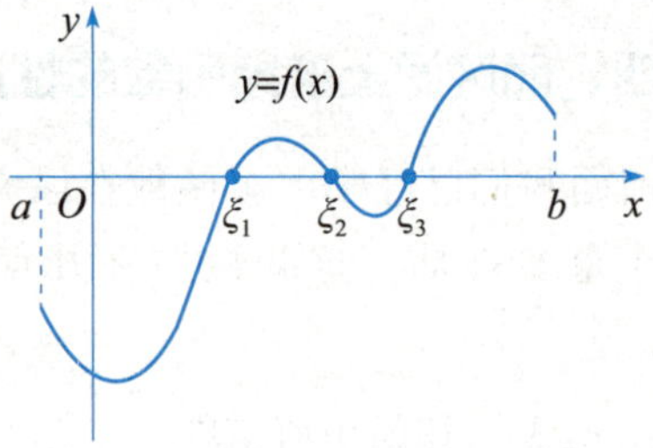

图 1-5

定理（介值定理） 如果函数 $f(x)$ 在闭区间 $[a,b]$ 上连续，且 $f(a)\neq f(b)$，那么对于 $f(a)$ 与 $f(b)$ 之间的任意一个数 C，在开区间 (a,b) 内至少存在一点 ξ，使得 $f(\xi)=C$.

例 8 证明方程 $x^3-4x^2+1=0$ 在区间 $(0,1)$ 内至少有一个根.

证明 令 $f(x)=x^3-4x^2+1$，且 $f(x)$ 在 $[0,1]$ 上连续.
又 $f(0)=1>0$，$f(1)=-2<0$，
由零点定理可知，$\exists\xi\in(0,1)$，使得 $f(\xi)=0$，即 $\xi^3-4\xi^2+1=0$，
故方程 $x^3-4x^2+1=0$ 在区间 $(0,1)$ 内至少有一个根.

例 9 设函数 $f(x)$ 在区间 $[a,b]$ 上连续，且 $f(a)<a$，$f(b)>b$，证明 $\exists\xi\in(a,b)$，使得 $f(\xi)=\xi$.

证明 令 $F(x)=f(x)-x$，且 $F(x)$ 在 $[a,b]$ 上连续，
而 $F(a)=f(a)-a<0$，$F(b)=f(b)-b>0$，
由零点定理可知，$\exists\xi\in(a,b)$，使 $F(\xi)=f(\xi)-\xi=0$，即 $f(\xi)=\xi$.

素养提升小课堂

《九章算术》中记载，“割之弥细，所失弥少．割之又割，以至不可割，则与圆合体而无所失矣”，这段十分珍贵的论述闪烁着极限的思想．《诗经》云：“如切如磋，如琢如磨”；宋代的朱熹注：“言治骨角者，既切之而复磋之；治玉石者，既琢之而复磨之；治之已精，而益求其精也．”后人用“精益求精”表示已经很好还要求更好．

高等数学中的“极限思想”与“精益求精”有着异曲同工之妙，数学中有极限的概念，生活中有极限的事情，为人做事都要一丝不苟，严谨认真，精益求精，追求卓越与完美．

知识回顾

一、知识结构图

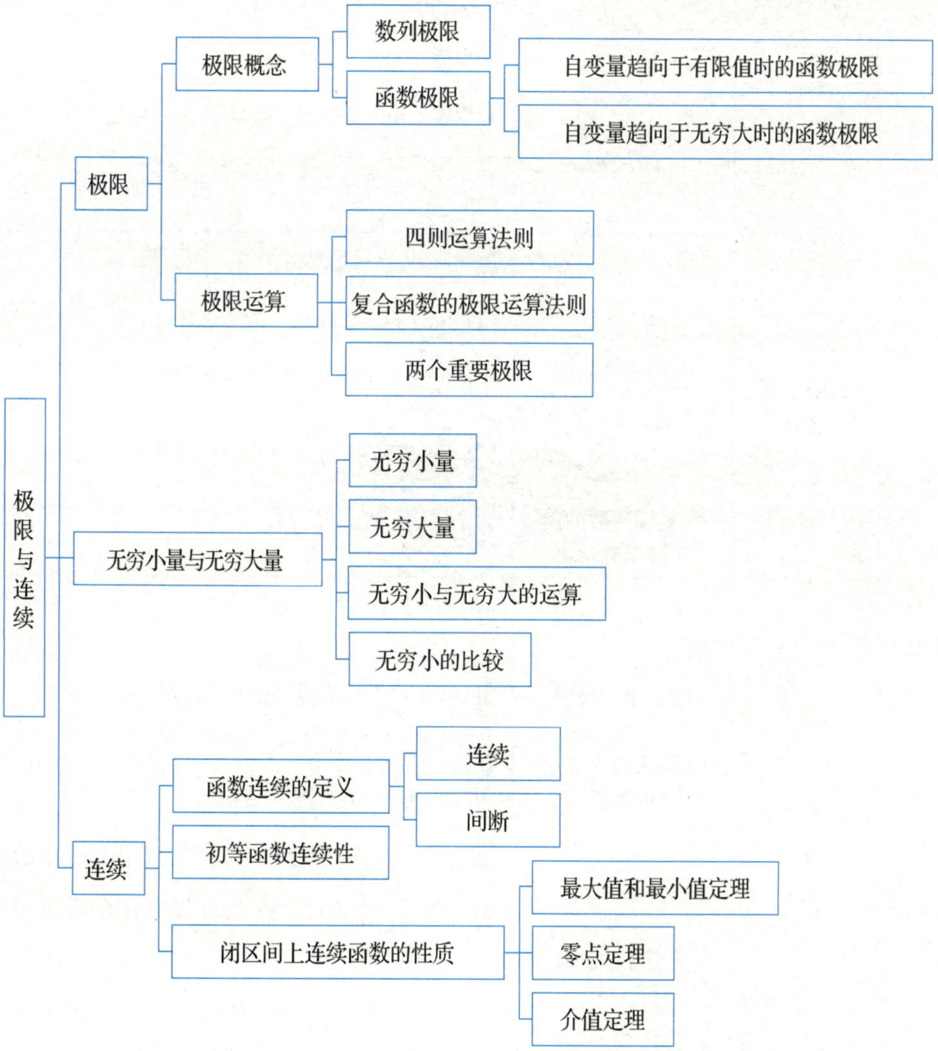

二、重点小结

极限	数列极限	数列极限定义	$\lim\limits_{n\to\infty}x_n=a\Leftrightarrow\forall\varepsilon>0$，$\exists$正整数 N，当 $n>N$ 时，有 $\vert x_n-a\vert<\varepsilon$
		数列极限性质	（唯一性）如果数列 $\{x_n\}$ 收敛，那么它的极限唯一
			（收敛数列的有界性）如果数列 $\{x_n\}$ 收敛，那么数列 $\{x_n\}$ 一定有界
	函数极限	$\lim\limits_{x\to\infty}f(x)=A$	$\lim\limits_{x\to\infty}f(x)=A\Leftrightarrow\forall\varepsilon>0$，$\exists X>0$，当 $\vert x\vert>X$ 时，有 $\vert f(x)-A\vert<\varepsilon$
			$\lim\limits_{x\to\infty}f(x)=A\Leftrightarrow\lim\limits_{x\to+\infty}f(x)=\lim\limits_{x\to-\infty}f(x)=A$
		$\lim\limits_{x\to x_0}f(x)=A$	$\lim\limits_{x\to x_0}f(x)=A\Leftrightarrow\forall\varepsilon>0$，$\exists\delta>0$，当 $0<\vert x-x_0\vert<\delta$ 时，有 $\vert f(x)-A\vert<\varepsilon$
		单侧极限	左极限：$\lim\limits_{x\to0^-}f(x)=A$ 右极限：$\lim\limits_{x\to0^+}f(x)=A$
			$\lim\limits_{x\to x_0}f(x)=A\Leftrightarrow\lim\limits_{x\to x_0^+}f(x)=\lim\limits_{x\to x_0^-}f(x)=A$
极限运算	极限运算法则	四则运算法则	设 $\lim\limits_{x\to x_0}f(x)=A$，$\lim\limits_{x\to x_0}g(x)=B$，则 (1) $\lim\limits_{x\to x_0}[f(x)\pm g(x)]=A\pm B$； (2) $\lim\limits_{x\to x_0}[f(x)\cdot g(x)]=A\cdot B$； (3) $\lim\limits_{x\to x_0}\dfrac{f(x)}{g(x)}=\dfrac{A}{B}$，其中 $B\neq0$
		复合函数的极限运算法则	$\lim\limits_{x\to x_0}f[g(x)]=\lim\limits_{u\to u_0}f(u)=A$
	两个重要极限	第一重要极限	$\lim\limits_{x\to0}\dfrac{\sin x}{x}=1$
		第二重要极限	$\lim\limits_{x\to\infty}\left(1+\dfrac{1}{x}\right)^x=\mathrm{e}$ 或 $\lim\limits_{x\to0}(1+x)^{\frac{1}{x}}=\mathrm{e}$
		无穷大与无穷小的关系	在同一变化过程中，无穷大的倒数为无穷小；恒不为零的无穷小的倒数为无穷大
		无穷小的比较	设 $\alpha(x)$，$\beta(x)$ 是在同一自变量变化过程中的无穷小，$\lim\dfrac{\beta(x)}{\alpha(x)}$ 在这个变化过程中存在或为 ∞，且 $\alpha(x)\neq0$. (1) 如果 $\lim\dfrac{\beta(x)}{\alpha(x)}=0$，那么称 $\beta(x)$ 是比 $\alpha(x)$ 高阶的无穷小，记作 $\beta(x)=o(\alpha(x))$；

续表

极限运算	两个重要极限	无穷小的比较	(2) 如果 $\lim \frac{\beta(x)}{\alpha(x)}=C(C\neq 0)$，那么称 $\beta(x)$ 与 $\alpha(x)$ 是同阶无穷小. 特殊地，当 $C=1$ 时，即 $\lim \frac{\beta(x)}{\alpha(x)}=1$，则称 $\beta(x)$ 与 $\alpha(x)$ 是等价无穷小，记作 $\alpha(x)\sim\beta(x)$； (3) 如果 $\lim \frac{\beta(x)}{[\alpha(x)]^k}=C(C\neq 0,k>0)$，那么称 $\beta(x)$ 是关于 $\alpha(x)$ 的 k 阶无穷小； (4) 如果 $\lim \frac{\beta(x)}{\alpha(x)}=\infty$，那么称 $\beta(x)$ 是比 $\alpha(x)$ 低阶的无穷小
		常用等价无穷小的关系	当 $x\to 0$ 时，有 $\sin x\sim x$，$\tan x\sim x$，$1-\cos x\sim\frac{1}{2}x^2$，$\arcsin x\sim x$，$\arctan x\sim x$，$\ln(1+x)\sim x$，$e^x-1\sim x$，$(1+x)^{\frac{1}{n}}-1\sim\frac{1}{n}x$
函数连续	函数连续性		(1) 设函数 $y=f(x)$ 在点 x_0 的某邻域内有定义，如果函数 $f(x)$ 当 $x\to x_0$ 时的极限存在，且等于它在点 x_0 处的函数值 $f(x_0)$，即 $\lim\limits_{x\to x_0}f(x)=f(x_0)$，那么称函数 $y=f(x)$ 在点 x_0 处连续； (2) 初等函数在其定义域内都连续
	函数间断点	第一类间断点	跳跃间断点：函数 $f(x)$ 在点 x_0 处左、右极限都存在，但不相等. 可去间断点：函数 $f(x)$ 在点 x_0 处的极限存在，但 $\lim\limits_{x\to x_0}f(x)\neq f(x_0)$
		第二类间断点	函数 $f(x)$ 在点 x_0 处的左、右极限至少有一个不存在
	闭区间上连续函数的性质	最大值和最小值定理	在闭区间上连续的函数在该区间上一定能取得最大值和最小值
		零点定理	如果函数 $f(x)$ 在闭区间 $[a,b]$ 上连续，且 $f(a)$ 与 $f(b)$ 异号，即 $f(a)f(b)<0$，那么在开区间 (a,b) 内至少存在一点 ξ，使 $f(\xi)=0$
		介值定理	如果函数 $f(x)$ 在闭区间 $[a,b]$ 上连续，且 $f(a)\neq f(b)$，那么对于 $f(a)$ 与 $f(b)$ 之间的任意一个数 C，在开区间 (a,b) 内至少存在一点 ξ，使得 $f(\xi)=C$

阅读与欣赏

刘徽

刘徽（约 225 年—约 295 年），汉族，山东滨州邹平市人，魏晋期间伟大的数学家，中国古典数学理论的奠基人之一，在中国数学史上作出了极大的贡献.

刘徽的杰作《九章算术注》和《海岛算经》，是中国最宝贵的数学遗产之一，“割圆术”的发明就是他其中的一个成就. 何为“割圆术”呢？刘徽是这样形容的：“割之弥细，所失弥少. 割之又割，以至于不可割，则与圆周合体而无所失矣. ”通俗地说，通过不断倍增圆内接正多边形的边数，求出圆的面积.

有一天，刘徽偶然看到了石匠在切割石头，觉得十分有趣，就站在一边细细地观察起来. 刘徽看到，一块方形的石头，石匠先切去了四个角，四个角就变成了八个角，然后再把这八个角切去，以此类推，直至石头最后变成了一个圆滑的柱子. 刘徽就像石匠所做的那样，把圆不断分割，终于发明了“割圆术”，为圆周率的计算提供了一套严密的理论和完善的算法.

目标检测一

一、单项选择题

1. 设数列 $\{x_n\}$ 收敛，则（　　）.

A. 当 $\lim\limits_{n\to\infty}\sin x_n=0$ 时，$\lim\limits_{n\to\infty}x_n=0$

B. 当 $\lim\limits_{n\to\infty}(x_n+\sqrt{|x_n|})=0$ 时，$\lim\limits_{n\to\infty}x_n=0$

C. 当 $\lim\limits_{n\to\infty}(x_n+x_n^2)=0$ 时，$\lim\limits_{n\to\infty}x_n=0$

D. 当 $\lim\limits_{n\to\infty}(x_n+\sin x_n)=0$ 时，$\lim\limits_{n\to\infty}x_n=0$

2. 极限 $\lim\limits_{x\to 0}\left(x\sin\dfrac{2}{x}+2^{\frac{\sin x}{x}}\right)$的值为（　　）.

A. 1　　B. 2　　C. 3　　D. 4

3. 当 $x\to 0$ 时，下列无穷小中与 $f(x)=x\sin^2 x$ 同阶的是（　　）.

A. $\cos x^2-1$　　B. $(1+x^2)^3-1$

C. 3^x-1　　D. $\sqrt{1-x^3}-1$

4. $x=0$ 为函数 $f(x)=\begin{cases} e^x-1, & x<0,\\ 2, & x=0,\\ x\sin\dfrac{1}{x}, & x>0\end{cases}$ 的（　　）.

A. 可去间断点　　B. 跳跃间断点

C. 无穷间断点　　D. 连续点

二、填空题

1. $\lim\limits_{x\to 0}\dfrac{\ln\cos x}{x^2}=$________.

2. $\lim\limits_{x\to\infty} e^{\frac{1}{x}}=$________.

3. 若 $\lim\limits_{x\to 0}\left(\dfrac{1-\tan x}{1+\tan x}\right)^{\frac{1}{\sin kx}}=e$，则 $k=$________.

4. 函数 $y=\dfrac{x^2-1}{x^2-3x+2}$的间断点为________.

5. 函数 $f(x)=\begin{cases} 2x, & 0\leqslant x<1, \\ a-3x, & 1\leqslant x<2 \end{cases}$ 在点 $x=1$ 处连续，则 $a=$________.

6. $\lim\limits_{x\to 0}\dfrac{\sqrt{1+x^2}-1}{x}=$________.

三、解答题

1. 求 $\lim\limits_{x\to 2}(x^2-3x+5)$.

2. 求 $\lim\limits_{x\to\infty}\dfrac{x^2+2x}{x^3-x^2+2}$.

3. 求 $\lim\limits_{x\to 2}\left(\dfrac{1}{x-2}-\dfrac{12}{x^3-8}\right)$.

4. 求 $\lim\limits_{x\to 1}\dfrac{4x-1}{x^2+2x-3}$.

5. 求 $\lim\limits_{x\to 1}(1-x)\tan\dfrac{\pi}{2}x$.

6. 求 $\lim\limits_{x\to 0}\dfrac{e^x-1}{x}$.

第二章　导数与微分

学习引导

导数是微分学中的重要概念，导数反映了变量与变量之间变化快慢的程度，例如我们常见的汽车在某一时刻的瞬时速度、瞬时的电流强度、细胞繁殖的快慢、函数图像的切线、劳动生产率、边际成本等，都可归结为函数变化率的问题，即导数.

本章将从实际问题出发，引出导数的概念，并给出求导数的公式和法则，以及求复合函数、隐函数、由参数方程所确定函数的导数的重要方法，用导数的概念介绍函数的微分.

学习目标

掌握　导数的基本公式，导数的运算法则，复合函数与隐函数的求导方法，求函数微分的方法.

熟悉　导数的几何意义，可导性与连续性的关系，二阶导数.

了解　导数定义，单侧导数，由参数方程所确定函数的求导方法，微分的定义，微分的不变性.

素质培养　教导学生做事情要有先后顺序，要分清主次关系，同时有耐心、细致、有信心，还要不怕失败.

案例导入

(1) 汽车在高速公路上行驶，如何知道汽车在某一时刻的瞬时速度？

(2) 如何计算导线某截面非恒定电流的瞬时电流强度？

第一节　导数概念

案例分析

(1) 如何求变速直线运动的瞬时速度？

汽车在公路上行驶，设所走路程 s 是经历时间 t 的函数，其运动方程为 $s=f(t)$，我们的问题是如何确定汽车在时刻 t_0 的瞬时速度 $v(t_0)$.

为此，取邻近于时刻 t_0 的时刻 $t=t_0+\Delta t$，在 Δt 这一段时间内，汽车走过的路程是 $\Delta s=f(t_0+\Delta t)-f(t_0)$，汽车的平均速度是 $\overline{v}=\dfrac{\Delta s}{\Delta t}=\dfrac{f(t_0+\Delta t)-f(t_0)}{\Delta t}$，用这段时间内的平均速度 $\overline{v}$ 表示汽车在时刻 t_0 的瞬时速度 $v(t_0)$，但这只是近似值，只有当 Δt 越小，即时刻 t 越接近于时刻 t_0 时，平均速度 $\overline{v}$ 才越接近瞬时速度 $v(t_0)$. 更确切地，令 $\Delta t\to 0$，则平均速度 $\overline{v}$ 的极限就是汽车在时刻 t_0 的瞬时速度 $v(t_0)$，即

$$v(t_0)=\lim_{\Delta t\to 0}\overline{v}=\lim_{\Delta t\to 0}\frac{\Delta s}{\Delta t}=\lim_{\Delta t\to 0}\frac{f(t_0+\Delta t)-f(t_0)}{\Delta t}.$$

(2) 如何求导线某截面非恒定电流的瞬时电流强度？

设在 $[0,t]$ 这段时间内，通过导线某截面的电量为 $Q=f(t)$，求在时刻 $t=t_0$ 的瞬时电流强度 $I(t_0)$.

当 t 在 t_0 取得增量 Δt，即 $t=t_0+\Delta t$ 时，在 t_0 到 $t_0+\Delta t$ 的时间段内，电量的增量为 $\Delta Q=f(t_0+\Delta t)-f(t_0)$，则 t_0 到 $t_0+\Delta t$ 这段时间内的平均电流强度为 $\dfrac{\Delta Q}{\Delta t}=\dfrac{f(t_0+\Delta t)-f(t_0)}{\Delta t}$.

同上例，当 Δt 无限趋近于零时，平均电流强度将无限趋近于瞬时电流强度. 令 $\Delta t\to 0$，则平均电流强度的极限就定义为在时刻 t_0 的瞬时电流强度，即

$$I(t_0)=\lim_{\Delta t\to 0}\frac{\Delta Q}{\Delta t}=\lim_{\Delta t\to 0}\frac{f(t_0+\Delta t)-f(t_0)}{\Delta t}.$$

从上面两个案例中可以看出，尽管它们具有不同的物理意义，但是从数学角度上看，它们的本质是相同的，即函数 $y=f(x)$ 的增量 Δy 与自变量 x 的增量 Δx 之比 $\dfrac{\Delta y}{\Delta x}$ 是在 Δx 上的平均变化率；当 $\Delta x\to 0$ 时，平均变化率的极限 $\lim\limits_{\Delta x\to 0}\dfrac{\Delta y}{\Delta x}=\lim\limits_{\Delta x\to 0}\dfrac{f(x_0+\Delta x)-f(x_0)}{\Delta x}$ 就是函数 $y=f(x)$ 在 x_0 处的瞬时变化率，这就是导数.

从数学史上看，导数概念起源于几何学中的切线问题和力学中的速度问题.

一、导数定义

设函数 $y=f(x)$ 在点 x_0 的某个邻域内有定义，当自变量 x 在点 x_0 处取得增量 Δx（点 $x_0+\Delta x$ 仍在该邻域内）时，相应地，函数 $y=f(x)$ 有增量 $\Delta y=f(x_0+\Delta x)-f(x_0)$，如果极限 $\lim\limits_{\Delta x\to 0}\dfrac{\Delta y}{\Delta x}=\lim\limits_{\Delta x\to 0}\dfrac{f(x_0+\Delta x)-f(x_0)}{\Delta x}$ 存在，则称函数 $y=f(x)$ 在点 x_0 处可导或导数存在，并称这个极限为函数 $y=f(x)$ 在点 x_0 处的导数，记作 $f'(x_0)$ 或 $y'\big|_{x=x_0}$ 或 $\dfrac{\mathrm{d}y}{\mathrm{d}x}\Big|_{x=x_0}$ 或 $\dfrac{\mathrm{d}f(x)}{\mathrm{d}x}\Big|_{x=x_0}$ 等，即

$$f'(x_0)=\lim_{\Delta x\to 0}\frac{\Delta y}{\Delta x}=\lim_{\Delta x\to 0}\frac{f(x_0+\Delta x)-f(x_0)}{\Delta x}.$$

如果极限 $\lim\limits_{\Delta x\to 0}\dfrac{\Delta y}{\Delta x}=\lim\limits_{\Delta x\to 0}\dfrac{f(x_0+\Delta x)-f(x_0)}{\Delta x}$ 不存在，则称函数 $y=f(x)$ 在点 x_0 处不可导或导数不存在.

不难理解，导数定义还可以表示为以下形式：

$$f'(x_0)=\lim_{x\to x_0}\frac{f(x)-f(x_0)}{x-x_0}.$$

将此定义扩展，如果函数 $y=f(x)$ 在开区间 (a, b) 内的每一点处都可导，就称函数 $f(x)$ 在开区间 (a, b) 内可导. 此时，对于任一 $x\in(a, b)$，都对应着 $f(x)$ 一个确定的导数值，这样就构成了一个新的函数，这个函数叫作 $y=f(x)$ 在 (a, b) 内的导函数，记作 y' 或 $f'(x)$ 或 $\dfrac{\mathrm{d}y}{\mathrm{d}x}$ 或 $\dfrac{\mathrm{d}f(x)}{\mathrm{d}x}$. 在不引起混淆的情况下，导数与导函数统称为导数.

例 1 设函数 $y=f(x)$，当自变量 x 由 x_0 变到 $x_0+\Delta x$ 时，函数 $y=f(x)$ 的改变量 $\Delta y=$(　　).

A. $f(x_0+\Delta x)$　　B. $f(x_0)+\Delta x$

C. $f(x_0+\Delta x)-f(x_0)$　　D. $f(x_0)\Delta x$

解 本题是考查改变量的求法.

$$\Delta y=f(x_0+\Delta x)-f(x_0)$$

因此答案选择 C.

例 2 设函数 $f(x)$ 在 x_0 处可导，则 $\lim\limits_{\Delta x\to 0}\dfrac{f(x_0-\Delta x)-f(x_0)}{\Delta x}=$(　　).

A. $-f'(x_0)$　　B. $f'(-x_0)$

C. $f'(x_0)$　　D. $2f'(x_0)$

解 本题将定义式中的 Δx 换成了 $-\Delta x$.

根据导数定义 $f'(x_0)=\lim\limits_{\Delta x\to 0}\dfrac{\Delta y}{\Delta x}=\lim\limits_{\Delta x\to 0}\dfrac{f(x_0+\Delta x)-f(x_0)}{\Delta x}$，有

$$\lim_{\Delta x\to 0}\frac{f(x_0-\Delta x)-f(x_0)}{\Delta x}=-\lim_{\Delta x\to 0}\frac{f(x_0+(-\Delta x))-f(x_0)}{-\Delta x}=-f'(x_0)$$

因此答案选择 A.

二、单侧导数

通过以上学习，可以发现求导数就是求因变量和自变量的变化量之比的极限，即 $\lim\limits_{\Delta x\to 0}\dfrac{\Delta y}{\Delta x}$. 因为极限有左极限和右极限，所以导数也有左导数和右导数. 如果当 $\Delta x\to 0^-$ 时极限存在，那么这个极限叫作函数 $y=f(x)$ 在点 x_0 处的左导数，记作 $f'_-(x_0)$；如果当 $\Delta x\to 0^+$ 时极限存在，那么这个极限叫作函数 $y=f(x)$ 在点 x_0 处的右导数，记作

$f'_+(x_0)$. 即左导数为 $f'_-(x_0)=\lim\limits_{\Delta x\to 0^-}\dfrac{\Delta y}{\Delta x}$；右导数为 $f'_+(x_0)=\lim\limits_{\Delta x\to 0^+}\dfrac{\Delta y}{\Delta x}$.

由极限定理可以得出以下结论.

定理　函数 $y=f(x)$ 在点 x_0 处的左导数与右导数都存在且相等是函数 $y=f(x)$ 在点 x_0 处导数存在的充要条件，即

$$f'(x_0)=A\Leftrightarrow f'_-(x_0)=f'_+(x_0)=A.$$

例 3　设 $f(x)=\begin{cases}\sin x, & x<0,\\ x, & x\geqslant 0\end{cases}$ 求 $f'(0)$.

解　$\lim\limits_{x\to 0^-}\dfrac{f(x)-f(0)}{x-0}=\lim\limits_{x\to 0^-}\dfrac{\sin x-0}{x}=\lim\limits_{x\to 0^-}\dfrac{\sin x}{x}=1$

$$\lim_{x\to 0^+}\frac{f(x)-f(0)}{x-0}=\lim_{x\to 0^+}\frac{x-0}{x}=\lim_{x\to 0^+}\frac{x}{x}=1$$

因为 $\lim\limits_{x\to 0^-}\dfrac{f(x)-f(0)}{x-0}=\lim\limits_{x\to 0^+}\dfrac{f(x)-f(0)}{x-0}=1$，所以 $f'(0)=1$.

三、导数几何意义

如图 2－1 所示，设曲线 $y=f(x)$，在其上取一点 $M(x_0,y_0)$，在点 M 外另取一点 $N(x_0+\Delta x,\ y_0+\Delta y)$，割线 MN 的斜率为 $\tan\varphi=\dfrac{\Delta y}{\Delta x}=\dfrac{f(x_0+\Delta x)-f(x_0)}{\Delta x}$（$\varphi$ 为割线 MN 的倾斜角），当 $\Delta x\to 0$ 时，点 N 沿着曲线 $y=f(x)$ 无限地趋近于点 M，此时割线 MN 绕点 M 旋转而趋近于极限位置 MT，直线 MT 就是曲线 $y=f(x)$ 在点 M 处的切线，则切线 MT 的斜率为

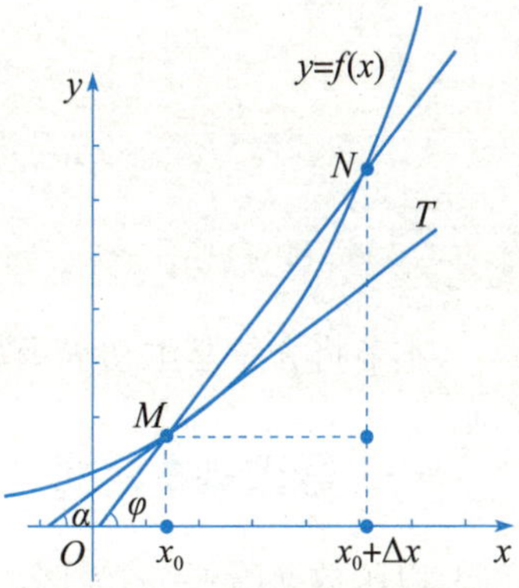

图 2－1

$$k=\tan\alpha=\lim_{\varphi\to\alpha}\tan\varphi=\lim_{\Delta x\to 0}\frac{\Delta y}{\Delta x}=\lim_{\Delta x\to 0}\frac{f(x_0+\Delta x)-f(x_0)}{\Delta x}$$（α 为切线 MT 的倾斜角）.

由此可知，函数 $y=f(x)$ 在点 x_0 处的导数在几何上就是曲线 $y=f(x)$ 在点 $M(x_0,f(x_0))$ 处的切线斜率，即导数的几何意义是 $f'(x_0)=k$，其中 k 是过点 x_0 处的切线斜率. 由导数的几何意义和直线的点斜式方程，很容易得到曲线 $y=f(x)$ 在点 $M(x_0,f(x_0))$ 处的切线方程 $y-f(x_0)=f'(x_0)(x-x_0)$ 和法线方程 $y-f(x_0)=-\dfrac{1}{f'(x_0)}(x-x_0)$ （$f'(x_0)\neq 0$）.

例 4　设函数 $y=f(x)$ 在点 $M(2,2)$ 处的导数为 $f'(2)=3$，求曲线 $y=f(x)$ 在点 M 处的切线方程和法线方程.

解　因为在点 $M(2,\ 2)$ 处的导数为 $f'(2)=3$，

所以过点 $M(2,\ 2)$ 处的切线斜率为 $k=3$，

故 $y=f(x)$ 在点 M 处的切线方程为 $y-2=3(x-2)$，即 $3x-y-4=0$；

$y=f(x)$ 在点 M 处的法线方程为 $y-2=-\frac{1}{3}(x-2)$，即 $x+3y-8=0$.

四、可导性与连续性

在上一章中有一个非常重要的概念——连续，连续和导数之间也有着密不可分的关系，即如果函数 $y=f(x)$ 在点 x_0 处可导，则函数 $y=f(x)$ 在该点处必连续；但是，如果函数 $y=f(x)$ 在点 x_0 处连续，则函数 $y=f(x)$ 在该点处不一定可导. 例如函数 $y=\sqrt[3]{x}$ 在区间 $(-\infty,+\infty)$ 内连续，但是在点 $x=0$ 处不可导. 这是因为在点 $x=0$ 处，有 $\lim\limits_{\Delta x\to 0}\frac{\Delta y}{\Delta x}=$

$$\lim_{\Delta x\to 0}\frac{f(0+\Delta x)-f(0)}{\Delta x}=\lim_{\Delta x\to 0}\frac{\sqrt[3]{\Delta x}-0}{\Delta x}=\lim_{\Delta x\to 0}\frac{1}{\Delta x^{\frac{2}{3}}}=+\infty,$$

因此导数不存在. 从图像上看，曲线 $y=\sqrt[3]{x}$ 在原点处的切线为 $x=0$，即 y 轴，如图 2-2 所示.

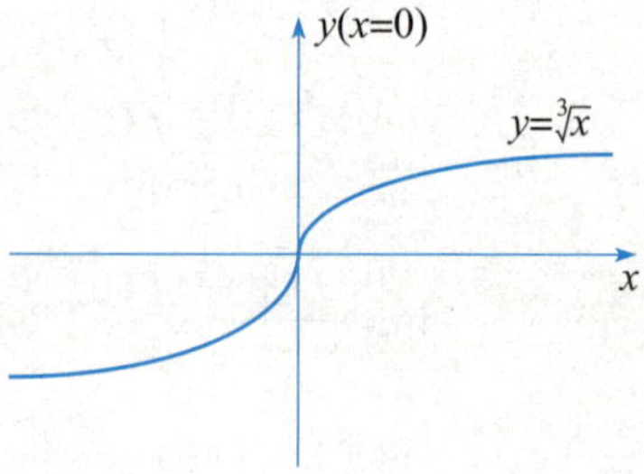

图 2-2

第二节 导数运算

本节将介绍基本初等函数的导数公式和函数的导数运算法则.

一、导数基本公式

以函数 $f(x)=x$ 为例，根据导数定义计算其导函数，

$$\lim_{\Delta x\to 0}\frac{\Delta y}{\Delta x}=\lim_{\Delta x\to 0}\frac{f(x+\Delta x)-f(x)}{\Delta x}=\lim_{\Delta x\to 0}\frac{(x+\Delta x)-x}{\Delta x}=\lim_{\Delta x\to 0}\frac{\Delta x}{\Delta x}=1,$$

因此可得函数 $f(x)=x$ 的导函数为 $f'(x)=1$.

又例如函数 $f(x)=x^2$，根据导数定义计算其导函数，

$$\begin{aligned}\lim_{\Delta x\to 0}\frac{\Delta y}{\Delta x}&=\lim_{\Delta x\to 0}\frac{f(x+\Delta x)-f(x)}{\Delta x}=\lim_{\Delta x\to 0}\frac{(x+\Delta x)^2-x^2}{\Delta x}\\&=\lim_{\Delta x\to 0}\frac{\Delta x^2+2x\Delta x}{\Delta x}=\lim_{\Delta x\to 0}(\Delta x+2x)=2x,\end{aligned}$$

因此可得函数 $f(x)=x^2$ 的导函数为 $f'(x)=2x$.

由此可见，利用导数定义可以计算出一些简单函数的导函数，下面介绍基本初等函数的导函数，可以直接作为公式，有兴趣的同学可以自己尝试证明.

(1) $(C)'=0$（C 为常数）；　　(2) $(x^\alpha)'=\alpha x^{\alpha-1}$（$\alpha$ 为任意常数）；

(3) $(a^x)'=a^x\ln a$（$a>0$，$a\neq 1$）；　　(4) $(\mathrm{e}^x)'=\mathrm{e}^x$；

(5) $(\log_a x)'=\dfrac{1}{x\ln a}$ $(a>0,\ a\neq1)$；

(6) $(\ln x)'=\dfrac{1}{x}$；

(7) $(\sin x)'=\cos x$；

(8) $(\cos x)'=-\sin x$；

(9) $(\tan x)'=\dfrac{1}{\cos^2 x}=\sec^2 x$；

(10) $(\cot x)'=-\dfrac{1}{\sin^2 x}=-\csc^2 x$；

(11) $(\sec x)'=\tan x\cdot\sec x$；

(12) $(\csc x)'=-\cot x\cdot\csc x$；

(13) $(\arcsin x)'=\dfrac{1}{\sqrt{1-x^2}}$；

(14) $(\arccos x)'=-\dfrac{1}{\sqrt{1-x^2}}$；

(15) $(\arctan x)'=\dfrac{1}{1+x^2}$；

(16) $(\text{arccot}\, x)'=-\dfrac{1}{1+x^2}$.

二、导数运算法则

大多数函数都是由一些基本初等函数经过运算而形成的，例如 $y=x^4-\dfrac{1}{x}+\sqrt{x}+5$ 与 $y=e^x\sin x$ 等，如何求这些函数的导函数呢？下面介绍导数的运算法则.

设 $f(x)$ 和 $g(x)$ 在点 x 处可导，则 $f(x)\pm g(x)$，$f(x)\cdot g(x)$，$\dfrac{f(x)}{g(x)}$ $(g(x)\neq0)$ 在点 x 处也可导，且有

法则 1　$[f(x)\pm g(x)]'=f'(x)\pm g'(x)$

法则 2　$[f(x)\cdot g(x)]'=f'(x)g(x)+f(x)g'(x)$

法则 3　$[kf(x)]'=kf'(x)$（k 为常数）

法则 4　$\left[\dfrac{f(x)}{g(x)}\right]'=\dfrac{f'(x)g(x)-f(x)g'(x)}{[g(x)]^2}(g(x)\neq0)$

其中法则 1 与法则 2 可以推广到任意有限多个可导函数的情形；法则 3 是法则 2 的特殊情况.

例 1　设 $y=x^4-\dfrac{1}{x}+\sqrt{x}+5$，求 y'.

解　$$\begin{aligned}y'&=\left(x^4-\frac{1}{x}+\sqrt{x}+5\right)'\\&=(x^4)'-\left(\frac{1}{x}\right)'+(\sqrt{x})'+(5)'\\&=4x^3+\frac{1}{x^2}+\frac{1}{2\sqrt{x}}.\end{aligned}$$

例 2　设 $y=e^x\sin x$，求 y'.

解　$$\begin{aligned}y'&=(e^x\sin x)'\\&=(e^x)'\sin x+e^x(\sin x)'\\&=e^x\sin x+e^x\cos x.\end{aligned}$$

例 3　设 $y=\dfrac{x-1}{x+1}$，求 y'.

解 $y'=\dfrac{(x-1)'(x+1)-(x-1)(x+1)'}{(x+1)^2}$

$=\dfrac{1\times(x+1)-(x-1)\times 1}{(x+1)^2}$

$=\dfrac{2}{(x+1)^2}.$

【即学即练 1】

设 $y=3e^x\ln x$，则 $y'=($　　$)$.

A. $y'=3e^x\cdot\dfrac{1}{x}$　　　　B. $y'=3e^x\left(\ln x+\dfrac{1}{x}\right)$

C. 0　　　　D. $y'=3e^x\left(\ln x-\dfrac{1}{x}\right)$

三、复合函数导数

微课

复合函数求导

到目前为止，我们已经掌握了一些简单函数的求导方法，但这些是远远不够的，例如函数 $y=(2x+3)^3$，$y=e^{x^5}$ 如何求导数呢？下面介绍复合函数的求导方法.

定理 如果函数 $u=g(x)$ 在点 x 处可导，函数 $y=f(u)$ 在相应点 u 处可导，则复合函数 $y=f[g(x)]$ 在点 x 处可导，且其导数为

$$\frac{dy}{dx}=\frac{dy}{du}\cdot\frac{du}{dx} \text{ 或 } y'=f'(u)\cdot g'(x).$$

从定理中可以看出，求复合函数 $y=f[g(x)]$ 的导数，实际上就是先找到复合函数的内函数 $g(x)$ 和外函数 $f(u)$，然后分别求导再相乘即可. 这个法则也适用于多层复合的情况，比如 $y=f(u)$，$u=g(v)$，$v=h(x)$，只需要满足相应的条件，复合函数 $y=f(g(h(x)))$ 就可求导，且其导数为

$$\frac{dy}{dx}=\frac{dy}{du}\cdot\frac{du}{dv}\cdot\frac{dv}{dx} \text{ 或 } y'=f'(u)\cdot g'(v)\cdot h'(x).$$

例 4 设 $y=(2x+5)^3$，求 y'.

解 函数 $y=(2x+5)^3$ 可以看作由 $y=u^3$ 和 $u=2x+5$ 复合而成，则 $y'=y'_u\cdot u'_x=3u^2\cdot 2=6(2x+5)^2$.

例 5 设 $y=e^{x^5}$，求 y'.

解 函数 $y=e^{x^5}$ 可以看作由 $y=e^u$ 和 $u=x^5$ 复合而成，则 $y'=y'_u\cdot u'_x=e^u\cdot 5x^4=5x^4e^{x^5}$.

例 6 设 $y=\sqrt{1-x^2}$，求 y'.

解 函数 $y=\sqrt{1-x^2}$ 可以看作由 $y=\sqrt{u}$ 和 $u=1-x^2$ 复合而成，

则 $y'=y'_u\cdot u'_x=\dfrac{1}{2\sqrt{u}}\cdot(-2x)=-\dfrac{x}{\sqrt{1-x^2}}$.

例 7　设 $y=\ln\sin x^2$，求 y'.

解　函数 $y=\ln\sin x^2$ 可以看作由 $y=\ln u$，$u=\sin v$ 和 $v=x^2$ 复合而成，
则 $y'=y'_u\cdot u'_v\cdot v'_x=\dfrac{1}{u}\cdot\cos v\cdot 2x=\dfrac{2x\cos x^2}{\sin x^2}=2x\cot x^2$.

例 8　设 $y=\arctan\sqrt{\dfrac{x+1}{x-1}}$，求 y'.

解　令 $y=\arctan u$，$u=\sqrt{v}$，$v=\dfrac{x+1}{x-1}$，则

$$\begin{aligned}y'&=y'_u\cdot u'_v\cdot v'_x=\frac{1}{1+u^2}\cdot\frac{1}{2\sqrt{v}}\cdot\frac{(x-1)-(x+1)}{(x-1)^2}\\&=\frac{1}{1+\frac{x+1}{x-1}}\cdot\frac{1}{2\sqrt{\frac{x+1}{x-1}}}\cdot\frac{-2}{(x-1)^2}\\&=\frac{x-1}{2x}\cdot\frac{1}{2}\sqrt{\frac{x-1}{x+1}}\cdot\frac{-2}{(x-1)^2}\\&=-\frac{1}{2x(x-1)}\sqrt{\frac{x-1}{x+1}}.\end{aligned}$$

【即学即练 2】

设函数 $y=f(u)$ 可导，且 $u=x^2$，则 $y'=$（　　）.

A. $f'(x^2)$　　B. $xf'(x^2)$　　C. $2xf'(x^2)$　　D. $x^2f'(x^2)$

四、隐函数导数

1. 隐函数定义

如果变量 x 与 y 之间的函数关系是由一个方程 $F(x,y)=0$ 所确定的，这样的函数叫作隐函数，例如，$x+y^3-1=0$，$x^2+y^2=1$，$e^y+xy-5=0$ 等都是隐函数. 相对于隐函数，我们把前面所学的 $y=f(x)$ 这种形式的函数叫作显函数.

2. 对隐函数求导

对隐函数求导，首先想到的是将隐函数转化为显函数，例如 $x+y^3-1=0$ 可以转化为 $y=\sqrt[3]{1-x}$，然后就可以进行求导，这种将隐函数化成显函数的方法叫作隐函数显化，事实上，大多数隐函数很难显化. 下面我们介绍隐函数的求导方法.

在方程 $F(x,y)=0$ 中，两边同时对自变量 x 求导，遇到 y 时将其看作中间变量，按照复合函数的求导法则对 y 进行求导，这样就得到一个关于 y' 的方程，解出 y' 即可得到隐函数的导数. 这种方法的好处是不用进行隐函数显化.

例 9　求由方程 $x^2+y^2=1$ 所定的隐函数的导数 $\dfrac{dy}{dx}$.

解 方程两边对 x 求导，得

$$\frac{\mathrm{d}}{\mathrm{d}x}(x^2+y^2)=0,$$

由此得，$2x+2y\cdot\frac{\mathrm{d}y}{\mathrm{d}x}=0$.

从方程中解出 y'，得$\frac{\mathrm{d}y}{\mathrm{d}x}=-\frac{x}{y}$.

例 10 求由方程 $\mathrm{e}^y+xy-5=0$ 所确定的隐函数的导数 y'.

解 方程两边对 x 求导，得

$$(\mathrm{e}^y)'+(xy)'-(5)'=(0)'.$$

由此得，$\mathrm{e}^y\cdot y'+y+x\cdot y'=0$.

从方程中解出 y'，得 $y'=-\frac{y}{x+\mathrm{e}^y}$.

从上面的例题可以看出，隐函数的导数 y'中允许含有函数 y.

下面，我们来介绍一种重要的求导方法——对数求导法. 这是一种利用对数性质与隐函数求导数的方法来简化求导运算的方法，它适合于由几个因子通过乘、除、乘方、开方所构成的比较复杂的函数的求导运算，这种方法是先对函数 $y=f(x)$ 两边取自然对数，得到隐函数 $\ln y=\ln f(x)$，然后按照隐函数求导数的方法，求出 y 对 x 的导数.

例 11 求函数 $y=x^x(x>0)$ 的导数.

解 因为这是幂指函数，求导数时，既不能用幂函数的导数公式，也不能用指数函数的导数公式，所以对等式两边取对数，得 $\ln y=x\ln x$，

两边对 x 求导，得$\frac{1}{y}y'=\ln x+1$，

解得 $y'=y(\ln x+1)$，

故导数为 $y'=x^x(\ln x+1)$.

五、由参数方程确定的函数导数

设变量 x 与 y 都是变量 t 的函数，即$\begin{cases}x=\varphi(t)\\y=\psi(t)\end{cases}$，这种函数关系称为由参数方程$\begin{cases}x=\varphi(t)\\y=\psi(t)\end{cases}$所确定的函数，其中变量 t 叫作参数.

由参数方程$\begin{cases}x=\varphi(t)\\y=\psi(t)\end{cases}$所确定的函数的导数为$\frac{\mathrm{d}y}{\mathrm{d}x}=\frac{\mathrm{d}y}{\mathrm{d}t}\cdot\frac{\mathrm{d}t}{\mathrm{d}x}=\frac{\mathrm{d}y}{\mathrm{d}t}\cdot\frac{1}{\frac{\mathrm{d}x}{\mathrm{d}t}}=\frac{\frac{\mathrm{d}y}{\mathrm{d}t}}{\frac{\mathrm{d}x}{\mathrm{d}t}}=\frac{\psi'(t)}{\varphi'(t)}$.

例 12 设$\begin{cases}x=\mathrm{e}^t\cos t\\y=\mathrm{e}^t\sin t\end{cases}$，求$\frac{\mathrm{d}y}{\mathrm{d}x}$.

解 $\dfrac{\mathrm{d}y}{\mathrm{d}x}=\dfrac{\dfrac{\mathrm{d}y}{\mathrm{d}t}}{\dfrac{\mathrm{d}x}{\mathrm{d}t}}=\dfrac{\mathrm{e}^t\sin t+\mathrm{e}^t\cos t}{\mathrm{e}^t\cos t+\mathrm{e}^t(-\sin t)}=\dfrac{\sin t+\cos t}{\cos t-\sin t}$.

知识链接

某军事训练基地正在进行高射炮演习，以初速度为 v_0，发射角为 α 发射炮弹，炮弹的运动方程为$\begin{cases}x=v_0t\cos\alpha\\ y=v_0t\sin\alpha-\dfrac{1}{2}gt^2\end{cases}$，求：(1) 炮弹在时刻 t 的运动方向；(2) 炮弹在时刻 t 的速度大小.

解 (1) 炮弹在时刻 t 的运动方向就是炮弹运动轨迹在时刻 t 的切线方向，所以只需要求出切线的斜率即可，

$$\frac{\mathrm{d}y}{\mathrm{d}x}=\frac{y'(t)}{x'(t)}=\frac{v_0\sin\alpha-gt}{v_0\cos\alpha}.$$

(2) 炮弹在时刻 t 沿 x 轴方向的分速度为 $v_x=\dfrac{\mathrm{d}x}{\mathrm{d}t}=v_0\cos\alpha$，

炮弹在时刻 t 沿 y 轴方向的分速度为 $v_y=\dfrac{\mathrm{d}y}{\mathrm{d}t}=v_0\sin\alpha-gt$，

故炮弹在时刻 t 的速度大小为

$$\begin{aligned}v&=\sqrt{v_x^2+v_y^2}=\sqrt{(v_0\cos\alpha)^2+(v_0\sin\alpha-gt)^2}\\&=\sqrt{v_0^2-2v_0gt\sin\alpha+(gt)^2}.\end{aligned}$$

六、二阶导数

通过前面的学习，我们知道函数 $y=f(x)$ 的导函数 $y'=f'(x)$ 仍然是 x 的函数，那么我们可以继续对 $f'(x)$ 进行求导，如果 $f'(x)$ 的导函数存在，我们就把 $y'=f'(x)$ 的导函数叫作函数 $y=f(x)$ 的二阶导数，记作 y''或 $f''(x)$ 或$\dfrac{\mathrm{d}^2y}{\mathrm{d}x^2}$.

例 13 求函数 $y=x\cos x$ 的二阶导数 y''.

解 先求一阶导数，$y'=\cos x+x(-\sin x)=\cos x-x\sin x$

再求二阶导数，$y''=-\sin x-\sin x-x\cos x=-2\sin x-x\cos x$.

例 14 设函数 $f(x)=\ln(1+x)$，求 $f''(x)$.

解 先求一阶导数，$f'(x)=\dfrac{1}{1+x}\cdot(1+x)'=\dfrac{1}{1+x}$，

再求二阶导数，$f''(x)=-\dfrac{1}{(1+x)^2}\cdot(1+x)'=-\dfrac{1}{(1+x)^2}$.

知识链接

二阶导数的物理意义

由本章开始的第一个案例可知，变速直线运动的瞬时速度 $v(t)$ 就是位置函数 $s=f(t)$ 对时间 t 的导数，即 $v(t)=\frac{ds}{dt}$ 或 $v(t)=s'=f'(t)$；加速度是速度函数对时间的变化率，即位置函数 $s=f(t)$ 对时间 t 的二阶导数，记作 a，则加速度 $a=v'(t)$ 或 $a=s''=f''(t)$.

第三节　函数微分

一、微分概念和几何意义

当一块正方形金属片受热时，其边长从 x_0 增加到 $x_0+\Delta x$，相应的面积增量为 $\Delta S=(x_0+\Delta x)^2-x_0^2=2x_0\Delta x+(\Delta x)^2$，其中一部分 $2x_0\Delta x$ 是 Δx 的线性部分，当 $\Delta x\to 0$ 时，另一部分 $(\Delta x)^2$ 是比 Δx 高阶的无穷小，即 $(\Delta x)^2=o(\Delta x)$，如图 2-3 所示.

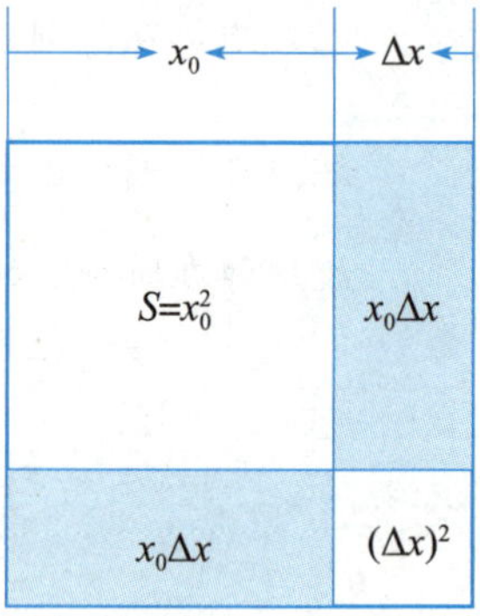

图 2-3

一般情况下，对于函数 $y=f(x)$，如果自变量在 x_0 处取得增量 Δx 时，函数增量 Δy 可以表示成两部分，一部分是 Δx 的线性部分 $A\cdot\Delta x$（其中 A 与 Δx 无关），另一部分是关于 Δx 的高阶无穷小 $o(\Delta x)$. 那么当 $A\neq 0$，且 $|\Delta x|$ 很小时，Δy 就可以用前一部分 $A\cdot\Delta x$ 来近似代替，这样就可以简化计算，由此引出微分的定义.

1. 微分定义

设函数 $y=f(x)$ 在点 x_0 的某个区间有定义，x_0 及 $x_0+\Delta x$ 在这个区间内，如果函数的增量为 $\Delta y=f(x_0+\Delta x)-f(x_0)=A\cdot\Delta x+o(\Delta x)$，其中 A 是不依赖于 Δx 的常数，且 $o(\Delta x)$ 是关于 Δx 的高阶无穷小，则称函数 $y=f(x)$ 在点 x_0 处是可微的，并称 $A\cdot\Delta x$ 为函数 $y=f(x)$ 在点 x_0 处相应于自变量增量 Δx 的微分，记作 $dy|_{x=x_0}$ 或 $df|_{x=x_0}$，即 $dy|_{x=x_0}=A\cdot\Delta x$.

同样，可以定义函数 $y=f(x)$ 在点 x 处的微分，记作 dy 或 df，即 $dy=A\cdot\Delta x$. 通常把自变量的增量 Δx 叫作自变量的微分，记作 dx，即 $dx=\Delta x$. 因此函数 $y=f(x)$ 的微分可记作 $dy=f'(x)\,dx$. 由此可以得到一个重要定理.

定理　函数 $y=f(x)$ 可微的充分必要条件是函数 $y=f(x)$ 可导，且有 $dy=f'(x)dx$.

由函数微分 $dy=f'(x)dx$ 可得 $\frac{dy}{dx}=f'(x)$，即函数的微分 dy 与自变量的微分 dx 之比等于该函数的导数，因此导数也叫作“微商”.

2. 微分几何意义

如图 2-4 所示，在曲线 $y=f(x)$ 上取一点 $M(x,y)$，过点 M 作曲线 $y=f(x)$ 的切线 MT，其倾斜角为 α，由导数的几何意义可知切线 MT 的斜率为 $f'(x)=\tan\alpha$. 当自变量在点 M 有增量 Δx 时，则曲线的纵坐标有增量 $\Delta y=NP$，同时切线的纵坐标也有一增量 TP，则 $TP=MP\tan\alpha=f'(x)\Delta x=\mathrm{d}y$.

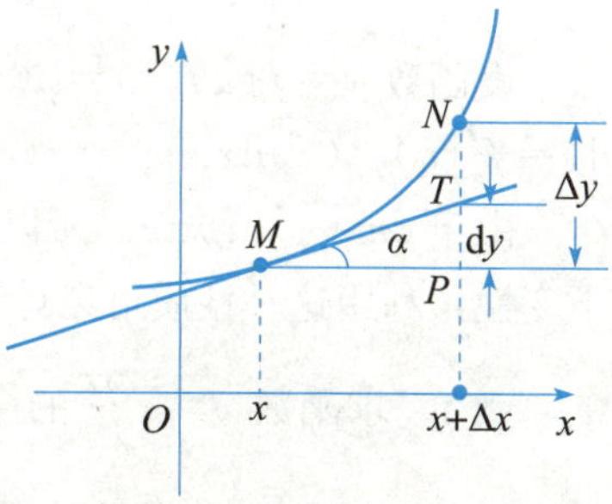

图 2-4

因此，微分的几何意义就是函数 $y=f(x)$ 在 x_0 点处的一个充分小的范围内，可用点 x_0 处的切线的增量 $\mathrm{d}y$ 近似代替点 x_0 处的曲线的增量 Δy.

二、微分基本公式与运算法则

根据微分定义及前面的导数公式和导数运算法则，可直接推出微分基本公式和微分运算法则.

1. 微分基本公式

(1) $\mathrm{d}(C)=0$（C 为常数）；

(2) $\mathrm{d}(x^\alpha)=\alpha x^{\alpha-1}\mathrm{d}x$（$\alpha$ 为任意常数）；

(3) $\mathrm{d}(a^x)=a^x\ln a\,\mathrm{d}x$（$a>0$，且 $a\neq1$）；

(4) $\mathrm{d}(\mathrm{e}^x)=\mathrm{e}^x\mathrm{d}x$；

(5) $\mathrm{d}(\log_a x)=\dfrac{1}{x\ln a}\mathrm{d}x$（$a>0$，且 $a\neq1$）；

(6) $\mathrm{d}(\ln x)=\dfrac{1}{x}\mathrm{d}x$；

(7) $\mathrm{d}(\sin x)=\cos x\,\mathrm{d}x$；

(8) $\mathrm{d}(\cos x)=-\sin x\,\mathrm{d}x$；

(9) $\mathrm{d}(\tan x)=\dfrac{1}{\cos^2 x}\mathrm{d}x=\sec^2 x\,\mathrm{d}x$；

(10) $\mathrm{d}(\cot x)=-\dfrac{1}{\sin^2 x}\mathrm{d}x=-\csc^2 x\,\mathrm{d}x$；

(11) $\mathrm{d}(\sec x)=\tan x\cdot\sec x\,\mathrm{d}x$；

(12) $\mathrm{d}(\csc x)=-\cot x\cdot\csc x\,\mathrm{d}x$；

(13) $\mathrm{d}(\arcsin x)=\dfrac{1}{\sqrt{1-x^2}}\mathrm{d}x$；

(14) $\mathrm{d}(\arccos x)=-\dfrac{1}{\sqrt{1-x^2}}\mathrm{d}x$；

(15) $\mathrm{d}(\arctan x)=\dfrac{1}{1+x^2}\mathrm{d}x$；

(16) $\mathrm{d}(\mathrm{arccot}\,x)=-\dfrac{1}{1+x^2}\mathrm{d}x$.

2. 微分运算法则

设函数 $u=u(x)$，$v=v(x)$ 在点 x 处可微，则由导数运算法则可推出微分运算法则.

法则 1 $\mathrm{d}(u\pm v)=\mathrm{d}u\pm\mathrm{d}v$

法则 2 $\mathrm{d}(uv)=u\,\mathrm{d}v+v\,\mathrm{d}u$

法则 3 $\mathrm{d}(Cv)=C\mathrm{d}v$（$C$ 为常数）

法则 4 $\mathrm{d}\left(\dfrac{u}{v}\right)=\dfrac{v\,\mathrm{d}u-u\,\mathrm{d}v}{v^2}$ $(v\neq0)$

其中法则 1 与法则 2 可以推广到任意有限多个可微函数的情形；法则 3 是法则 2 的特殊情况.

三、微分形式不变性

设函数 $y=f(u)$，$u=\varphi(x)$ 均是可微函数，则复合函数 $y=f[\varphi(x)]$ 也可微，且 $\mathrm{d}y=f'(u)\varphi'(x)\mathrm{d}x$.

由于 $\mathrm{d}u=\varphi'(x)\mathrm{d}x$，所以上式又可写为 $\mathrm{d}y=f'(u)\mathrm{d}u$，这一性质称为微分形式的不变性，利用这一性质可以计算复合函数的微分.

例 1 求函数 $y=\dfrac{\sin x}{x}$ 的微分 $\mathrm{d}y$.

解 $\mathrm{d}y=y'\mathrm{d}x=\left(\dfrac{\sin x}{x}\right)'\mathrm{d}x=\dfrac{x\cos x-\sin x}{x^2}\mathrm{d}x$

或 $\mathrm{d}y=\dfrac{x\mathrm{d}\sin x-\sin x\mathrm{d}x}{x^2}=\dfrac{x\cos x-\sin x}{x^2}\mathrm{d}x$.

例 2 求函数 $y=\sin(3x+5)$ 的微分 $\mathrm{d}y$.

解 设 $y=\sin u$，$u=3x+5$

则 $\mathrm{d}y=\mathrm{d}(\sin u)=\cos u\mathrm{d}u=\cos(3x+5)\mathrm{d}(3x+5)$

$=\cos(3x+5)\cdot 3\mathrm{d}x.$

$=3\cos(3x+5)\mathrm{d}x$

例 3 设 $y=\mathrm{e}^{3x}\sin x$，求 $\mathrm{d}y$.

解 $\mathrm{d}y=\mathrm{d}(\mathrm{e}^{3x}\cdot\sin x)=\sin x\cdot\mathrm{d}(\mathrm{e}^{3x})+\mathrm{e}^{3x}\mathrm{d}(\sin x)$

$=\sin x\cdot\mathrm{e}^{3x}\cdot\mathrm{d}(3x)+\mathrm{e}^{3x}\cos x\mathrm{d}x$

$=\mathrm{e}^{3x}(3\sin x+\cos x)\mathrm{d}x.$

例 4 设 $y=\arctan\sqrt{\dfrac{x}{x+1}}$，求 $\mathrm{d}y$.

解 因为 $y'=\left(\arctan\sqrt{\dfrac{x}{x+1}}\right)'$

$$=\frac{1}{1+\dfrac{x}{x+1}}\cdot\frac{1}{2\sqrt{\dfrac{x}{x+1}}}\cdot\frac{(x+1)-x}{(x+1)^2}$$

$$=\frac{1}{2(2x+1)\sqrt{x(x+1)}},$$

所以 $\mathrm{d}y=\dfrac{1}{2(2x+1)\sqrt{x(x+1)}}\mathrm{d}x$.

素养提升小课堂

通过学习如何求导数和微分，学会做事情要有先后顺序，要分清主次关系；做事情要细致、有耐心、有信心，还要不怕失败.

这就像复合函数求导数一样，首先分清层次，一层一层去求导数，不要漏掉每一个环节，然后用乘号把它们串联起来，这就完成求导数任务. 我们做事情也要这样，分清主次，抓住重点，任务较多时，可以采用各个击破的方法，最后胜利完成任务.

知识回顾

一、知识结构图

- 导数与微分
  - 导数定义 — 单侧导数 — 导数几何意义 — 可导性与连续性
  - 导数基本公式与运算法则 — 复合函数导数、隐函数导数、由参数方程确定的函数的导数、二阶导数
  - 微分概念和几何意义 — 微分基本公式与运算法则 — 微分形式不变性

二、重点小结

导数概念	导数定义	$f'(x_0)=\lim\limits_{\Delta x\to 0}\dfrac{\Delta y}{\Delta x}=\lim\limits_{\Delta x\to 0}\dfrac{f(x_0+\Delta x)-f(x_0)}{\Delta x}$ $y'\big\|_{x=x_0}$，$f'(x_0)$，$\dfrac{\mathrm{d}y}{\mathrm{d}x}\Big\|_{x=x_0}$，$\dfrac{\mathrm{d}f(x)}{\mathrm{d}x}\Big\|_{x=x_0}$
	单侧导数	左导数为 $f'_-(x_0)=\lim\limits_{\Delta x\to 0^-}\dfrac{\Delta y}{\Delta x}$ 右导数为 $f'_+(x_0)=\lim\limits_{\Delta x\to 0^+}\dfrac{\Delta y}{\Delta x}$
	几何意义	$f'(x_0)=k$ 其中 k 为 $y=f(x)$ 在点 x_0 处的切线的斜率
	可导性与连续性	可导一定连续，但是连续不一定可导
导数运算	导数基本公式	(1) $(C)'=0$（C 为常数） (2) $(x^\alpha)'=\alpha x^{\alpha-1}$（$\alpha$ 为任意常数） (3) $(a^x)'=a^x\ln a$（$a>0$，$a\neq 1$） (4) $(\mathrm{e}^x)'=\mathrm{e}^x$ (5) $(\log_a x)'=\dfrac{1}{x\ln a}$（$a>0$，$a\neq 1$） (6) $(\ln x)'=\dfrac{1}{x}$ (7) $(\sin x)'=\cos x$ (8) $(\cos x)'=-\sin x$ (9) $(\tan x)'=\dfrac{1}{\cos^2 x}=\sec^2 x$ (10) $(\cot x)'=-\dfrac{1}{\sin^2 x}=-\csc^2 x$ (11) $(\sec x)'=\tan x\cdot\sec x$ (12) $(\csc x)'=-\cot x\cdot\csc x$ (13) $(\arcsin x)'=\dfrac{1}{\sqrt{1-x^2}}$

续表

导数运算	导数基本公式	(14) $(\arccos x)'=-\frac{1}{\sqrt{1-x^2}}$ (15) $(\arctan x)'=\frac{1}{1+x^2}$ (16) $(\text{arccot}\,x)'=-\frac{1}{1+x^2}$
	导数运算法则	法则 1　$[f(x)\pm g(x)]'=f'(x)\pm g'(x)$ 法则 2　$[f(x)\cdot g(x)]'=f'(x)g(x)+f(x)g'(x)$ 法则 3　$[kf(x)]'=kf'(x)$（k 为常数） 法则 4　$\left[\frac{f(x)}{g(x)}\right]'=\frac{f'(x)g(x)-f(x)g'(x)}{[g(x)]^2}$　$(g(x)\neq 0)$
	复合函数导数	设 $y=f(u)$，$u=g(x)$，复合函数 $y=f[g(x)]$ 则$\frac{dy}{dx}=\frac{dy}{du}\cdot\frac{du}{dx}$或 $y'=f'(u)\cdot g'(x)$ 设 $y=f(u)$，$u=g(v)$，$v=h(x)$，复合函数 $y=f(g(h(x)))$ 则$\frac{dy}{dx}=\frac{dy}{du}\cdot\frac{du}{dv}\cdot\frac{dv}{dx}$或 $y'=f'(u)\cdot g'(v)\cdot h'(x)$
	隐函数导数	在方程 $F(x, y)=0$ 中，两边同时对自变量 x 求导，遇到 y 时将其看作中间变量，按照复合函数的求导法则对 y 进行求导，这样就得到一个关于 y' 的方程，解出 y' 即可得到隐函数的导数
	由参数方程确定的函数导数	由参数方程$\begin{cases}x=\varphi(t)\\y=\psi(t)\end{cases}$所确定的函数 则$\frac{dy}{dx}=\frac{\frac{dy}{dt}}{\frac{dx}{dt}}=\frac{\psi'(t)}{\varphi'(t)}$
	二阶导数	y''或 $f''(x)$ 或$\frac{d^2y}{dx^2}$ 对导数 $f'(x)$ 再次求导
函数微分	微分定义	$dy=f'(x)dx$ 导数也叫作“微商”，即$\frac{dy}{dx}=f'(x)$
	微分基本公式	(1) $d(C)=0$（C 为常数） (2) $d(x^\alpha)=\alpha x^{\alpha-1}dx$（$\alpha$ 为任意常数） (3) $d(a^x)=a^x\ln a\,dx$（$a>0$，且 $a\neq 1$） (4) $d(e^x)=e^x dx$ (5) $d(\log_a x)=\frac{1}{x\ln a}dx$（$a>0$，且 $a\neq 1$）

续表

函数微分	微分基本公式	(6) $d(\ln x)=\frac{1}{x}dx$ (7) $d(\sin x)=\cos x dx$ (8) $d(\cos x)=-\sin x dx$ (9) $d(\tan x)=\frac{1}{\cos^2 x}dx=\sec^2 x dx$ (10) $d(\cot x)=-\frac{1}{\sin^2 x}dx=-\csc^2 x dx$ (11) $d(\sec x)=\tan x\cdot\sec x dx$ (12) $d(\csc x)=-\cot x\cdot\csc x dx$ (13) $d(\arcsin x)=\frac{1}{\sqrt{1-x^2}}dx$ (14) $d(\arccos x)=-\frac{1}{\sqrt{1-x^2}}dx$ (15) $d(\arctan x)=\frac{1}{1+x^2}dx$ (16) $d(\text{arccot}\, x)=-\frac{1}{1+x^2}dx$
	微分运算法则	法则 1　$d(u\pm v)=du\pm dv$ 法则 2　$d(uv)=u dv+v du$ 法则 3　$d(Cv)=C dv$ (C 为常数) 法则 4　$d\left(\frac{u}{v}\right)=\frac{v du-u dv}{v^2}(v\neq 0)$
	微分形式不变性	函数 $y=f(x)$，微分 $dy=f'(x)dx$ 函数 $y=f[\varphi(x)]$，微分 $dy=f'(u)du(u=\varphi(x))$

阅读与欣赏

艾萨克·牛顿

艾萨克·牛顿（1643 年 1 月 4 日—1727 年 3 月 31 日），英国皇家学会会长，英国著名的物理学家，著有《自然哲学的数学原理》《光学》等. 他在 1687 年发表的论文《自然定律》中，对万有引力和三大运动定律进行了描述，这些描述奠定了此后三个世纪人的物理世界的科学观点，并成为现代工程学的基础. 牛顿通过论证开普勒行星运动定律与他的万有引力理论间的一致性，展示了地面物体与天体的运动都遵循着相同的自然定律，为太阳中心说提供了强有力的理论支持，并推动了科学革命.

在力学上，牛顿阐明了动量和角动量守恒的原理，提出了牛顿运动定律；在光学上，他发明了反射望远镜，发现了颜色理论；在经济学上，牛顿提出了金本位制度；在数学上，牛顿与莱布尼茨建立了微积分学，他还证明了广义二项式定理，提出了“牛顿法”以趋近函数的零点，并为幂级数的研究作出了贡献.

目标检测二

一、单项选择题

1. 设 $f(x)$ 在 x_0 处可导，则 $\lim\limits_{\Delta x\to 0}\dfrac{f(x_0-\Delta x)-f(x_0)}{\Delta x}=$（　　）.

A. $f'(-x_0)$　　B. $-f'(x_0)$　　C. $f'(x_0)$　　D. $2f'(x_0)$

2. 函数 $f(x)$ 在点 x_0 连续，是函数 $f(x)$ 在点 x_0 可导的（　　）.

A. 必要不充分条件　　B. 充分不必要条件

C. 充分必要条件　　D. 既不充分也不必要条件

3. 设 $y=x\ln x$，则 $y'=$(　　).

A. $\dfrac{1}{x}$　　B. $1+\ln x$

C. $-\dfrac{1}{x^2}$　　D. $\dfrac{1}{x^2}$

4. 设 $y=\dfrac{x}{1+x^2}$，则 $y'=$(　　).

A. $y'=\dfrac{1}{2x}$　　B. $y'=\dfrac{1+3x^2}{(1+x^2)^2}$

C. $y'=\dfrac{1-x^2}{(1+x^2)^2}$　　D. $y'=\dfrac{1-x^2}{1+x^2}$

5. 曲线 $y=2x^3-5x^2+4x-5$ 在点 $(2,-1)$ 处切线斜率等于（　　）.

A. 6　　B. 8　　C. -6　　D. 12

6. 设 $y=\sin^3(2x+1)$，则 $dy=$(　　).

A. $dy=6\sin^2(2x+1)\cos(2x+1)dx$

B. $dy=2\cos^3(2x+1)dx$

C. $dy=3\sin^2(2x+1)\cos(2x+1)dx$

D. $dy=6\cos^2(2x+1)dx$

二、填空题

1. 曲线 $y=\ln x$ 在点 $P(e,1)$ 处的切线方程为________.

2. 若函数 $y=e^x(\cos x+\sin x)$，则 $dy=$________.

3. 椭圆 $\begin{cases}x=a\cos t\\ y=b\sin t\end{cases}$ $(0\leqslant t<2\pi)$ 在点 $\left(\dfrac{a}{\sqrt{2}},\dfrac{b}{\sqrt{2}}\right)$ 处的切线斜率为________.

4. 设 $y=x\ln x$，则 $y''=$________.

三、解答题

1. 设 $y=(3x^2+2)\cos^2 x$，求 y' 与 dy.

2. 设 $e^y-e^{-x}+xy=0$，求 $\dfrac{dy}{dx}$.

3. 设 $y=x+x^x$，求 y'.

第三章 导数应用

学习引导

上一章学习了导数与微分的概念及计算方法，可以解决求瞬时速度、瞬时电流强度以及求曲线的切线与法线等问题，并为进一步解决实际问题提供了有力的工具. 本章以导数为工具，首先介绍微分中值定理；其次介绍洛必达法则——计算未定式极限的新方法；再次讨论函数及其图像的性态，例如判断函数的单调性与凹凸性、求函数的极值与拐点；最后利用导数解决实际问题中的最值问题.

学习目标

掌握 洛必达法则，判断函数单调性的方法，求函数极值的方法，求实际问题的最值的方法，判断曲线凹凸性的方法，求曲线拐点的方法.

熟悉 泰勒公式，极值的必要条件，曲线的水平渐近线和垂直渐近线.

了解 微分中值定理，极值的定义，函数最值的解析，描绘函数图形的方法.

素质培养 培养学生用数学思维和数学理论知识分析并解决实际问题的能力，提升学生的数学素质，提高学生的职业技能 .

案例导入

要做一个容积为 V 的圆柱形罐头桶，如何设计材料最省？

第一节 微分中值定理

微分中值定理在微积分理论中占有重要地位，它为导数应用提供了理论依据. 本节将介绍罗尔（Rolle）定理、拉格朗日（Lagrange）中值定理、柯西（Cauchy）中值定理和泰勒（Taylor）公式.

一、罗尔定理

设函数 $f(x)$ 满足

(1) 在闭区间 $[a,b]$ 上连续，

（2）在开区间 (a,b) 内可导，

（3）$f(a)=f(b)$，

则在 (a,b) 内至少有一点 $\xi(a<\xi<b)$，使得 $f'(\xi)=0$.（证明略）

罗尔定理从几何意义上解释如下：如果曲线弧在 $[a,b]$ 上为连续弧段，在 (a,b) 内曲线弧上每点都有不平行于 y 轴的切线，且曲线弧段在两个端点处的纵坐标相同，那么曲线弧段上至少有一点 $(\xi, f(\xi))$，使得过该点的切线必定平行于 x 轴，如图 3-1 所示. 满足罗尔定理的条件有三个，如果缺少其中任何一个条件，定理将不成立. 例如函数 $f(x)=|x|$ 在 $[-1,1]$ 上连续，且 $f(-1)=f(1)=1$，但是 $f(x)=|x|$ 在 $(-1,1)$ 内有不可导点，因此，该函数 $f(x)=|x|$ 不存在点 $\xi\in(-1,1)$，使得 $f'(\xi)=0$.

二、拉格朗日中值定理

设函数 $f(x)$ 满足

（1）在闭区间 $[a,b]$ 上连续，

（2）在开区间 (a,b) 内可导，

则至少存在一点 $\xi\in(a,b)$，使得 $f'(\xi)=\dfrac{f(b)-f(a)}{b-a}$ 成立.（证明略）

与罗尔定理相比，拉格朗日中值定理中缺少 $f(a)=f(b)$ 条件，拉格朗日中值定理的几何意义可以描述为：如果曲线弧在 $[a,b]$ 上为连续弧段，在 (a,b) 内曲线弧上每点都有不平行于 y 轴的切线，那么曲线弧段上至少有一点 $(\xi,f(\xi))$，使得曲线弧在该点处的切线平行于过曲线弧两端点的弦线，如图 3-2 所示.

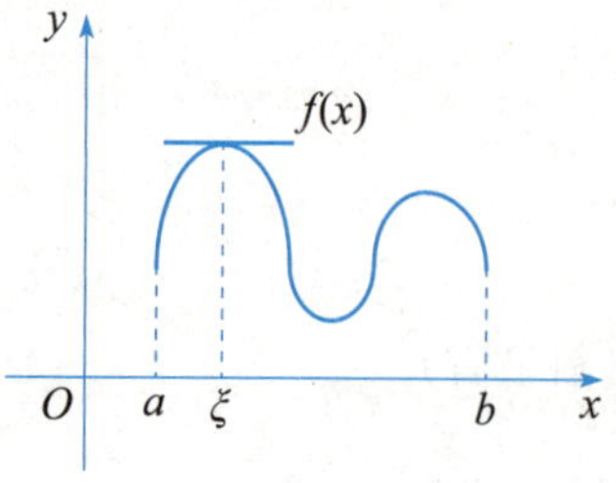

图 3-1

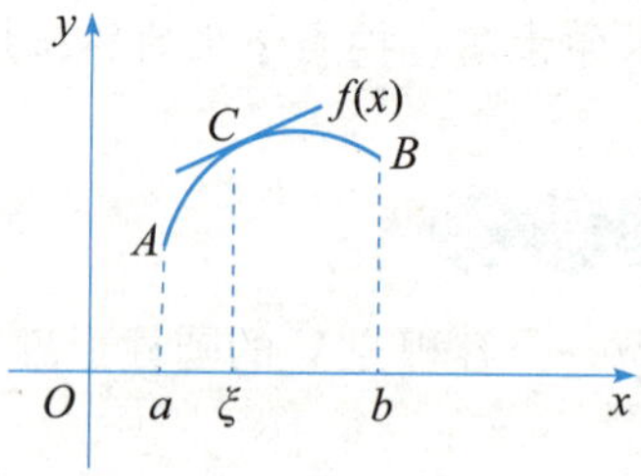

图 3-2

例 1 下列函数在给定区间上满足罗尔定理条件的是（　　）.

A. $f(x)=\dfrac{1}{x}$，$x\in[-2,0]$

B. $f(x)=(x-4)^2$，$x\in[-2,4]$

C. $f(x)=\sin x$，$x\in\left[-\dfrac{3\pi}{2},\dfrac{\pi}{2}\right]$

D. $f(x)=|x|$，$x\in[-1,1]$

解 不难发现，$f(x)=\dfrac{1}{x}$ 在 $[-2,0]$ 上不满足连续的条件，排除 A；

$f(x)=(x-4)^2$ 在 $[-2,4]$ 上连续，在 $(-2,4)$ 内可导，$f(-2)=36$，$f(4)=0$，

$f(-2)\neq f(4)$，排除 B；

$f(x)=\sin x$ 在 $\left[-\frac{3\pi}{2},\frac{\pi}{2}\right]$ 上连续，在 $\left(-\frac{3\pi}{2},\frac{\pi}{2}\right)$ 内可导，$f\left(-\frac{3\pi}{2}\right)=1$，$f\left(\frac{\pi}{2}\right)=1$，因此 $f(x)=\sin x$ 在 $\left[-\frac{3\pi}{2},\frac{\pi}{2}\right]$ 上满足罗尔定理，应选 C；

$f(x)=|x|$ 在 $[-1,1]$ 上连续，在 $(-1,1)$ 内不可导，排除 D.

因此，本题应选 C.

例 2　函数 $f(x)=2x^2-x+1$ 在区间 $[-1,3]$ 上满足拉格朗日中值定理的 $\xi=$ (　　).

A. $-\frac{3}{4}$　　B. 0　　C. $\frac{3}{4}$　　D. 1

解　由于 $f(x)=2x^2-x+1$ 在 $[-1,3]$ 上连续，在 $(-1,3)$ 内可导，因此 $f(x)$ 在区间 $[-1,3]$ 上满足拉格朗日中值定理条件，因此一定存在点 $\xi\in(-1,3)$，使得

$$f'(\xi)=\frac{f(b)-f(a)}{b-a}.$$

又 $f(b)=f(3)=16$，$f(a)=f(-1)=4$，$f'(x)=4x-1$，有

$$4\xi-1=\frac{16-4}{3-(-1)}=3，可解得\ \xi=1.$$

因此，本题应选 D.

三、柯西中值定理

设函数 $f(x)$ 与 $g(x)$ 满足

(1) 在闭区间 $[a,b]$ 上都连续，

(2) 在开区间 (a,b) 内都可导，

(3) 在开区间 (a,b) 内，对任一 $x\in(a,b)$，$g'(x)\neq 0$，

则至少存在一点 $\xi\in(a,b)$，使得 $\frac{f'(\xi)}{g'(\xi)}=\frac{f(b)-f(a)}{g(b)-g(a)}$ 成立.

在柯西中值定理中，若取 $g(x)=x$，此时 $f'(\xi)=\frac{f(b)-f(a)}{b-a}$，满足拉格朗日中值定理. 因此柯西中值定理可以看成是拉格朗日中值定理的推广.

四、泰勒公式

对于一些较复杂的函数，为了便于研究，往往希望用一些简单的函数来近似表达. 由于用多项式表示的函数，只要对自变量进行有限次加、减、乘三种算术运算，便能求出它的函数值，因此我们经常用多项式来近似表达函数.

泰勒中值定理　如果函数 $f(x)$ 在含有 x_0 的某个开区间 (a,b) 内具有 $(n+1)$ 阶导数，则当 x 在 (a,b) 内时，$f(x)$ 可以表示为关于 $(x-x_0)$ 的一个 n 次多项式

与一个余项 $R_n(x)$ 之和：

$$f(x)=f(x_0)+f'(x_0)(x-x_0)+\frac{f''(x_0)}{2!}(x-x_0)^2+\cdots+\frac{f^{(n)}(x_0)}{n!}(x-x_0)^n+R_n(x),$$

其中，

$$R_n(x)=\frac{f^{(n+1)}(\xi)}{(n+1)!}(x-x_0)^{n+1},$$

这里 ξ 是 x_0 与 x 之间的某个值.

特别需要说明，定理中的公式

$$f(x)=f(x_0)+f'(x_0)(x-x_0)+\frac{f''(x_0)}{2!}(x-x_0)^2+\cdots+\frac{f^{(n)}(x_0)}{n!}(x-x_0)^n+R_n(x)$$

称为函数 $f(x)$ 在 x_0 处或按 $(x-x_0)$ 的幂展开的 n 阶泰勒公式，而 $R_n(x)=\frac{f^{(n+1)}(\xi)}{(n+1)!}(x-x_0)^{n+1}$ 称为拉格朗日型余项.

在泰勒公式中，如果取 $x_0=0$，则泰勒公式就变成较简单的形式，即麦克劳林公式：

$$f(x)=f(0)+f'(0)x+\frac{f''(0)}{2!}x^2+\cdots+\frac{f^{(n)}(0)}{n!}x^n+\frac{f^{(n+1)}(\theta x)}{(n+1)!}x^{n+1}\quad(0<\theta<1).$$

由此得到其近似公式：

$$f(x)\approx f(0)+f'(0)x+\frac{f''(0)}{2!}x^2+\cdots+\frac{f^{(n)}(0)}{n!}x^n.$$

例 3 写出函数 $f(x)=\mathrm{e}^x$ 的 n 阶麦克劳林公式.

解 因为 $f'(x)=f''(x)=\cdots=f^{(n)}(x)=\mathrm{e}^x$，
所以 $f(0)=f'(0)=f''(0)=\cdots=f^{(n)}(0)=1$，
并且 $f^{(n+1)}(\theta x)=\mathrm{e}^{\theta x}$，
因此 $f(x)=\mathrm{e}^x$ 的 n 阶麦克劳林公式为 $\mathrm{e}^x=1+x+\frac{x^2}{2!}+\cdots+\frac{x^n}{n!}+\frac{\mathrm{e}^{\theta x}}{(n+1)!}x^{n+1}\ (0<\theta<1)$.

第二节　洛必达法则

微课

洛必达法则

在第一章求极限时，经常会遇到“$\frac{0}{0}$”型或“$\frac{\infty}{\infty}$”型的极限，这类极限可能存在也可能不存在，通常称这类极限为未定式极限，下面介绍的洛必达法则可以有效地解决这一类极限问题.

一、“$\frac{0}{0}$”型未定式

法则 1　如果函数 $f(x)$ 与 $g(x)$ 满足

(1) $\lim\limits_{x\to a}f(x)=\lim\limits_{x\to a}g(x)=0$,

(2) $f'(x)$ 与 $g'(x)$ 在点 a 的某去心邻域内均存在，且 $g'(x)\neq 0$,

(3) $\lim\limits_{x\to a}\frac{f'(x)}{g'(x)}=A$（或$\infty$），

那么 $\lim\limits_{x\to a}\frac{f(x)}{g(x)}=\lim\limits_{x\to a}\frac{f'(x)}{g'(x)}=A$（或$\infty$）.

对于 $x\to\infty$时的“$\frac{0}{0}$”型，此定理仍成立.

例 1　求 $\lim\limits_{x\to 0}\frac{\sin kx}{x}$（$k\neq 0$）.

解　所求极限为“$\frac{0}{0}$”型，且满足洛必达法则条件，

故有
$$\lim_{x\to 0}\frac{\sin kx}{x}=\lim_{x\to 0}\frac{(\sin kx)'}{(x)'}=\lim_{x\to 0}\frac{k\cos kx}{1}=k.$$

例 2　求 $\lim\limits_{x\to 1}\frac{x^3-3x+2}{x^3-x^2-x+1}$.

解　所求极限为“$\frac{0}{0}$”型，且满足洛必达法则条件，

故有
$$\lim_{x\to 1}\frac{x^3-3x+2}{x^3-x^2-x+1}=\lim_{x\to 1}\frac{(x^3-3x+2)'}{(x^3-x^2-x+1)'}=\lim_{x\to 1}\frac{3x^2-3}{3x^2-2x-1}=\lim_{x\to 1}\frac{6x}{6x-2}=\frac{3}{2}.$$

从上面例题可以看出，如果在使用洛必达法则之后，所得到的导数之比的极限仍是“$\frac{0}{0}$”型，且仍满足洛必达法则条件，那么可以重复使用洛必达法则.

例 3　求 $\lim\limits_{x\to 0}\frac{e^x-e^{-x}-2x}{x-\sin x}$.

解　所求极限为“$\frac{0}{0}$”型，且满足洛必达法则条件，

故有 $\lim\limits_{x\to 0}\dfrac{e^x-e^{-x}-2x}{x-\sin x}$

$=\lim\limits_{x\to 0}\dfrac{(e^x-e^{-x}-2x)'}{(x-\sin x)'}$

$=\lim\limits_{x\to 0}\dfrac{e^x+e^{-x}-2}{1-\cos x}$

$=\lim\limits_{x\to 0}\dfrac{e^x-e^{-x}}{\sin x}$

$=\lim\limits_{x\to 0}\dfrac{e^x+e^{-x}}{\cos x}$

$=2.$

二、“$\dfrac{\infty}{\infty}$”型未定式

法则 2 如果函数 $f(x)$ 与 $g(x)$ 满足

(1) $\lim\limits_{x\to a}f(x)=\lim\limits_{x\to a}g(x)=\infty$,

(2) $f'(x)$ 与 $g'(x)$ 在点 a 的某去心领域内均存在，且 $g'(x)\neq 0$,

(3) $\lim\limits_{x\to a}\dfrac{f'(x)}{g'(x)}=A$（或$\infty$），

那么 $\lim\limits_{x\to a}\dfrac{f(x)}{g(x)}=\lim\limits_{x\to a}\dfrac{f'(x)}{g'(x)}=A$（或$\infty$）.

对于 $x\to\infty$ 时的“$\dfrac{\infty}{\infty}$”型，此定理仍成立. 因此，洛必达法则的应用条件是满足“$\dfrac{0}{0}$”型和“$\dfrac{\infty}{\infty}$”型；洛必达法则的结论是 $\lim\dfrac{f(x)}{g(x)}=\lim\dfrac{f'(x)}{g'(x)}$.

例 4 求 $\lim\limits_{x\to 0^+}\dfrac{\ln\cot x}{\ln x}$.

解 所求极限为“$\dfrac{\infty}{\infty}$”型，且满足洛必达法则条件，

故有 $\lim\limits_{x\to 0^+}\dfrac{\ln\cot x}{\ln x}$

$=\lim\limits_{x\to 0^+}\dfrac{(\ln\cot x)'}{(\ln x)'}$

$=\lim\limits_{x\to 0^+}\dfrac{\dfrac{1}{\cot x}\cdot\left(-\dfrac{1}{\sin^2 x}\right)}{\dfrac{1}{x}}$

$=-\lim\limits_{x\to 0^+}\dfrac{x}{\sin x\cos x}$

$=-\lim\limits_{x\to 0^+}\dfrac{x}{\sin x}\cdot\lim\limits_{x\to 0^+}\dfrac{1}{\cos x}$

$=-1.$

例 5　求 $\lim\limits_{x\to+\infty}\dfrac{e^x}{x}$.

解　所求极限为“$\dfrac{\infty}{\infty}$”型，且满足洛必达法则条件，

故有　$\lim\limits_{x\to+\infty}\dfrac{e^x}{x}$

$$=\lim_{x\to+\infty}\frac{(e^x)'}{(x)'}=\lim_{x\to+\infty}\frac{e^x}{1}=+\infty.$$

例 6　求 $\lim\limits_{x\to+\infty}\dfrac{\ln x}{x^n}$ $(n>0)$.

解　所求极限为“$\dfrac{\infty}{\infty}$”型，且满足洛必达法则条件，

故有　$\lim\limits_{x\to+\infty}\dfrac{\ln x}{x^n}$

$$=\lim_{x\to+\infty}\frac{(\ln x)'}{(x^n)'}$$

$$=\lim_{x\to+\infty}\frac{\frac{1}{x}}{nx^{n-1}}$$

$$=\lim_{x\to+\infty}\frac{1}{nx^n}$$

$$=0.$$

三、其他类型未定式

未定式必须是“$\dfrac{0}{0}$”型和“$\dfrac{\infty}{\infty}$”型才能使用洛必达法则，对于未定式“$0\cdot\infty$”型和“$\infty-\infty$”型就不能直接使用洛必达法则. 但是，可以通过适当的变形即化成繁分式或通分等方法，将其转化为“$\dfrac{0}{0}$”型或“$\dfrac{\infty}{\infty}$”型，这样就可以使用洛必达法则了.

例 7　求 $\lim\limits_{x\to0^+}x\ln x$.

解　所求极限为“$0\cdot\infty$”型未定式，应先采用化成繁分式方法，将函数变形为“$\dfrac{\infty}{\infty}$”型未定式，再用洛必达法则，

故有　$\lim\limits_{x\to0^+}x\ln x$

$$=\lim_{x\to0^+}\frac{\ln x}{\frac{1}{x}}=\lim_{x\to0^+}\frac{\frac{1}{x}}{-\frac{1}{x^2}}=\lim_{x\to0^+}(-x)=0.$$

例 8　求 $\lim\limits_{x\to0}\left(\dfrac{1}{x}-\dfrac{1}{e^x-1}\right)$.

解 所求极限为“$\infty-\infty$”型未定式，应先采用通分方法，将函数变形为“$\frac{0}{0}$”型未定式，再用洛必达法则，

故有
$$\lim_{x\to0}\left(\frac{1}{x}-\frac{1}{e^x-1}\right)$$
$$=\lim_{x\to0}\frac{e^x-1-x}{x(e^x-1)}=\lim_{x\to0}\frac{e^x-1}{e^x-1+xe^x}$$
$$=\lim_{x\to0}\frac{e^x}{e^x+e^x+xe^x}=\frac{1}{2}.$$

【即学即练】

求极限 $\lim\limits_{x\to\infty}x(e^{\frac{1}{x}}-1)$.

使用洛必达法则应注意以下几个要点：

（1）洛必达法则只适用于求“$\frac{0}{0}$”型或“$\frac{\infty}{\infty}$”型的极限，因此，每次用该法则时必须检查所求极限是否为“$\frac{0}{0}$”型或“$\frac{\infty}{\infty}$”型.

（2）如果 $\lim\frac{f'(x)}{g'(x)}$仍是“$\frac{0}{0}$”型或“$\frac{\infty}{\infty}$”型，则可继续使用洛必达法则，即一道题中允许多次使用洛必达法则.

（3）求极限时洛必达法则可以与前面所学的求极限方法结合使用，这样效果最佳.

（4）洛必达法则的条件是充分的而非必要的，因此，洛必达法则失效时极限仍可能存在.

例 9 求 $\lim\limits_{x\to0}\frac{e^x-\cos x}{x\sin x}$.

解 所求极限为“$\frac{0}{0}$”型，运用洛必达法则，

$$\lim_{x\to0}\frac{e^x-\cos x}{x\sin x}=\lim_{x\to0}\frac{e^x+\sin x}{\sin x+x\cos x}$$

上式右边不再是“$\frac{0}{0}$”未定式，因此不能继续使用洛必达法则，可直接求出极限，

故有
$$\lim_{x\to0}\frac{e^x-\cos x}{x\sin x}=\lim_{x\to0}\frac{e^x+\sin x}{\sin x+x\cos x}=\infty.$$

例 10 求 $\lim\limits_{x\to+\infty}\frac{\sqrt{1+x^2}}{x}$.

解 所求极限为“$\frac{\infty}{\infty}$”型，若不断地运用洛必达法则，则有

$$\lim_{x\to+\infty}\frac{\sqrt{1+x^2}}{x}=\lim_{x\to+\infty}\frac{(\sqrt{1+x^2})'}{(x)'}=\lim_{x\to+\infty}\frac{x}{\sqrt{1+x^2}}$$

$$=\lim_{x\to+\infty}\frac{(x)'}{(\sqrt{1+x^2})'}=\lim_{x\to+\infty}\frac{\sqrt{1+x^2}}{x}=\cdots$$

如此周而复始，总也求不出极限，因此洛必达法则对于该题是失效的，但是不难看出本题的结果为1.

第三节　函数单调性与极值

一、函数单调性

在初等数学中，用函数在某一区间内的单调性定义来判断此函数的增减性是比较麻烦的，现在能用导数很好地解决这个问题，为此，给出用导数判定函数单调增减性的定理.

定理　设函数 $f(x)$ 在区间 $[a,b]$ 连续，且在区间 (a,b) 内可导，

(1) 如果在 (a,b) 内有 $f'(x)\geqslant 0$，且等号仅在有限多个点处成立，那么 $f(x)$ 在 $[a,b]$ 内为单调增函数；

(2) 如果在 (a,b) 内有 $f'(x)\leqslant 0$，且等号仅在有限多个点处成立，那么 $f(x)$ 在 $[a,b]$ 内为单调减函数.

例1　讨论函数 $y=e^x-x-1$ 的单调性.

解　函数的定义域为 $D(-\infty,+\infty)$，

函数的导数为 $y'=e^x-1$，

令 $y'=0$，得 $x=0$.

因此，在 $(-\infty,0)$ 内，$y'<0$，函数单调减少；

在 $(0,+\infty)$ 内，$y'>0$，函数单调增加.

例2　求函数 $f(x)=2x^3-9x^2+12x-3$ 的单调区间.

解　函数的定义域为 $D(-\infty,+\infty)$，

函数的导数为 $f'(x)=6x^2-18x+12=6(x-1)(x-2)$，

令 $f'(x)=0$，得 $x_1=1$，$x_2=2$.

因此，当 $-\infty<x<1$ 时，$f'(x)>0$，函数 $f(x)$ 在 $(-\infty,1]$ 上单调增加；

当 $1<x<2$ 时，$f'(x)<0$，函数 $f(x)$ 在 $[1,2]$ 上单调减少；

当 $2<x<+\infty$ 时，$f'(x)>0$，函数 $f(x)$ 在 $[2,+\infty)$ 上单调增加.

二、函数极值

1. 极值的定义

定义　设函数 $f(x)$ 在点 x_0 的某邻域内有定义，如果对于此邻域内异于 x_0 的任何 x 值，均有 $f(x)<f(x_0)$，那么称 $f(x_0)$ 为函数 $f(x)$ 的极大值，点 x_0 称为函数 $f(x)$ 的极大值点；如果对于此邻域内异于 x_0 的任何 x 值，均有 $f(x)>f(x_0)$，那么

称 $f(x_0)$ 为函数 $f(x)$ 的极小值，点 x_0 称为函数 $f(x)$ 的极小值点. 函数的极大值和极小值统称为极值，极大值点和极小值点统称为极值点.

特别需要注意，极值是函数的局部性概念；极值是函数值，而极值点是指自变量取值的点；极值点是函数单调增与单调减的分界点.

2. 极值的必要条件

定理 如果函数 $f(x)$ 在点 x_0 处具有导数，且在点 x_0 处取得极值，那么函数 $f(x)$ 在点 x_0 处的导数一定为零，即 $f'(x_0)=0$，如图 3-3 所示.

我们称使导数等于零的点为函数的驻点，即 $f'(x_0)=0$，点 x_0 叫作驻点. 但是，上面定理的逆命题不一定成立，即驻点不一定是极值点，因此，我们称上面定理为极值的必要条件.

另外，函数在不可导点处可能取得极值，也可能不取得极值，例如函数 $f(x)=|x|$，$x=0$ 是函数 $f(x)=|x|$ 不可导点，但却是极值点，如图 3-4 所示.

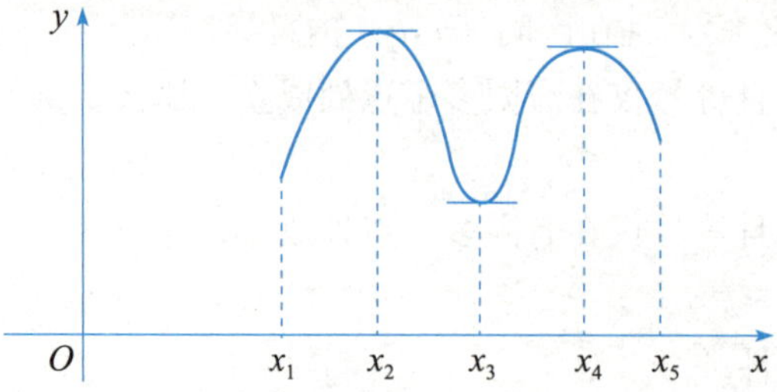

图 3-3

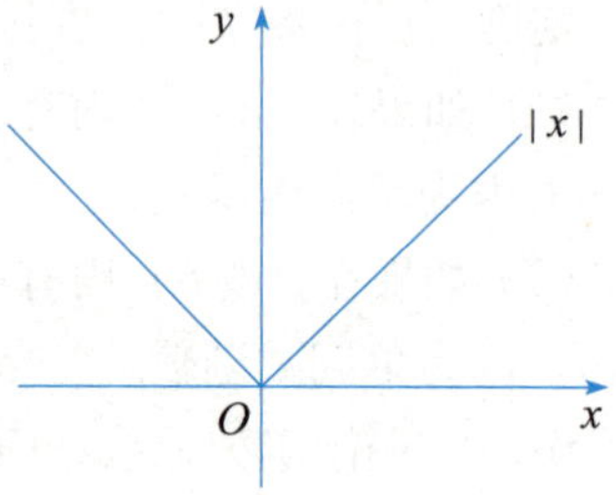

图 3-4

因此，极值点一定是驻点或不可导点；反之，驻点或不可导点不一定是极值点.

3. 极值的充分条件

如何判断一个驻点或不可导点是否为极值点呢？我们发现，若驻点或不可导点的左右两侧的一阶导数变号，则该点为极值点，函数有极值；否则，该点不是极值点，函数无极值.（下面给出两个判定极值的充分条件）

定理 1（第一充分条件） 设函数 $f(x)$ 在点 x_0 处连续，在点 x_0 的某去心邻域内有导数，且 $f'(x_0)=0$ 或 $f'(x_0)$ 不存在，

(1) 当 $x<x_0$ 时，有 $f'(x)>0$；当 $x>x_0$ 时，有 $f'(x)<0$，则 $f(x)$ 在点 x_0 处取得极大值 $f(x_0)$，点 x_0 是极大值点.

(2) 当 $x<x_0$ 时，有 $f'(x)<0$；当 $x>x_0$ 时，有 $f'(x)>0$，则 $f(x)$ 在点 x_0 处取得极小值 $f(x_0)$，点 x_0 是极小值点.

(3) 当 $x<x_0$ 时和当 $x>x_0$ 时，$f'(x)$ 的符号保持不变，则 $f(x)$ 在 x_0 处没有极值.

由极值的必要条件和极值的第一充分条件可知求极值的步骤为：

(1) 求函数 $f(x)$ 的定义域.

(2) 求导数 $f'(x)$.

(3) 找出 $f(x)$ 的全部驻点和不可导点.

(4) 列表：判断 $f'(x)$ 在每个驻点和不可导点的左右两侧的符号，并根据第一充分条件判定这些点是否为极值点；如果是极值点，进一步确定是极大值点还是极小值点.

(5) 结论：将极大值点和极小值点代入函数 $f(x)$ 中，计算出相应的极大值和极小值.

例 3　求函数 $f(x)=x^3-3x^2-9x+5$ 的极值.

解　因为 $f(x)$ 的定义域为 $D(-\infty,+\infty)$，

$f'(x)=3x^2-6x-9=3(x+1)(x-3)$，

令 $f'(x)=0$，得驻点 $x_1=-1$，$x_2=3$.

因此，$f(x)$ 只可能在这两点取得极值，列表如下：

x	$(-\infty, -1)$	-1	$(-1, 3)$	3	$(3, +\infty)$
$f'(x)$	+	0	−	0	+
$f(x)$	↗	极大值	↘	极小值	↗

所以极大值 $f(-1)=10$，极小值 $f(3)=-22$.

特别提示：表中的符号“↗”和“↘”分别表示 $f(x)$ 在相应区间内是单调增函数和单调减函数.

例 4　求函数 $f(x)=x-\frac{3}{2}x^{\frac{2}{3}}$ 的单调区间和极值.

解　因为 $f(x)$ 在定义域 $D(-\infty,+\infty)$ 内连续，除 $x=0$ 外处处可导，且 $f'(x)=1-x^{-\frac{1}{3}}$，

令 $f'(x)=0$，得驻点 $x=1$，而当 $x=0$ 时 $f'(x)$ 不存在，即 $x=0$ 为 $f(x)$ 的不可导点.

因此，$f(x)$ 只可能在这两点取得极值，列表如下：

x	$(-\infty,0)$	0	$(0,1)$	1	$(1,+\infty)$
$f'(x)$	+	不存在	−	0	+
$f(x)$	↗	极大值	↘	极小值	↗

所以 $f(x)$ 在区间 $(-\infty,0]$ 与 $[1,+\infty)$ 单调增加，在区间 $[0,1]$ 单调减少；极大值 $f(0)=0$，极小值 $f(1)=-\frac{1}{2}$.

定理 2（第二充分条件）　设函数 $f(x)$ 在点 x_0 处有二阶导数，且 $f'(x_0)=0$，$f''(x_0)\neq 0$，则有

(1) 当 $f''(x_0)<0$ 时，$f(x)$ 在点 x_0 处取得极大值 $f(x_0)$，点 x_0 是极大值点；

(2) 当 $f''(x_0)>0$ 时，$f(x)$ 在点 x_0 处取得极小值 $f(x_0)$，点 x_0 是极小值点.

例 5　求函数 $f(x)=x^3+3x^2-24x-20$ 的极值.

解　因为 $f'(x)=3x^2+6x-24=3(x+4)(x-2)$，

令 $f'(x)=0$，得驻点 $x_1=-4$，$x_2=2$，

又 $f''(x)=6x+6$，

$f''(-4)=-18<0$，故极大值 $f(-4)=60$，

$f''(2)=18>0$，故极小值 $f(2)=-48$.

例 6 求函数 $f(x)=x^4$ 的极值.

解 因为 $f'(x)=4x^3$，

令 $f'(x)=0$，得驻点 $x=0$，

又 $f''(x)=12x^2$，

这时 $f''(0)=0$，因此不能用极值的第二充分条件判定，应用极值的第一充分条件判定，则有

当 $x<0$ 时，$f'(x)=4x^3<0$；当 $x>0$ 时，$f'(x)=4x^3>0$，

因此，$x=0$ 为函数的极小值点，极小值为 $f(0)=0$.

从上面例题可以看出，极值的第一充分条件是基本方法，极值的第二充分条件虽然方便，但是受到条件的限制，它只是第一充分条件的补充.

三、函数最值

1. 解析函数的最值

如果函数在闭区间上连续，那么它的最大值和最小值必然存在，又由于函数的最值可能在区间内部取得，也可能在区间端点取得，所以可按照以下步骤求最值：

（1）求函数的定义域；

（2）求函数的导数，并且找出一切驻点和不可导点；

（3）计算每一个驻点和不可导点的函数值，计算端点的函数值；

（4）将上述各值进行比较，其中最大的就是函数的最大值，最小的就是函数的最小值.

例 7 求函数 $y=2x^3+3x^2-12x+14$ 在 $[-3,4]$ 上的最大值与最小值.

解 $y'=6x^2+6x-12=6(x+2)(x-1)$，

令 $y'=0$，得 $x_1=-2$，$x_2=1$，

计算 $f(-3)=23$，$f(-2)=34$，$f(1)=7$，$f(4)=142$，

比较得，最大值 $f(4)=142$，最小值 $f(1)=7$.

2. 实际应用的最值问题

对于在实际问题中求最大（小）值，首先应该建立函数关系，通常称为目标函数，然后求出目标函数在定义区间内的驻点，如果目标函数驻点唯一，且实际意义又表明函数的最大（小）值存在，那么所求驻点就是函数的最大（小）值点. 如果目标函数驻点不唯一，那就根据上述求函数最值的方法求其最值.

案例分析

要做一个容积为 V 的圆柱形罐头桶，如何设计材料最省？

解 设底面半径为 x、高为 h，

则表面积 $S=2\pi x^2+2\pi xh$，

因为容积 $V=\pi x^2 h$，所以 $h=\dfrac{V}{\pi x^2}$，

由此可得，$S=2\pi x^2+\dfrac{2\pi xV}{\pi x^2}$

$=2\pi x^2+\dfrac{2V}{x}$ （$x>0$）——目标函数

又因为 $S'=4\pi x-\dfrac{2V}{x^2}$，

令 $S'=0$，得驻点 $x=\sqrt[3]{\dfrac{V}{2\pi}}$ 且唯一，

当圆柱形罐头桶底面半径为 $x=\sqrt[3]{\dfrac{V}{2\pi}}$ 时，高为 $h=2\sqrt[3]{\dfrac{V}{2\pi}}$，即圆柱形罐头桶底面半径与高之比为 1∶2，此时圆柱形罐头桶的表面积最小，因此所用材料最省.

知识链接

某引水工程要开凿一隧道，它的截面是矩形加半圆，如图 3－5 所示. 已知隧道截面的周长为 15 米，问隧道截面的底边长是多少米时，才能使隧道截面积最大？

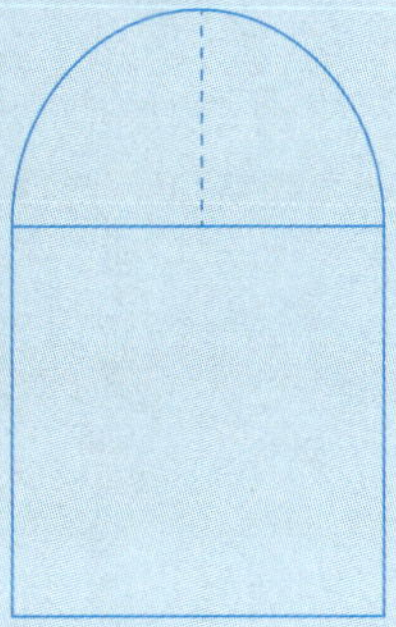

图 3－5

解　设隧道截面的底边长为 $2x$ 米，这时上半圆的半径为 x 米，隧道截面的高为 $\dfrac{15-\pi x-2x}{2}$ 米，

则隧道截面积为 $A=2x\cdot\dfrac{1}{2}(15-\pi x-2x)+\dfrac{1}{2}\pi x^2$

$=15x-\left(2+\dfrac{1}{2}\pi\right)x^2$ （$x>0$）——目标函数

又因为 $A'=15-(4+\pi)x$

令 $A'=0$，得驻点 $x=\dfrac{15}{4+\pi}$ 且唯一，

所以，当 $x=\dfrac{15}{4+\pi}$ 米时，隧道截面积最大.

第四节　函数图形

研究函数的单调性与极值，为描绘函数图形提供了重要依据，但是只依赖这些知识还难以准确地描绘出函数图形. 如图 3－6 所示，函数都是增函数，但是函数曲线的弯曲方向是不同的. 由此可见，如果能确定曲线的弯曲方向，必然有助于准确地描绘出函数图形.

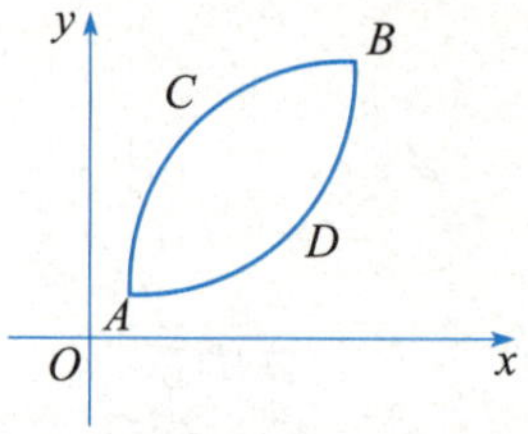

图 3-6

一、曲线凹凸性与拐点

定义 如果在区间 (a,b) 内，曲线弧位于其每一点处切线的上方，那么称此曲线弧为在该区间内的凹弧，如图 3-7（a）所示；如果在区间 (a,b) 内，曲线弧位于其每一点处切线的下方，那么称此曲线弧为在该区间内的凸弧，如图 3-7（b）所示. 凹弧与凸弧的分界点，称为该曲线弧的拐点.

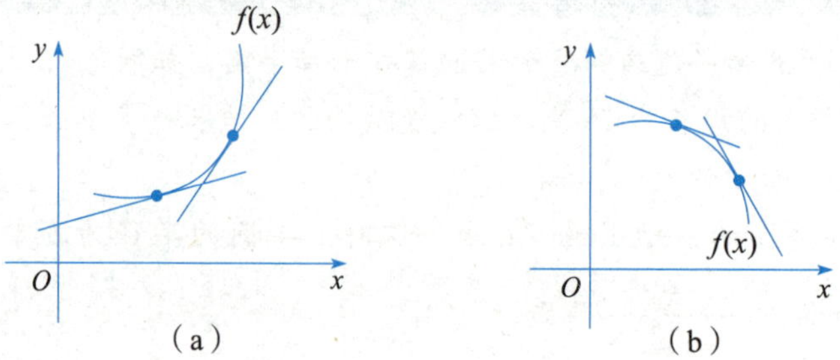

图 3-7

如何判断曲线的凹凸性？又如何求曲线的拐点？当函数 $f(x)$ 在区间 (a,b) 内具有二阶导数时，我们给出判断曲线凹凸性和求曲线拐点的定理.

定理 设函数 $f(x)$ 在 $[a,b]$ 上连续，在区间 (a,b) 内具有二阶导数 $f''(x)$，那么

(1) 如果在区间 (a,b) 内，有 $f''(x)>0$，那么曲线 $f(x)$ 在该区间内是凹弧；

(2) 如果在区间 (a,b) 内，有 $f''(x)<0$，那么曲线 $f(x)$ 在该区间内是凸弧；

(3) 设 x_0 为 (a,b) 内一点，如果在点 x_0 处的左右两侧 $f''(x)$ 异号，那么点 $(x_0,f(x_0))$ 为曲线 $f(x)$ 的拐点，此时 $f''(x_0)=0$ 或 $f''(x_0)$ 不存在.

由此定理，我们给出判断曲线凹凸性与求其拐点的一般步骤：

(1) 求函数 $f(x)$ 的定义域.

(2) 求二阶导数 $f''(x)$.

(3) 找出二阶导数 $f''(x)$ 等于零的点和二阶导数 $f''(x)$ 不存在的点.

(4) 列表：判断 $f''(x)$ 在上述各点左右两侧是否异号.

(5) 结论：如果左右两侧 $f''(x)$ 异号，那么点 $(x_0,f(x_0))$ 就是曲线的拐点；如果左右两侧 $f''(x)$ 同号，那么点 $(x_0,f(x_0))$ 就不是曲线的拐点.

例 1 求曲线 $f(x)=x^4-4x^3+2x-5$ 的凹凸区间及拐点.

解 函数 $f(x)$ 的定义域为 $(-\infty,+\infty)$，

$f'(x)=4x^3-12x^2+2$,

$f''(x)=12x^2-24x=12x(x-2)$,

令 $f''(x)=0$，得 $x_1=0$，$x_2=2$，

列表讨论如下：

x	$(-\infty,0)$	0	$(0,2)$	2	$(2,+\infty)$
$f''(x)$	+	0	−	0	+
$f(x)$	凹	拐点	凸	拐点	凹

所以，曲线 $f(x)$ 在 $(-\infty,0]$ 与 $[2,+\infty)$ 内是凹的，在 $[0,2]$ 内是凸的；拐点分别为 $(0,-5)$ 和 $(2,-17)$.

例 2　求曲线 $y=x^4-2x^3+1$ 的凹凸区间及拐点.

解　函数的定义域为 $(-\infty,+\infty)$，

$y'=4x^3-6x^2$

$y''=12x^2-12x=12x(x-1)$

令 $y''=0$，得 $x_1=0$，$x_2=1$.

列表讨论如下：

x	$(-\infty,0)$	0	$(0,1)$	1	$(1,+\infty)$
$f''(x)$	+	0	−	0	+
$f(x)$	凹	拐点	凸	拐点	凹

所以，曲线 $f(x)$ 在 $(-\infty,0]$ 与 $[1,+\infty)$ 内是凹的，在 $[0,1]$ 内是凸的；拐点分别为 $(0,1)$ 和 $(1,0)$.

二、曲线渐近线

为了完整地描绘函数的图形，除了知道其单调性、凹凸性、极值和拐点等性态，还应当了解曲线无限远离坐标原点时的变化状况，这就是我们将要讨论的曲线渐近线问题.

1. 水平渐近线

若 $\lim\limits_{x\to\infty}f(x)=C$ 或 $\lim\limits_{x\to+\infty}f(x)=C$ 或 $\lim\limits_{x\to-\infty}f(x)=C$，则称直线 $y=C$ 为曲线 $y=f(x)$ 的水平渐近线.

2. 垂直渐近线

若 $\lim\limits_{x\to x_0}f(x)=\infty$ 或 $\lim\limits_{x\to x_0^+}f(x)=\infty$ 或 $\lim\limits_{x\to x_0^-}f(x)=\infty$，则称直线 $x=x_0$ 为曲线 $y=f(x)$ 的垂直渐近线.

例 3　求曲线 $y=\dfrac{1}{x^2-2x-3}$ 的水平渐近线和垂直渐近线.

解 由于 $\lim\limits_{x\to\infty}\dfrac{1}{x^2-2x-3}=0$,

可知 $y=0$ 是曲线 $y=\dfrac{1}{x^2-2x-3}$ 的水平渐近线；

又由于 $\lim\limits_{x\to-1}\dfrac{1}{x^2-2x-3}=\lim\limits_{x\to-1}\dfrac{1}{(x+1)(x-3)}=\infty$,

$$\lim_{x\to3}\frac{1}{x^2-2x-3}=\lim_{x\to3}\frac{1}{(x+1)(x-3)}=\infty,$$

可知 $x=-1$ 及 $x=3$ 是曲线 $y=\dfrac{1}{x^2-2x-3}$ 的垂直渐近线.

三、描绘函数图形

综合前面对函数性态的讨论，能比较准确地描绘函数的图形. 描绘函数图形的一般步骤为：

(1) 确定函数的定义域；

(2) 讨论函数的奇偶性、周期性（若函数具有这两个性质，则可以缩小作图范围）；

(3) 确定函数的单调区间、凹凸区间，并求出其极值、拐点；

(4) 考察曲线的渐近线；

(5) 求出曲线与坐标轴的交点以及比较特殊的点；

(6) 根据上述讨论的结果作出函数的图形.

例 4 描绘函数 $f(x)=x^3-x^2-x+1$ 的图形.

解 函数 $f(x)$ 的定义域为 $(-\infty,+\infty)$,

$$f'(x)=3x^2-2x-1=(3x+1)(x-1),$$

$$f''(x)=6x-2=2(3x-1),$$

令 $f'(x)=0$，得 $x_1=-\dfrac{1}{3}$，$x_2=1$,

令 $f''(x)=0$，得 $x=\dfrac{1}{3}$,

列表如下：

x	$\left(-\infty,-\frac{1}{3}\right)$	$-\frac{1}{3}$	$\left(-\frac{1}{3},\frac{1}{3}\right)$	$\frac{1}{3}$	$\left(\frac{1}{3},1\right)$	1	$(1,+\infty)$
$f'(x)$	+	0	−	−	−	0	+
$f''(x)$	−	−	−	0	+	+	+
$f(x)$	↗	极大值 $\frac{32}{27}$	↘	拐点 $\left(\frac{1}{3},\frac{16}{27}\right)$	↘	极小值 0	↗

又与 x 轴交点为 $A(-1,0)$，与 y 轴交点为 $B(0,1)$，因此，函数 $f(x)=x^3-x^2-x+1$ 的图形如图 3-8 所示.

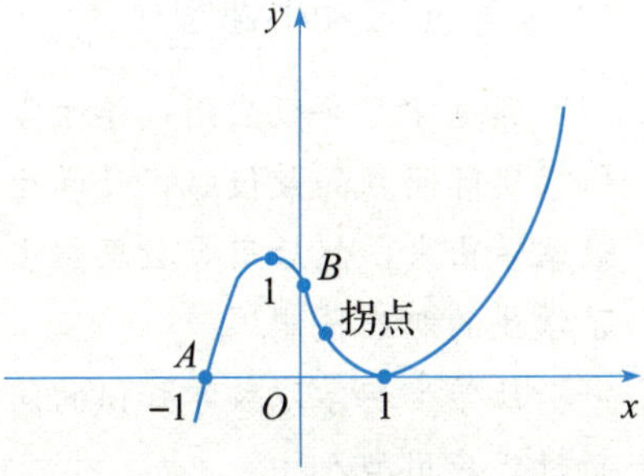

图 3-8

例 5　描绘函数 $\varphi(x)=\frac{1}{\sqrt{2\pi}}e^{-\frac{x^2}{2}}$ 的图形.

解　函数 $\varphi(x)$ 的定义域为 $(-\infty,+\infty)$，又 $\varphi(-x)=\varphi(x)$，函数是偶函数，所以图形关于 y 轴对称，

$$\varphi'(x)=-\frac{x}{\sqrt{2\pi}}e^{-\frac{x^2}{2}},$$

$$\varphi''(x)=\frac{(x+1)(x-1)}{\sqrt{2\pi}}e^{-\frac{x^2}{2}},$$

令 $\varphi'(x)=0$，得 $x=0$，

令 $\varphi''(x)=0$，得 $x=-1$，$x=1$，

列表如下：

x	$(-\infty,-1)$	-1	$(-1,0)$	0	$(0,1)$	1	$(1,+\infty)$
$\varphi'(x)$	+	+	+	0	−	−	−
$\varphi''(x)$	+	0	−	−	−	0	+
$\varphi(x)$	↗	拐点 $\left(-1,\frac{1}{\sqrt{2\pi e}}\right)$	↗	极大值 $\frac{1}{\sqrt{2\pi}}$	↘	拐点 $\left(1,\frac{1}{\sqrt{2\pi e}}\right)$	↘

因为 $\lim\limits_{x\to\infty}\varphi(x)=\lim\limits_{x\to\infty}\frac{1}{\sqrt{2\pi}}e^{-\frac{x^2}{2}}=0$，所以水平渐近线为 $y=0$，

因此，函数 $\varphi(x)=\frac{1}{\sqrt{2\pi}}e^{-\frac{x^2}{2}}$ 的图形如图 3-9 所示.

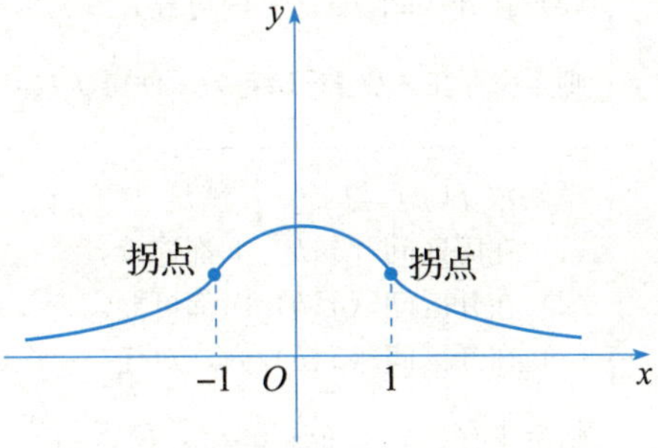

图 3-9

素养提升小课堂

通过学习导数应用，学生学会用数学知识分析并解决实际问题. 例如，在学习如何求实际问题的最值时，让学生用已知的数学知识分析、设计，把实际问题用目标函数表示出来，然后用导数思想去解决问题. 这样，既提升了学生的数学素质，又提高了学生的职业技能.

让学生在学习数学知识的同时，树立正确的劳动观，成为德才兼备、全面发展的新时代应用型人才.

知识回顾

一、知识结构图

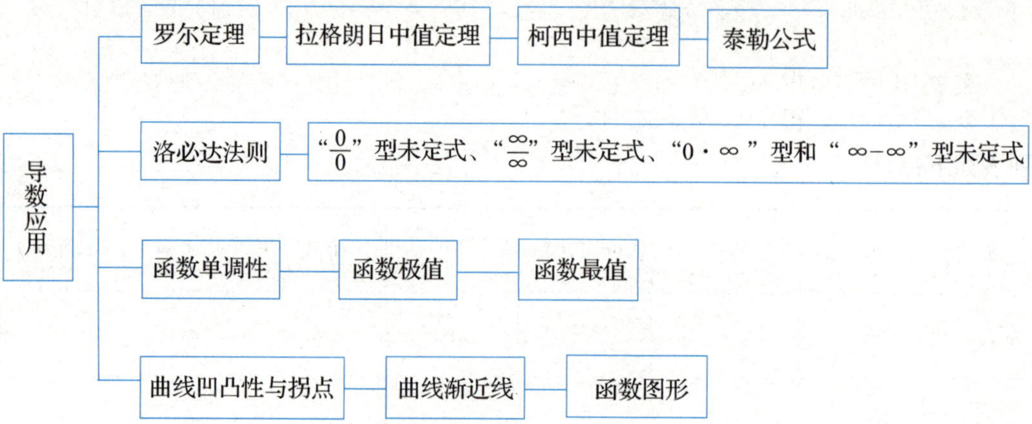

二、重点小结

微分中值定理	罗尔定理	设函数 $f(x)$ 满足 (1) 在闭区间 $[a,b]$ 上连续， (2) 在开区间 (a,b) 内可导， (3) $f(a)=f(b)$， 则至少存在一点 $\xi\in(a,b)$，使得 $f'(\xi)=0$
	拉格朗日中值定理	设函数 $f(x)$ 满足 (1) 在闭区间 $[a,b]$ 上连续， (2) 在开区间 (a,b) 内可导， 则至少存在一点 $\xi\in(a,b)$，使得 $f'(\xi)=\frac{f(b)-f(a)}{b-a}$ 成立
	柯西中值定理	设函数 $f(x)$ 与 $g(x)$ 满足 (1) 在闭区间 $[a,b]$ 上都连续， (2) 在开区间 (a,b) 内都可导， (3) 在开区间 (a,b) 内，对任一 $x\in(a,b)$，$g'(x)\neq0$， 则至少存在一点 $\xi\in(a,b)$，使得 $\frac{f'(\xi)}{g'(\xi)}=\frac{f(b)-f(a)}{g(b)-g(a)}$ 成立

续表

微分中值定理	泰勒公式	泰勒公式 $f(x)=f(x_0)+f'(x_0)(x-x_0)+\frac{f''(x_0)}{2!}(x-x_0)^2+\cdots+\frac{f^{(n)}(x_0)}{n!}(x-x_0)^n+R_n(x)$ 麦克劳林公式 $f(x)=f(0)+f'(0)x+\frac{f''(0)}{2!}x^2+\cdots+\frac{f^{(n)}(0)}{n!}x^n+\frac{f^{(n+1)}(\theta x)}{(n+1)!}x^{n+1}\quad(0<\theta<1)$
洛必达法则	“$\frac{0}{0}$”型未定式	如果函数 $f(x)$ 与 $g(x)$ 满足 (1) $\lim\limits_{x\to a}f(x)=\lim\limits_{x\to a}g(x)=0$， (2) $f'(x)$ 与 $g'(x)$ 在点 a 的某去心邻域内均存在，且 $g'(x)\neq 0$， (3) $\lim\limits_{x\to a}\frac{f'(x)}{g'(x)}=A$（或$\infty$）， 那么 $\lim\limits_{x\to a}\frac{f(x)}{g(x)}=\lim\limits_{x\to a}\frac{f'(x)}{g'(x)}=A$（或$\infty$）. 注：对于 $x\to\infty$时的“$\frac{0}{0}$”型，此定理仍成立
	“$\frac{\infty}{\infty}$”型未定式	如果函数 $f(x)$ 与 $g(x)$ 满足 (1) $\lim\limits_{x\to a}f(x)=\lim\limits_{x\to a}g(x)=\infty$， (2) $f'(x)$ 与 $g'(x)$ 在点 a 的某去心邻域内均存在，且 $g'(x)\neq 0$， (3) $\lim\limits_{x\to a}\frac{f'(x)}{g'(x)}=A$（或$\infty$）， 那么 $\lim\limits_{x\to a}\frac{f(x)}{g(x)}=\lim\limits_{x\to a}\frac{f'(x)}{g'(x)}=A$（或$\infty$）. 注：对于 $x\to\infty$时的“$\frac{\infty}{\infty}$”型，此定理仍成立
	其他类型未定式	对于未定式“$0\cdot\infty$”型和“$\infty-\infty$”型就不能直接使用洛必达法则，但是，可以通过适当的变形即化成繁分式或通分等方法，将其转化为“$\frac{0}{0}$”型或“$\frac{\infty}{\infty}$”型后，就可以使用洛必达法则了
函数单调性与极值	函数单调性	设函数 $f(x)$ 在区间 $[a,b]$ 连续，且在 (a,b) 内可导， (1) 如果在 (a,b) 内有 $f'(x)\geqslant 0$，且等号仅在有限多个点处成立，那么 $f(x)$ 在 $[a,b]$ 内为单调增函数； (2) 如果在 (a,b) 内有 $f'(x)\leqslant 0$，且等号仅在有限多个点处成立，那么 $f(x)$ 在 $[a,b]$ 内为单调减函数

续表

函数单调性与极值	函数极值	第一充分条件 设函数 $f(x)$ 在点 x_0 处连续，在点 x_0 的某去心邻域内有导数，且 $f'(x_0)=0$ 或 $f'(x_0)$ 不存在， (1) 当 $x<x_0$ 时，有 $f'(x)>0$；当 $x>x_0$ 时，有 $f'(x)<0$，则 $f(x)$ 在点 x_0 处取得极大值 $f(x_0)$，点 x_0 是极大值点. (2) 当 $x<x_0$ 时，有 $f'(x)<0$；当 $x>x_0$ 时，有 $f'(x)>0$，则 $f(x)$ 在点 x_0 处取得极小值 $f(x_0)$，点 x_0 是极小值点. 第二充分条件 设函数 $f(x)$ 在点 x_0 处有二阶导数，且 $f'(x_0)=0$，$f''(x_0)\neq0$，则有 (1) 当 $f''(x_0)<0$ 时，$f(x)$ 在点 x_0 处取得极大值 $f(x_0)$，点 x_0 是极大值点； (2) 当 $f''(x_0)>0$ 时，$f(x)$ 在点 x_0 处取得极小值 $f(x_0)$，点 x_0 是极小值点
	函数最值	对于在实际问题中求最大（小）值，首先应该建立函数关系，通常称为目标函数，然后求出目标函数在定义区间内的驻点，如果目标函数驻点唯一，且实际意义又表明函数的最大（小）值存在，那么所求驻点就是函数的最大（小）值点
函数图形	曲线凹凸性与拐点	设函数 $f(x)$ 在 $[a, b]$ 上连续，在区间 (a, b) 内具有二阶导数 $f''(x)$， (1) 如果在区间 (a, b) 内，有 $f''(x)>0$，那么曲线 $f(x)$ 在该区间内是凹弧； (2) 如果在区间 (a, b) 内，有 $f''(x)<0$，那么曲线 $f(x)$ 在该区间内是凸弧； (3) 设 x_0 为 (a, b) 内一点，如果在点 x_0 处的左右两侧 $f''(x)$ 异号，那么点 $(x_0, f(x_0))$ 为曲线 $f(x)$ 的拐点，此时 $f''(x_0)=0$ 或 $f''(x_0)$ 不存在
	曲线渐近线	(1) 水平渐近线. 若 $\lim\limits_{x\to\infty}f(x)=C$ 或 $\lim\limits_{x\to+\infty}f(x)=C$ 或 $\lim\limits_{x\to-\infty}f(x)=C$，则称直线 $y=C$ 为曲线 $y=f(x)$ 的水平渐近线. (2) 垂直渐近线. 若 $\lim\limits_{x\to x_0}f(x)=\infty$ 或 $\lim\limits_{x\to+\infty}f(x)=\infty$ 或 $\lim\limits_{x\to-\infty}f(x)=\infty$，则称直线 $x=x_0$ 为曲线 $y=f(x)$ 的垂直渐近线
	描绘函数图形	作函数图形的步骤： (1) 确定函数的定义域； (2) 讨论函数的奇偶性、周期性（若函数具有这两个性质，则可以缩小作图范围）； (3) 确定函数的单调区间、凹凸区间，并求出其极值、拐点； (4) 考察曲线的渐近线； (5) 求出曲线与坐标轴的交点以及比较特殊的点； (6) 根据上述讨论的结果作出函数的图形

阅读与欣赏

洛必达

洛必达，法国数学家. 1661 年洛必达出生于法国贵族家庭，1704 年卒于巴黎. 他曾受袭侯爵衔，并在军队中担任骑兵军官，后来因为视力不佳而退出军队，转向学术方面. 他早年就显露出数学才能，在他 15 岁时就解出了帕斯卡的“摆线难题”，后又解出了约翰·伯努利向欧洲挑战的“最速降曲线问题”. 他专心研究数学，在瑞士数学家伯努利的门下学习微积分，并成为法国“新解析”的主要成员. 洛必达于 1696 年发表的《无限小分析》一书是微积分学最早的教科书，是十八世纪时的优秀著作，书中提出了一种算法即洛必达法则，用以计算满足一定条件下的两函数之商的极限.

目标检测三

一、单项选择题

1. 下列极限计算正确的是（　　）.

A. $\lim\limits_{x\to1}\dfrac{x^3-x^2+x-1}{(x-1)^2}=\lim\limits_{x\to1}\dfrac{3x^2-2x+1}{2(x-1)}=\lim\limits_{x\to1}\dfrac{6x-2}{2}=2$

B. $\lim\limits_{x\to1}\dfrac{x^3-x^2+x-1}{(x-1)^2}=\lim\limits_{x\to1}\dfrac{(x-1)(x^2+1)}{(x-1)^2}=\lim\limits_{x\to1}\dfrac{x^2+1}{x-1}=\lim\limits_{x\to1}\dfrac{2x}{1}=2$

C. $\lim\limits_{x\to1}\dfrac{x^3-x^2+x-1}{(x-1)^2}=\lim\limits_{x\to1}\dfrac{3x^2-2x+1}{2(x-1)}=\infty$

D. $\lim\limits_{x\to1}\dfrac{x^3-x^2+x-1}{(x-1)^2}=\dfrac{\lim\limits_{x\to1}(x^3-x^2+x-1)}{\lim\limits_{x\to1}(x-1)^2}$不存在

2. 函数 $y=f(x)$ 在点 x_0 处取得极大值，则必有（　　）.

A. $f'(x_0)=0$　　B. $f''(x_0)<0$

C. $f'(x_0)=0$ 或 $f'(x_0)$ 不存在　　D. $f'(x_0)=0$，$f''(x_0)<0$

3. $f(x)$ 在 x_0 处连续，当 $x<x_0$ 时，$f'(x)>0$；当 $x>x_0$ 时，$f'(x)<0$，则点 x_0 是函数 $f(x)$ 的（　　）.

A. 驻点　　B. 不可导点

C. 极大值点　　D. 极小值点

4. 设函数 $f(x)$ 在开区间 (a,b) 内二阶可导，且 $f'(x)>0$，$f''(x)<0$，则函数曲线 $f(x)$ 在开区间 (a,b) 内是（　　）.

A. 上升且向下凸的　　B. 下降且向下凸的

C. 上升且向上凸的　　D. 下降且向上凸的

5. 设点 $(1,4)$ 是函数曲线 $y=ax^3+bx^2$ 的拐点，则常数 a，b 的值为（　　）.

A. $a=-2$，$b=6$　　B. $a=6$，$b=-2$

C. $a=-6$，$b=2$　　D. $a=2$，$b=-6$

6. 函数 $f(x)=\dfrac{1}{x}$满足拉格朗日中值定理条件的区间为（　　）.

A. $[-2,2]$　　B. $[0,1]$　　C. $[-2,0]$　　D. $[1,2]$

7. 设函数 $y=f(x)$ 有驻点 $x=x_0$，则（　　）不成立.

A. $f(x)$ 在点 x_0 处连续

B. $f(x)$ 在点 x_0 处可导

C. $f(x)$ 在点 x_0 处有极值

D. 点 $(x_0,f(x_0))$ 处的曲线切线平行 x 轴

8. 函数 $y=x-\arctan x$ 在区间 $(-\infty,+\infty)$ 内（　　）.

A. 单调递增　　B. 单调递减

C. 不单调　　D. 不连续

二、填空题

1. 函数 $y=\dfrac{e^x}{x}$ 的单调增区间是________，单调减区间是________.

2. 函数 $y=ax^2+bx$ 在 $x=1$ 处有极大值 2，则 $a=$________，$b=$________.

3. 函数 $y=x^2+1$ 在区间 $[0,2]$ 是单调________.

4. 函数 $y=(x-1)^2$ 的极小值点是________.

5. 函数 $y=\dfrac{4(x+1)^2}{x^2+2x+4}$ 的水平渐近线方程为________.

三、解答题

1. 求极限 $\lim\limits_{x\to+\infty}\dfrac{x+\ln x}{x\ln x}$.

2. 求函数 $y=2x^3-9x^2+12x-3$ 的单调区间与极值.

3. 求曲线 $y=\ln(1+x^2)$ 的凹凸区间与拐点.

第四章 不定积分与定积分

学习引导

在第二章中我们已经学习了导数与微分，掌握了如何求函数的导数. 在科学研究中，我们不仅仅需要计算导数，还需要进行导数的逆运算，例如已知切线斜率 $k=k(x)$，求曲线方程 $y=f(x)$；已知物体运动速度 $v=v(t)$，求运动方程 $s=s(t)$. 本章将从以上两个问题入手，引出不定积分，首先介绍不定积分和定积分的概念，其次重点讲解微积分基本公式（牛顿-莱布尼茨公式），以及讲解不定积分和定积分的计算方法，最后学习定积分的应用.

学习目标

掌握 不定积分的基本公式和运算法则，微积分的基本公式，不定积分和定积分的计算方法，利用定积分计算平面图形的面积和旋转体的体积.

熟悉 原函数与不定积分的概念，不定积分和定积分的性质，定积分的几何意义.

了解 定积分的概念，会求变上限积分的导数，会求广义积分，会计算平面曲线的弧长.

素质培养 培养学生的逻辑性思维和创造性思维，在解决问题时提出合理有效的解决方案，并形成自己独特的见解，为今后进入职场打下良好的基础.

案例导入

某药企计划将河边一块空地作为中药材种植基地，空地在河流和墙面之间，两侧用栅栏围成一个封闭的区域. 已知栅栏之间距离是 80 米，河流最凸点 A 到墙面的距离是 100 米，且 A 点正好在两侧栅栏的中间，河流曲线可近似看成抛物线，如图 4-1 所示. 请根据现有数据，估算出种植基地的面积.

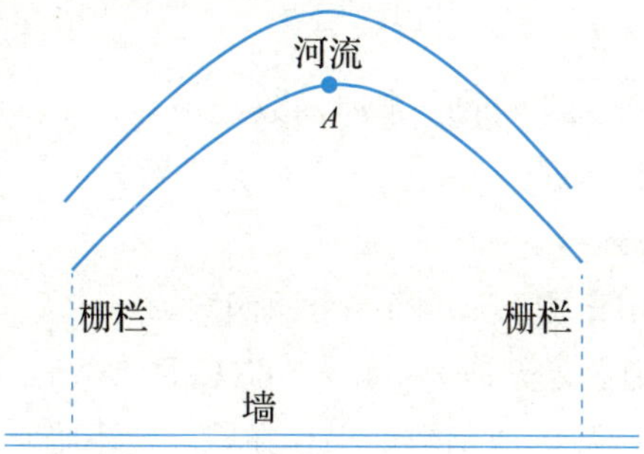

图 4-1

第一节 不定积分

一、不定积分的概念

1. 原函数

引例 1 根据切线斜率求曲线方程.

一曲线通过点 $(2,1)$，该曲线上任一点处的切线斜率为 $3x^2$，求该曲线的曲线方程.

这个问题和导数几何意义有关. 如果设该曲线方程为 $y=f(x)$，那么 $f'(x)=3x^2$，很容易得到 $f(x)=x^3$.

引例 2 根据瞬时速度求运动方程.

已知某物体做直线运动，在任意时刻 t 的瞬时速度为 $v(t)=2t$，求此物体的运动方程 $s=s(t)$.

因为瞬时速度为 $v=s'(t)$，又 $v(t)=2t$，因此 $s(t)=t^2$.

以上两个问题可以归纳为：已知一个函数的导数，求这个函数的表达式，即已知 $F'(x)=f(x)$，求函数 $F(x)$. 由此引入原函数的概念.

定义 设 $F(x)$ 与 $f(x)$ 在区间 I 上有定义，若在 I 上，可导函数 $F(x)$ 的导函数为 $f(x)$，即对任意 $x\in I$，都有 $F'(x)=f(x)$ 或 $\mathrm{d}F(x)=f(x)\mathrm{d}x$，则称 $F(x)$ 是 $f(x)$ 在区间 I 上的一个原函数.

满足什么条件才能保证一个函数有原函数？我们直接给出如下定理.

定理 若函数 $f(x)$ 在区间 I 上连续，那么在区间 I 上存在可导函数 $F(x)$，使得 $F'(x)=f(x)$ $(\forall x\in I)$，即连续函数一定有原函数.

另外，若函数 $f(x)$ 有原函数，则原函数为无数个. 设 $F(x)$ 为 $f(x)$ 的一个原函数，则 $f(x)$ 的全部原函数可以表示为 $F(x)+C$（C 是常数).

例 1 求下列函数的原函数.

(1) $f(x)=2x$.

(2) $f(x)=\cos x$.

解 (1) 因为 $(x^2)'=2x$，

所以在 $(-\infty,+\infty)$ 上 x^2 是 $2x$ 的一个原函数，

因此，$f(x)=2x$ 的原函数是 $F(x)=x^2+C$（C 是常数).

(2) 因为 $(\sin x)'=\cos x$，

所以在 $(-\infty,+\infty)$ 上 $\sin x$ 是 $\cos x$ 的一个原函数，

因此，$f(x)=\cos x$ 的原函数是 $F(x)=\sin x+C$（C 是常数).

上面例题表明，一个函数的原函数如果存在就一定不唯一，但只要求出其中的一个原函数也就求出了所有的原函数.

2. 不定积分的定义

定义 在区间 I 上，如果 $F(x)$ 是函数 $f(x)$ 的一个原函数，那么函数 $f(x)$ 的全体原函数 $F(x)+C$ 称为函数 $f(x)$ 在区间 I 上的不定积分，记为 $\int f(x)\mathrm{d}x$ ，即

$$\int f(x)\mathrm{d}x=F(x)+C$$

其中"$\int$"称为积分号，$f(x)$ 称为被积函数，$f(x)\mathrm{d}x$ 称为被积表达式，x 称为积分变量，C 称为积分常数.

由定义可以看出，不定积分与原函数是整体与个体的关系，因此，求函数的不定积分，就是求所有的原函数.

例 2 求下列不定积分.

(1) $\int x^4\mathrm{d}x$.

(2) $\int \sin x\mathrm{d}x$.

解 (1) 因为 $\left(\frac{1}{5}x^5\right)'=x^4$，所以 $\int x^4\mathrm{d}x=\frac{1}{5}x^5+C$.

(2) 因为 $(-\cos x)'=\sin x$，所以 $\int \sin x\mathrm{d}x=-\cos x+C$.

3. 不定积分的几何意义

不定积分的几何意义如图 4－2 所示. 设 $F(x)$ 是 $f(x)$ 的一个原函数，则 $y=F(x)$ 在平面上表示一条曲线，称它为 $f(x)$ 的一条积分曲线. 于是 $f(x)$ 的不定积分表示一族积分曲线，它们是由 $f(x)$ 的某一条积分曲线 $y=F(x)$ 沿着 y 轴方向作任意平行移动而产生的所有积分曲线. 显然，每一条积分曲线在同一横坐标 x_0 点处有相互平行的切线，其切线斜率都等于 $f(x)$.

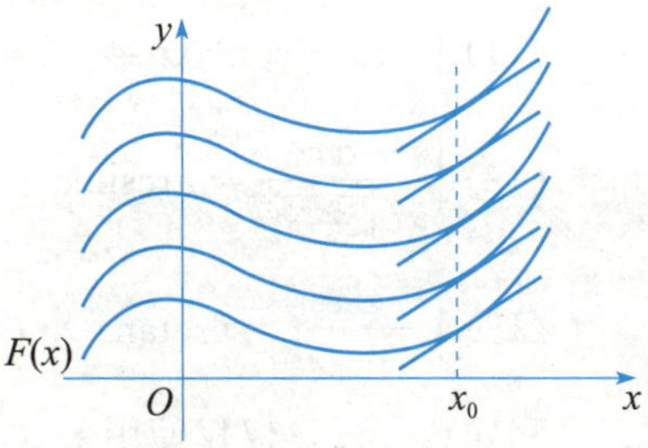

图 4－2

二、不定积分的性质

性质 1 不定积分的导数等于被积函数，或不定积分的微分等于被积表达式，即 $\left(\int f(x)\mathrm{d}x\right)'=f(x)$ 或 $\mathrm{d}\int f(x)\mathrm{d}x=f(x)\mathrm{d}x$.

性质 2 一个函数导数或微分的不定积分，与该函数只相差一个常数，即 $\int f'(x)\mathrm{d}x=f(x)+C$ 或 $\int \mathrm{d}f(x)=f(x)+C$.

以上性质说明微分运算与积分运算是互逆的，微分运算还可用于检验积分结果是否正确，只要将积分结果进行求导，看其导数是否等于被积函数，如果相等，结果正确，否则结果错误.

三、基本积分公式

由于导数和不定积分互为逆运算，因此不难得出不定积分的基本公式.

(1) $\int k\,\mathrm{d}x = kx + C$（$k$ 为常数）；

(2) $\int x^{\alpha}\,\mathrm{d}x = \dfrac{x^{\alpha+1}}{\alpha+1} + C$（$\alpha \neq -1$）；

(3) $\int \dfrac{\mathrm{d}x}{x} = \ln|x| + C$；

(4) $\int a^{x}\,\mathrm{d}x = \dfrac{a^{x}}{\ln a} + C$（$a > 0$ 且 $a \neq 1$）；

(5) $\int \mathrm{e}^{x}\,\mathrm{d}x = \mathrm{e}^{x} + C$；

(6) $\int \sin x\,\mathrm{d}x = -\cos x + C$；

(7) $\int \cos x\,\mathrm{d}x = \sin x + C$；

(8) $\int \sec^{2} x\,\mathrm{d}x = \tan x + C$；

(9) $\int \csc^{2} x\,\mathrm{d}x = -\cot x + C$；

(10) $\int \sec x \cdot \tan x\,\mathrm{d}x = \sec x + C$；

(11) $\int \csc x \cdot \cot x\,\mathrm{d}x = -\csc x + C$；

(12) $\int \dfrac{\mathrm{d}x}{\sqrt{1-x^{2}}} = \arcsin x + C$；

(13) $\int \dfrac{\mathrm{d}x}{1+x^{2}} = \arctan x + C$.

和导数一样，仅仅使用公式不能完全解决不定积分的运算问题，接下来介绍不定积分的运算法则.

四、不定积分的运算法则

法则 1 设函数 $f(x)$ 及 $g(x)$ 的原函数存在，则函数代数和的不定积分，等于不定积分的代数和，

即 $\int [f(x) \pm g(x)]\,\mathrm{d}x = \int f(x)\,\mathrm{d}x \pm \int g(x)\,\mathrm{d}x$.

法则 2 设函数 $f(x)$ 的原函数存在，函数与某一不为零常数乘积的不定积分，等于常数乘以该函数的不定积分，

即 $\int kf(x)\,\mathrm{d}x = k\int f(x)\,\mathrm{d}x$（$k \neq 0$）.

法则 1 可推广到有限个函数的代数和.

例 3 求下列不定积分.

(1) $\int (2x^2 + x - e^x)dx$.

(2) $\int \sqrt{x}(x^3 - 2)dx$.

(3) $\int \frac{2^x}{3^x}dx$.

(4) $\int \frac{x^4}{1+x^2}dx$.

解 (1) $\int (2x^2 + x - e^x)dx = \int 2x^2 dx + \int x dx - \int e^x dx$

$$= \frac{2}{3}x^3 + \frac{1}{2}x^2 - e^x + C.$$

(2) $\int \sqrt{x}(x^3 - 2)dx = \int \sqrt{x}x^3 dx - 2\int \sqrt{x}dx = \int x^{\frac{7}{2}}dx - 2\int x^{\frac{1}{2}}dx$

$$= \frac{2}{9}x^{\frac{9}{2}} - \frac{4}{3}x^{\frac{3}{2}} + C.$$

(3) $\int \frac{2^x}{3^x}dx = \int \left(\frac{2}{3}\right)^x dx = \frac{\left(\frac{2}{3}\right)^x}{\ln\frac{2}{3}} + C = \frac{2^x}{3^x(\ln 2 - \ln 3)} + C$.

(4) $\int \frac{x^4}{1+x^2}dx = \int \frac{(x^4-1)+1}{1+x^2}dx = \int \frac{(x^2+1)(x^2-1)}{(1+x^2)}dx + \int \frac{1}{1+x^2}dx$

$$= \int (x^2-1)dx + \int \frac{1}{1+x^2}dx$$

$$= \frac{x^3}{3} - x + \arctan x + C.$$

例 4 求 $\int \sin^2\frac{x}{2}dx$.

解 原式 $= \int \frac{1-\cos x}{2}dx = \int \frac{1}{2}(1-\cos x)dx = \int \frac{1}{2}dx - \int \frac{1}{2}\cos x dx$

$$= \frac{1}{2}x - \frac{1}{2}\sin x + C.$$

例 5 求 $\int \frac{1}{\cos^2 x \sin^2 x}dx$.

解 原式 $= \int \frac{\sin^2 x + \cos^2 x}{\cos^2 x \sin^2 x}dx = \int \sec^2 x dx + \int \csc^2 x dx$

$$= \tan x - \cot x + C.$$

上面例题使用了不定积分的基本公式和运算法则，这样的方法叫作直接积分法.

五、不定积分的计算方法

使用直接积分法固然方便，然而这种方法有很大的局限性，所能计算的不定积分是非常有限的. 因此，有必要进一步研究求不定积分的一般方法.

1. 换元积分法

由于 $f[\varphi(x)]\varphi'(x)\mathrm{d}x=f(u)\mathrm{d}u$，其中 $u=\varphi(x)$，我们有

$$\int f[\varphi(x)]\varphi'(x)\mathrm{d}x=\int f(u)\mathrm{d}u\,.$$

在上面等式中，如果右式 $\int f(u)\mathrm{d}u$ 容易计算，我们就可以通过它计算左式 $\int f[\varphi(x)]\varphi'(x)\mathrm{d}x$，这就是不定积分的第一换元积分法；如果左式 $\int f[\varphi(x)]\varphi'(x)\mathrm{d}x$ 容易计算，我们就可以通过它计算右式 $\int f(u)\mathrm{d}u$，这就是不定积分的第二换元积分法.

定理（第一换元积分法） 设 $u=\varphi(x)$ 是可微函数，如果 $\int f[\varphi(x)]\varphi'(x)\mathrm{d}x$ 存在，且 $\int f(u)\mathrm{d}u=F(u)+C$，则有 $\int f[\varphi(x)]\varphi'(x)\mathrm{d}x=F[\varphi(x)]+C$.

微课

第一换元积分法

不定积分的第一换元积分法又称为凑微分法，所谓凑微分，是指先把被积分的式子写成 $f[\varphi(x)]\varphi'(x)\mathrm{d}x$，再把 $\varphi'(x)\mathrm{d}x$ 凑成 $\mathrm{d}\varphi(x)$，即 $f[\varphi(x)]\varphi'(x)\mathrm{d}x=f[\varphi(x)]\mathrm{d}\varphi(x)=f(u)\mathrm{d}u$.

例 6 求 $\int\cos(2x+3)\mathrm{d}x$.

解 设 $u=2x+3$，则 $\mathrm{d}u=\mathrm{d}(2x+3)=2\mathrm{d}x$，于是有 $\mathrm{d}x=\frac{1}{2}\mathrm{d}u$，

所以 $\int\cos(2x+3)\mathrm{d}x$

$$=\int\cos u\cdot\frac{1}{2}\mathrm{d}u=\frac{1}{2}\int\cos u\,\mathrm{d}u=\frac{1}{2}\sin u+C=\frac{1}{2}\sin(2x+3)+C\,.$$

例 7 求 $\int(3x+5)^{10}\mathrm{d}x$.

解 设 $u=(3x+5)$，则 $\mathrm{d}u=\mathrm{d}(3x+5)=3\mathrm{d}x$，于是有 $\mathrm{d}x=\frac{1}{3}\mathrm{d}u$，

所以 $\int(3x+5)^{10}\mathrm{d}x=\int u^{10}\cdot\frac{1}{3}\mathrm{d}u=\frac{1}{3}\int u^{10}\mathrm{d}u=\frac{1}{3}\cdot\frac{1}{11}u^{11}+C=\frac{1}{33}(3x+5)^{11}+C$.

对变量代换熟练后，可省略中间的换元过程，直接凑微分成积分形式.

例 8 求 $\int\frac{1}{x(1+\ln x)}\mathrm{d}x$.

解
$$\int\frac{1}{x(1+\ln x)}\mathrm{d}x=\int\frac{1}{1+\ln x}\cdot\frac{1}{x}\mathrm{d}x=\int\frac{1}{1+\ln x}(1+\ln x)'\mathrm{d}x$$
$$=\int\frac{1}{1+\ln x}\mathrm{d}(1+\ln x)=\ln|1+\ln x|+C\,.$$

例 9 求 $\int\cos^3 x\sin x\mathrm{d}x$.

解　$\int \cos^3 x\sin x\mathrm{d}x=\int \cos^3 x(-\cos x)'\mathrm{d}x=-\int \cos^3 x\mathrm{d}\cos x=-\frac{1}{4}\cos^4 x+C.$

要熟练掌握用第一换元积分法计算不定积分，应该牢记基本积分公式和被积函数凑微分的基本形式，将常见的凑微分类型整理如下：

(1) $\int f(x^{\alpha+1})\cdot x^{\alpha}\mathrm{d}x=\int f(x^{\alpha+1})\cdot\frac{1}{\alpha+1}\mathrm{d}(x^{\alpha+1})\quad(\alpha\neq-1)$；

(2) $\int f(\mathrm{e}^x)\mathrm{e}^x\mathrm{d}x=\int f(\mathrm{e}^x)\mathrm{d}(\mathrm{e}^x)$；

(3) $\int f(\ln x)\frac{1}{x}\mathrm{d}x=\int f(\ln x)\mathrm{d}(\ln x)$；

(4) $\int f(\sin x)\cos x\mathrm{d}x=\int f(\sin x)\mathrm{d}(\sin x)$；

(5) $\int f(\cos x)\sin x\mathrm{d}x=-\int f(\cos x)\mathrm{d}(\cos x)$；

(6) $\int f(\tan x)\frac{1}{\cos^2 x}\mathrm{d}x=\int f(\tan x)\mathrm{d}(\tan x)$；

(7) $\int f(\arcsin x)\frac{1}{\sqrt{1-x^2}}\mathrm{d}x=\int f(\arcsin x)\mathrm{d}(\arcsin x)$；

(8) $\int f(\arctan x)\frac{1}{1+x^2}\mathrm{d}x=\int f(\arctan x)\mathrm{d}(\arctan x)$.

例 10　求 $\int \tan x\mathrm{d}x$.

解　$\int \tan x\mathrm{d}x=\int\frac{\sin x}{\cos x}\mathrm{d}x=-\int\frac{\mathrm{d}(\cos x)}{\cos x}=-\ln|\cos x|+C.$

类似可以求出 $\int \cot x\mathrm{d}x=\ln|\sin x|+C$.

例 11　求下列不定积分.

(1) $\int \cos^2 x\mathrm{d}x$.

(2) $\int \cos^3 x\mathrm{d}x$.

解　(1)
$$\begin{aligned}\int \cos^2 x\mathrm{d}x&=\frac{1}{2}\int(1+\cos 2x)\mathrm{d}x=\frac{1}{2}\int\mathrm{d}x+\frac{1}{2}\int\frac{1}{2}\cos 2x\mathrm{d}(2x)\\&=\frac{1}{2}\int\mathrm{d}x+\frac{1}{4}\int\cos 2x\mathrm{d}(2x)\\&=\frac{x}{2}+\frac{\sin 2x}{4}+C.\end{aligned}$$

(2)
$$\begin{aligned}\int \cos^3 x\mathrm{d}x&=\int\cos^2 x\cdot\cos x\mathrm{d}x=\int\cos^2 x\mathrm{d}\sin x=\int(1-\sin^2 x)\mathrm{d}\sin x\\&=\int 1\mathrm{d}\sin x-\int\sin^2 x\mathrm{d}\sin x\\&=\sin x-\frac{1}{3}\sin^3 x+C.\end{aligned}$$

例 12 求下列不定积分.

(1) $\int 2x\mathrm{e}^{x^2}\mathrm{d}x$.

(2) $\int \dfrac{\mathrm{d}x}{\sqrt{x}\sqrt{1-x}}$.

解 (1) $\int 2x\mathrm{e}^{x^2}\mathrm{d}x=\int \mathrm{e}^{x^2}\mathrm{d}(x^2)=\mathrm{e}^{x^2}+C$.

(2)
$$\begin{aligned}\int \frac{\mathrm{d}x}{\sqrt{x}\sqrt{1-x}}&=\int \frac{1}{\sqrt{x}\sqrt{1-(\sqrt{x})^2}}\mathrm{d}x\\&=\int \frac{1}{\sqrt{1-(\sqrt{x})^2}}\cdot\frac{2}{2\sqrt{x}}\mathrm{d}x\\&=2\int \frac{1}{\sqrt{1-(\sqrt{x})^2}}\mathrm{d}(\sqrt{x})\\&=2\arcsin\sqrt{x}+C.\end{aligned}$$

例 13 求下列不定积分.

(1) $\int \dfrac{\mathrm{d}x}{a^2+x^2}\ (a\neq 0)$.

(2) $\int \dfrac{\mathrm{d}x}{x^2-a^2}\ (a\neq 0)$.

解 (1) $\int \dfrac{\mathrm{d}x}{a^2+x^2}=\dfrac{1}{a}\int \dfrac{\mathrm{d}\left(\dfrac{x}{a}\right)}{1+\left(\dfrac{x}{a}\right)^2}=\dfrac{1}{a}\arctan\dfrac{x}{a}+C.$

(2)
$$\begin{aligned}\int \frac{\mathrm{d}x}{x^2-a^2}&=\frac{1}{2a}\int \left(\frac{1}{x-a}-\frac{1}{x+a}\right)\mathrm{d}x\\&=\frac{1}{2a}(\ln|x-a|-\ln|x+a|)+C\\&=\frac{1}{2a}\ln\left|\frac{x-a}{x+a}\right|+C.\end{aligned}$$

【即学即练 1】

不定积分 $\int x\cdot\mathrm{e}^{x^2-3}\mathrm{d}x=(\quad)$.

A. $\dfrac{1}{2}\mathrm{e}^{x^2-3}+C$　　B. $\mathrm{e}^{x^2-3}+C$

C. $-\dfrac{1}{2}\mathrm{e}^{x^2-3}+C$　　D. $-\mathrm{e}^{x^2-3}+C$

下面介绍不定积分的第二换元积分法.

定理（第二换元积分法） 设函数 $f(x)$ 连续，$x=\varphi(t)$ 连续可导且有反函数 $t=\varphi^{-1}(x)$，如果 $\int f[\varphi(t)]\varphi'(t)\mathrm{d}t=F(t)+C$，则 $\int f(x)\mathrm{d}x=F[\varphi^{-1}(x)]+C$.

不定积分的第二换元积分法，在计算 $\int f(x)\mathrm{d}x$ 时，先把 x 换成 $\varphi(t)$，得到 $\int f[\varphi(t)]\varphi'(t)\mathrm{d}t=F(t)+C$ 后，再把 t 换回 $\varphi^{-1}(x)$. 在这个过程中，为了保证 $x=\varphi(t)$ 有反函数，往往取 $x=\varphi(t)$ 为单调函数.

第二换元积分法主要有根式代换、三角代换和倒数代换，我们重点介绍根式代换与三角代换.

例 14 求 $\int\frac{\mathrm{d}x}{\sqrt{x}+\sqrt[3]{x}}$.

解 为了同时去根式 $\sqrt{x}$ 和 $\sqrt[3]{x}$，根指数取 2 和 3 的最小公倍数，

令 $\sqrt[6]{x}=t$，则 $x=t^6$，于是 $\mathrm{d}x=6t^5\mathrm{d}t$，

所以
$$\begin{aligned}\int\frac{\mathrm{d}x}{\sqrt{x}+\sqrt[3]{x}}&=\int\frac{6t^5}{t^3+t^2}\mathrm{d}t=6\int\frac{t^3}{t+1}\mathrm{d}t=6\int\frac{(t^3+1)-1}{t+1}\mathrm{d}t\\&=6\int\frac{(t+1)(t^2-t+1)-1}{(t+1)}\mathrm{d}t\\&=6\int\left(t^2-t+1-\frac{1}{t+1}\right)\mathrm{d}t\\&=2t^3-3t^2+6t-6\ln|t+1|+C\\&=2\sqrt{x}-3\sqrt[3]{x}+6\sqrt[6]{x}-6\ln(\sqrt[6]{x}+1)+C.\end{aligned}$$

例 15 求 $\int\frac{1}{\sqrt{1+\mathrm{e}^x}}\mathrm{d}x$.

解 令 $t=\sqrt{1+\mathrm{e}^x}$，则 $x=\ln(t^2-1)$，$\mathrm{d}x=\frac{2t}{t^2-1}\mathrm{d}t$，

于是
$$\begin{aligned}\int\frac{1}{\sqrt{1+\mathrm{e}^x}}\mathrm{d}x&=\int\frac{1}{t}\cdot\frac{2t}{t^2-1}\mathrm{d}t=\int\frac{2}{t^2-1}\mathrm{d}t\\&=\int\left(\frac{1}{t-1}-\frac{1}{t+1}\right)\mathrm{d}t=\int\frac{1}{t-1}\mathrm{d}(t-1)-\int\frac{1}{t+1}\mathrm{d}(t+1)\\&=\ln|t-1|-\ln|t+1|+C=\ln\frac{\sqrt{1+\mathrm{e}^x}-1}{\sqrt{1+\mathrm{e}^x}+1}+C.\end{aligned}$$

一般来说，如果被积函数中含有

(1) $\sqrt{a^2-x^2}$，可作代换 $x=a\sin t$；

(2) $\sqrt{a^2+x^2}$，可作代换 $x=a\tan t$；

(3) $\sqrt{x^2-a^2}$，可作代换 $x=a\sec t$，

以上三种代换统称为三角代换.

例 16 求 $\int\sqrt{a^2-x^2}\,\mathrm{d}x\,(a>0)$.

解 设 $x=a\sin t\left(0<t<\frac{\pi}{2}\right)$，则 $\mathrm{d}x=a\cos t\,\mathrm{d}t$，于是

$$\int\sqrt{a^2-x^2}\,dx=a^2\int\cos^2t\,dt$$
$$=a^2\int\frac{1+\cos 2t}{2}dt$$
$$=\frac{a^2}{2}\left(t+\frac{\sin 2t}{2}\right)+C$$
$$=\frac{a^2}{2}(t+\sin t\cos t)+C.$$

为了把变量 t 换为 x，可根据代换 $x=a\sin t$ 作辅助直角三角形，如图 4－3 所示，得 $\cos t=\frac{\sqrt{a^2-x^2}}{a}$，又由于 $t=\arcsin\frac{x}{a}$，因此

$$\int\sqrt{a^2-x^2}\,dx=\frac{a^2}{2}\arcsin\frac{x}{a}+\frac{x}{2}\sqrt{a^2-x^2}+C.$$

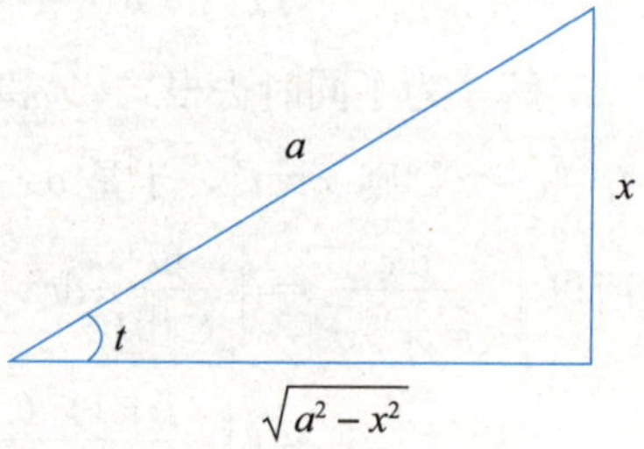

图 4－3

例 17　求 $\int\frac{1}{\sqrt{a^2+x^2}}dx\ (a>0)$.

解　设 $x=a\tan t\left(0<t<\frac{\pi}{2}\right)$，则 $dx=a\sec^2t\,dt$，$\sqrt{a^2+x^2}=a\sec t$，于是

$$\int\frac{1}{\sqrt{a^2+x^2}}dx=\int\frac{a\sec^2t}{a\sec t}dt$$
$$=\int\sec t\,dt$$
$$=\ln|\sec t+\tan t|+C_1.$$

根据代换 $x=a\tan t$ 作辅助直角三角形，如图 4－4 所示，得 $\sec t=\frac{\sqrt{a^2+x^2}}{a}$，又由于 $\tan t=\frac{x}{a}$，且 $\sec t+\tan t>0$，因此

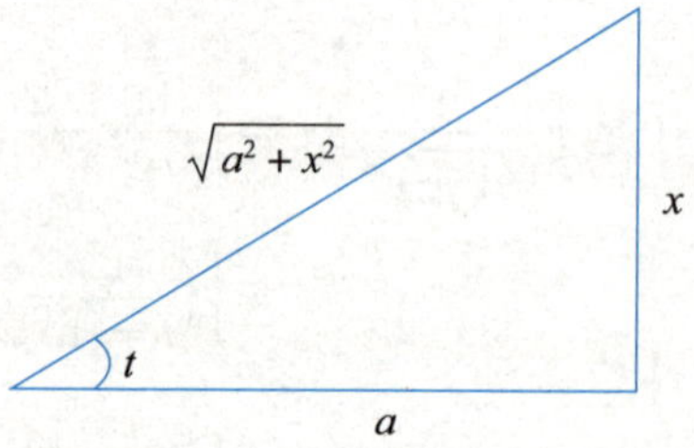

图 4－4

$$\int\frac{1}{\sqrt{a^2+x^2}}dx=\ln\left(\frac{x}{a}+\frac{\sqrt{a^2+x^2}}{a}\right)+C_1$$
$$=\ln(x+\sqrt{a^2+x^2})+C\quad(C=C_1-\ln a).$$

例 18　求 $\int\frac{1}{\sqrt{x^2-a^2}}dx\ (a>0)$.

解　设 $x=a\sec t\left(0<t<\frac{\pi}{2}\right)$，则 $dx=a\sec t\tan t\,dt$，$\sqrt{x^2-a^2}=a\tan t$，于是

$$\int \frac{1}{\sqrt{x^2-a^2}}\mathrm{d}x=\int \frac{a\sec t\tan t}{a\tan t}\mathrm{d}t$$

$$=\int \sec t\,\mathrm{d}t$$

$$=\ln|\sec t+\tan t|+C_1.$$

根据代换 $x=a\sec t$ 作辅助直角三角形，如图 4-5 所示，得 $\tan t=\frac{\sqrt{x^2-a^2}}{a}$，又由于 $\sec t=\frac{x}{a}$，因此

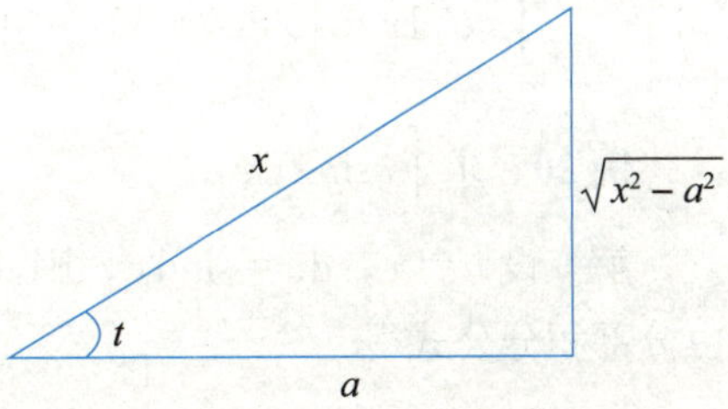

图 4-5

$$\int \frac{1}{\sqrt{x^2-a^2}}\mathrm{d}x=\ln\left|\frac{x}{a}+\frac{\sqrt{x^2-a^2}}{a}\right|+C_1$$

$$=\ln\left|x+\sqrt{x^2-a^2}\right|+C\quad(C=C_1-\ln a).$$

2. 分部积分法

分部积分法与函数乘积的求导法则相对应，主要用于两个函数乘积的不定积分，也是求不定积分的常用方法之一.

设函数 $u=u(x)$，$v=v(x)$ 具有连续导数，则两个函数乘积的导数公式为

$$(u\cdot v)'=u'\cdot v+u\cdot v'.$$

移项，得

$$u\cdot v'=(u\cdot v)'-u'\cdot v.$$

等式两边取不定积分

$$\int uv'\mathrm{d}x=uv-\int u'v\mathrm{d}x,$$

或者写出

$$\int u\mathrm{d}v=uv-\int v\mathrm{d}u,$$

即分部积分的公式为

$$\int u\mathrm{d}v=uv-\int v\mathrm{d}u.$$

分部积分公式的目的是将 $\int u\mathrm{d}v$ 的积分问题转化为 $\int v\mathrm{d}u$ 的积分问题，运用分部积分公式主要考虑以下两点：

(1) v 要容易求出；

(2) $\int v\mathrm{d}u$ 要比 $\int u\mathrm{d}v$ 容易求出.

例 19 求 $\int x\mathrm{e}^x\mathrm{d}x$.

解 设 $u=x$，$\mathrm{d}v=\mathrm{e}^x\mathrm{d}x$，则 $\mathrm{d}u=\mathrm{d}x$，$v=\mathrm{e}^x$，
由分部积分公式得

$$\int x\mathrm{e}^x\mathrm{d}x=\int x\mathrm{d}\mathrm{e}^x=x\mathrm{e}^x-\int\mathrm{e}^x\mathrm{d}x=x\mathrm{e}^x-\mathrm{e}^x+C.$$

例 20 求 $\int x\sin x\mathrm{d}x$.

解 设 $u=x$，$\mathrm{d}v=\sin\mathrm{d}x$，则 $\mathrm{d}u=\mathrm{d}x$，$v=-\cos x$，
由分部积分公式得

$$\int x\sin x\mathrm{d}x=-\int x\mathrm{d}\cos x=-x\cos x+\int\cos x\mathrm{d}x=-x\cos x+\sin x+C.$$

一般地，若被积函数是幂函数和指数函数或三角函数的乘积时，可令幂函数为 u. 当我们在熟悉公式后，u 和 v 可以省略不写，直接套用公式即可.

例 21 求 $\int x^2\ln x\mathrm{d}x$.

解 $$\int x^2\ln x\mathrm{d}x=\frac{1}{3}\int\ln x\mathrm{d}(x^3)=\frac{1}{3}(x^3\ln x-\int x^3\mathrm{d}\ln x)=\frac{1}{3}(x^3\ln x-\int x^3\cdot\frac{1}{x}\mathrm{d}x)$$
$$=\frac{x^3}{3}\ln x-\frac{1}{3}\int x^2\mathrm{d}x=\frac{x^3}{3}\ln x-\frac{x^3}{9}+C.$$

一般地，若被积函数是幂函数和对数函数或反三角函数的乘积时，可令对数函数或反三角函数为 u.

例 22 求 $\int x^2\cos x\mathrm{d}x$.

解 $$\int x^2\cos x\mathrm{d}x=\int x^2\mathrm{d}(\sin x)=x^2\sin x-\int\sin x\mathrm{d}(x^2)$$
$$=x^2\sin x-2\int x\sin x\mathrm{d}x.$$

对 $\int x\sin x\mathrm{d}x$ 再次使用分部积分法，由例 20 的结果，得

$$\int x^2\cos x\mathrm{d}x=x^2\sin x+2x\cos x-2\sin x+C.$$

例 23 求 $\int\mathrm{e}^x\sin x\mathrm{d}x$.

解 $$\int\mathrm{e}^x\sin x\mathrm{d}x=\int\mathrm{e}^x\mathrm{d}(-\cos x)=-\mathrm{e}^x\cos x+\int\cos x\mathrm{d}\mathrm{e}^x$$
$$=-\mathrm{e}^x\cos x+\int\mathrm{e}^x\cos x\mathrm{d}x=-\mathrm{e}^x\cos x+\int\mathrm{e}^x\mathrm{d}(\sin x)$$
$$=-\mathrm{e}^x\cos x+\mathrm{e}^x\sin x-\int\mathrm{e}^x\sin x\mathrm{d}x.$$

这时右端出现了原不定积分 $\int\mathrm{e}^x\sin x\mathrm{d}x$ ，于是移项，两边除以 2，得

$$\int e^x \sin x\, dx = \frac{e^x}{2}(\sin x - \cos x) + C.$$

若被积函数是指数函数与三角函数（正弦函数或余弦函数）的乘积，应用两次分部积分，然后运用解方程的方法，即可求出结果. 需要说明的是，两次分部积分中 u 的类型要保持一致.

第二节　定积分

定积分是一元函数积分学中的另一个基本概念，它是从大量的实际问题中抽象出来的，在自然科学与工程技术中有着广泛的应用. 本节将从几何问题出发引出定积分的概念，然后讨论它的性质及计算方法.

一、定积分的概念

为了引入定积分的概念，先讨论如何求曲边梯形的面积.

1. 曲边梯形的面积

如图 4-6 所示，由连续曲线 $y=f(x)(f(x)>0)$、直线 $x=a$、$x=b(a<b)$ 及 x 轴围成的图形叫作曲边梯形. 怎样计算曲边梯形的面积呢? 首先，不难看出，曲边梯形的面积取决于区间 $[a,b]$ 及定义在这个区间上的函数 $f(x)$. 如果 $f(x)$ 在 $[a,b]$ 上为常数，即曲边梯形为矩形，则其面积等于底×高，现在的问题是 $f(x)$ 在 $[a,b]$ 上不是常数，而是变化着的，因此它的面积就不能简单地用矩形面积公式来计算，但是，由于 $f(x)$ 是区间 $[a,b]$ 上的连续函数，当 x 变化不大时，$f(x)$ 的变化也不大，因此，如果将区间 $[a,b]$ 分割成许多小区间，相应地将曲边梯形分割成许多小曲边梯形，如图 4-7 所示，每个小区间上对应的小曲边梯形可以近似看成小矩形，故所有的小矩形面积的和，就是整个曲边梯形面积的近似值. 显然，分割得越细，近似的程度就越好，因此将区间 $[a,b]$ 无限地细分并使每个小曲边梯形的底边长都趋于零，此时所有小矩形的面积之和的极限，就是所要求的曲边梯形的面积.

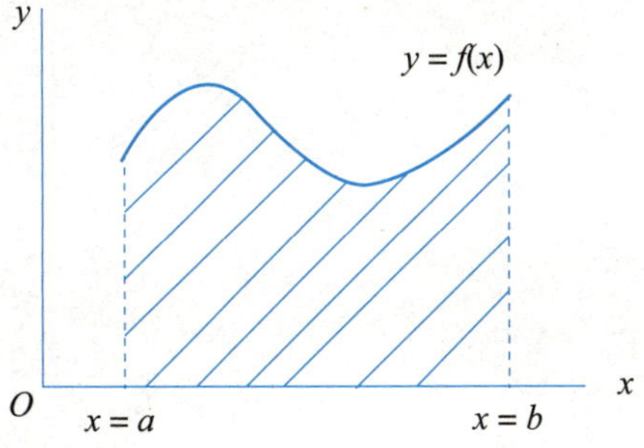

图 4-6

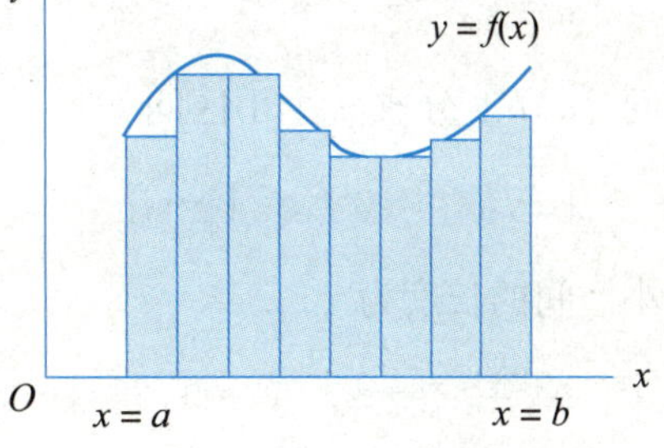

图 4-7

根据上述分析，求曲边梯形面积的具体方法可以归纳总结为：

(1) 分割：在区间 $[a,b]$ 内插入 $n-1$ 个分点 $a=x_0<x_1<x_2<\cdots<x_{n-1}<x_n=b$，将区间 $[a,b]$ 分成 n 个小区间 $[x_0,x_1]$，$[x_1,x_2],\cdots,[x_{n-1},x_n]$，记每一个小区间长度为 $\Delta x_i=x_i-x_{i-1}(i=1,2,3,\cdots,n)$，过每个分点作 x 轴的垂线，把曲边梯形分割为 n 个小曲边梯形，其面积依次记为 ΔS_i，$i=1,2,3,\cdots,n$.

(2) 近似代替：如图 4-8 所示，在每个小区间 $[x_{i-1},x_i]$ 内任取一点 ξ_i，以 Δx_i 为底、以 $f(\xi_i)$ 为高作小矩形，小矩形面积为 $f(\xi_i)\Delta x_i$，以此作为相应的小曲边梯形面积的近似值，即 $\Delta S_i\approx f(\xi_i)\Delta x_i$，$i=1,2,\cdots,n$.

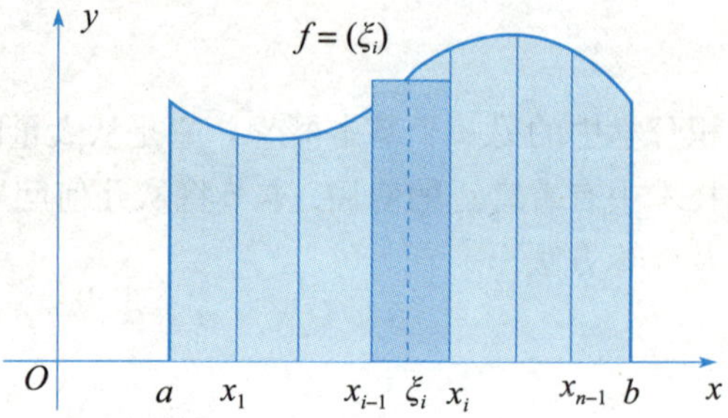

图 4-8

(3) 求和：把 n 个小矩形面积相加，为整个曲边梯形面积的近似值，即

$$S=\sum_{i=1}^{n}\Delta S_i\approx\sum_{i=1}^{n}f(\xi_i)\Delta x_i .$$

(4) 取极限：用 λ 表示所有小区间长度中的最大值，即 $\lambda=\max\{\Delta x_1,\Delta x_2,\cdots,\Delta x_n\}$，当$\lambda\to 0$ 时（这时分段数 n 无限增多，即 $n\to\infty$），和式 $\sum\limits_{i=1}^{n}f(\xi_i)\Delta x_i$（$n$ 个小矩形面积之和）的极限存在，则称此极限为曲边梯形的面积，即 $S=\lim\limits_{\lambda\to 0}\sum\limits_{i=1}^{n}f(\xi_i)\Delta x_i$.

2. 定积分的定义

从上面引例看出，求曲边梯形面积可以归纳为分割、近似代替、求和及取这个和式的极限四部分，在数学上把它抽象为函数在一个区间上的定积分.

定义 设函数 $f(x)$ 在区间 $[a,b]$ 上有界，在 $[a,b]$ 中插入 $n-1$ 个分点

$$a=x_0<x_1<x_2<\cdots<x_{n-1}<x_n=b,$$

把区间 $[a,b]$ 分成 n 个小区间

$$[x_0,x_1],[x_1,x_2],\cdots,[x_{n-1},x_n],$$

各个小区间的长度为

$$\Delta x_i=x_i-x_{i-1}(i=1,2,3,\cdots,n).$$

在每个小区间 $[x_{i-1},x_i]$ 上任取一点 $\xi_i(x_{i-1}\leqslant\xi_i\leqslant x_i)$，令函数值 $f(\xi_i)$ 与小区间长

度 Δx_i 相乘，即 $f(\xi_i)\Delta x_i(i=1,2,\cdots,n)$，作和式

$$\sum_{i=1}^{n} f(\xi_i)\Delta x_i.$$

记 $\lambda=\max\limits_{1\leqslant i\leqslant n}\{\Delta x_i\}$，如果当 $\lambda\to0$ 时和式的极限存在，且与闭区间 $[a,b]$ 的分法及点 ξ_i 的取法无关，则称此极限为函数 $y=f(x)$ 在区间 $[a,b]$ 上的定积分，记为 $\int_a^b f(x)\mathrm{d}x$，即

$$\int_a^b f(x)\mathrm{d}x=\lim_{\lambda\to0}\sum_{i=1}^{n} f(\xi_i)\Delta x_i.$$

其中 $f(x)$ 称为被积函数，$f(x)\mathrm{d}x$ 称为被积表达式，x 称为积分变量，a 称为积分下限，b 称为积分上限，$[a,b]$ 称为积分区间.

根据定积分的定义，引例中曲边梯形面积可表示为 $S=\int_a^b f(x)\mathrm{d}x$.

定积分的概念还需要注意以下两点：

(1) 定积分 $\int_a^b f(x)\mathrm{d}x$ 是和式极限，是一个数值，因此定积分的值只与被积函数 $f(x)$ 和积分区间 $[a,b]$ 有关，与积分变量用什么字母表示无关，即

$$\int_a^b f(x)\mathrm{d}x=\int_a^b f(t)\mathrm{d}t=\int_a^b f(u)\mathrm{d}u.$$

(2) 定积分 $\int_a^b f(x)\mathrm{d}x$ 是在条件 $a<b$ 下给出的，所以当 $a=b$ 和 $a>b$ 时规定如下：

当 $a=b$ 时，$\int_a^b f(x)\mathrm{d}x=0$；

当 $a>b$ 时，$\int_a^b f(x)\mathrm{d}x=-\int_b^a f(x)\mathrm{d}x$.

知识链接

变力做功

设一物体做直线运动，受到与运动方向平行的力的作用，当力 F 是恒力时，物体位移为 s，力 F 所做的功就是 $W=F\cdot s$. 但是，在实际问题中，物体在运动中所受的力常常不是恒力，此时不能直接用上述公式计算变力所做的功. 如果已知力 $F(s)$ 是位移 s 的连续函数，物体位移区间为 $[a,b]$（即位移 s 从 a 变到 b），则所求功显然取决于位移区间 $[a,b]$ 及定义在这个区间上的函数 $F(s)$，因此物体在变力 $F(s)$ 作用下做直线运动，由起始位置 a 移动到 b，变力对物体所做的功等于函数 $F(s)$ 在区间 $[a,b]$ 上的定积分，即

$$W=\int_a^b F(s)\mathrm{d}s.$$

3. 定积分的几何意义

通过学习定积分的概念，我们知道定积分和曲边梯形面积密切相关，设由直线 $x=a$，$x=b$，$y=0$ 和曲线 $y=f(x)$ 所围成的曲边梯面积为 S.

(1) 如果在区间 $[a,b]$ 上 $f(x)>0$，则定积分在几何上表示为曲边梯形面积，即 $\int_a^b f(x)\mathrm{d}x=S$，如图 4-9 所示；

(2) 如果在区间 $[a,b]$ 上 $f(x)<0$，则定积分在几何上表示为曲边梯形面积的相反数，即 $\int_a^b f(x)\mathrm{d}x=-S$，如图 4-10 所示；

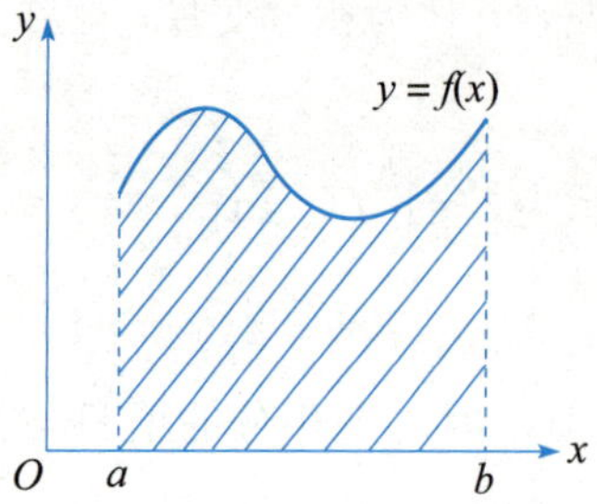

图 4-9

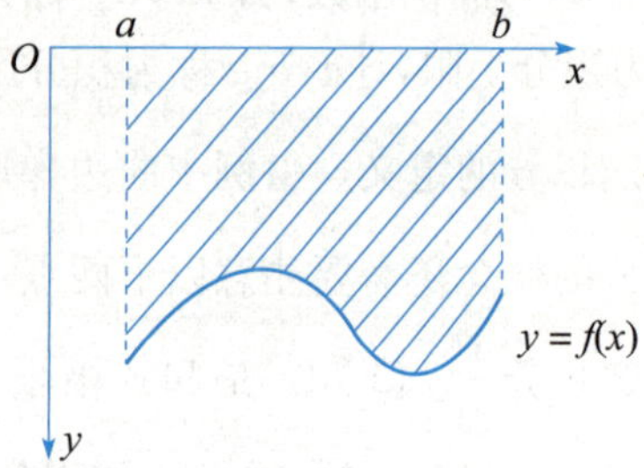

图 4-10

(3) 如果在区间 $[a,b]$ 上 $f(x)$ 有正有负，则定积分在几何上表示为在曲线 $y=f(x)$，直线 $x=a$，$x=b$，$y=0$ 之间各部分面积的代数和，如图 4-11 所示.

例 1 利用定积分的几何意义求 $\int_0^2 \sqrt{4-x^2}\,\mathrm{d}x$ 定积分，如图 4-12 所示.

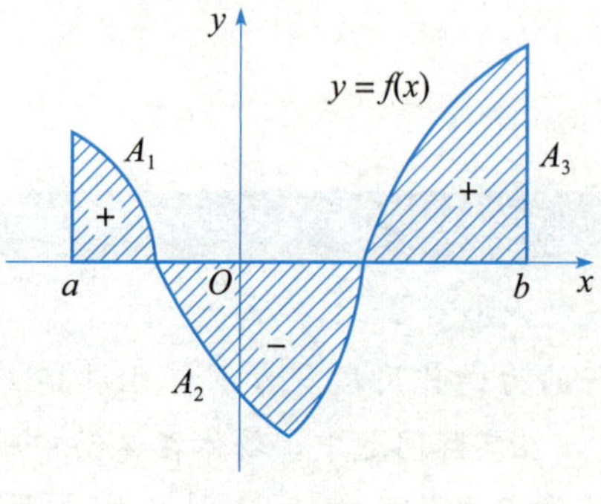

图 4-11

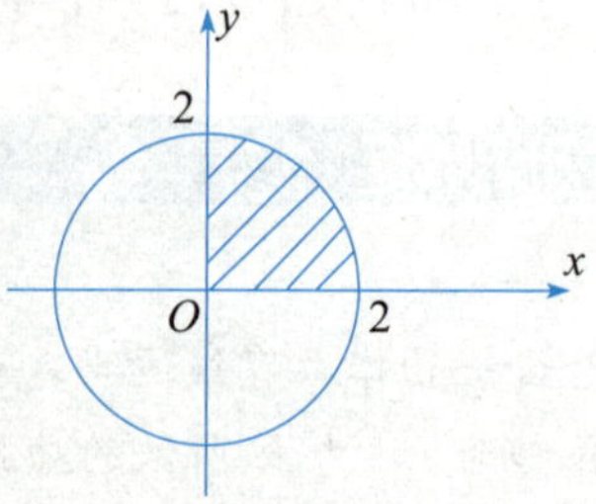

图 4-12

解 由 $y=\sqrt{4-x^2}$，x 轴和 y 轴围成的图形是圆 $x^2+y^2=4$ 在第一象限的部分，也就是四分之一圆. 所以 $\int_0^2 \sqrt{4-x^2}\,\mathrm{d}x=\pi$.

二、定积分的性质

前面介绍了定积分的概念，现在给出定积分的基本性质，为了叙述方便，假设函数在所讨论的区间上都是可积的.

性质 1　两个函数的代数和的定积分等于这两个函数的定积分的代数和，即

$$\int_a^b [f(x) \pm g(x)]\mathrm{d}x = \int_a^b f(x)\mathrm{d}x \pm \int_a^b g(x)\mathrm{d}x .$$

这一性质可以推广到任意有限个函数代数和的情况，即

$$\int_a^b (\sum_{i=1}^n f_i(x))\mathrm{d}x = \sum_{i=1}^n \int_a^b f_i(x)\mathrm{d}x .$$

性质 2　被积函数中的常数因子可以提到积分号外，即

$$\int_a^b kf(x)\mathrm{d}x = k\int_a^b f(x)\mathrm{d}x，\text{其中 } k \text{ 为常数}.$$

性质 3　交换积分的上下限，定积分的值变为相反数，即

$$\int_a^b f(x)\mathrm{d}x = -\int_b^a f(x)\mathrm{d}x .$$

性质 4（积分区间的可加性）　对任意实数 c，有

$$\int_a^b f(x)\mathrm{d}x = \int_a^c f(x)\mathrm{d}x + \int_c^b f(x)\mathrm{d}x .$$

这个性质常用于含有绝对值积分的化简和分段函数求积分.

性质 5　在区间 $[a,b]$ 上，若有 $f(x) \leqslant g(x)$，则

$$\int_a^b f(x)\mathrm{d}x \leqslant \int_a^b g(x)\mathrm{d}x \ (a < b) .$$

特别地，$\left|\int_a^b f(x)\mathrm{d}x\right| \leqslant \int_a^b |f(x)|\mathrm{d}x \ (a < b)$.

性质 6（定积分中值定理）　若 $f(x)$ 在区间 $[a,b]$ 上连续，则至少存在一点 $\xi \in [a,b]$，满足 $\int_a^b f(x)\mathrm{d}x = f(\xi)(b-a)$ 或者 $\frac{1}{b-a}\int_a^b f(x)\mathrm{d}x = f(\xi)(a \leqslant \xi \leqslant b)$.

例 2　比较下列积分的大小：

(1) $\int_0^1 x^2 \mathrm{d}x$ 与 $\int_0^1 x^3 \mathrm{d}x$；

(2) $\int_0^{\frac{\pi}{4}} \sin x \mathrm{d}x$ 与 $\int_0^{\frac{\pi}{4}} \cos x \mathrm{d}x$.

解　(1) 在区间 $[0,1]$ 上，有 $x^2 \geqslant x^3$，由性质 5 可得

$$\int_0^1 x^2 \mathrm{d}x \geqslant \int_0^1 x^3 \mathrm{d}x .$$

(2) 在区间 $\left[0, \frac{\pi}{4}\right]$ 上，有 $\sin x \leqslant \cos x$，由性质 5 可得

$$\int_0^{\frac{\pi}{4}} \sin x \mathrm{d}x \leqslant \int_0^{\frac{\pi}{4}} \cos x \mathrm{d}x .$$

三、微积分基本公式

从定积分的定义可以看出，直接用定义求定积分是一件较为复杂和困难的事情，有的甚至无法求出其积分值. 下面介绍微积分基本公式，也就是牛顿-莱布尼茨公式，它揭示了定积分与被积函数的原函数或不定积分之间的联系，能有效地解决定积分的计算问题.

定理 如果函数 $F(x)$ 是连续函数 $f(x)$ 在区间 $[a,b]$ 上的一个原函数，那么

$$\int_a^b f(x)\mathrm{d}x = F(b) - F(a).$$

通常情况下，我们把上述公式也写成 $\int_a^b f(x)\mathrm{d}x = F(x)\big|_a^b = F(b) - F(a)$.

下面我们通过例子来具体说明牛顿-莱布尼茨公式的用法.

例 3 计算定积分 $\int_0^1 x^2\mathrm{d}x$.

解 因为 $\frac{x^3}{3}$ 是 x^2 的一个原函数，

所以 $\int_0^1 x^2\mathrm{d}x = \frac{x^3}{3}\Big|_0^1 = \frac{1^3}{3} - \frac{0^3}{3} = \frac{1}{3}$.

例 4 计算定积分 $\int_1^2 (2x + \frac{1}{x})\mathrm{d}x$.

解 $\int_1^2 (2x + \frac{1}{x})\mathrm{d}x = (x^2 + \ln|x|)\big|_1^2 = 4 + \ln 2 - (1 + \ln 1) = 3 + \ln 2$.

例 5 计算定积分 $\int_0^3 |x-1|\mathrm{d}x$.

解
$$\int_0^3 |x-1|\mathrm{d}x = \int_0^1 (1-x)\mathrm{d}x + \int_1^3 (x-1)\mathrm{d}x$$
$$= (x - \frac{1}{2}x^2)\Big|_0^1 + \left(\frac{1}{2}x^2 - x\right)\Big|_1^3 = \frac{1}{2} + 2 = \frac{5}{2}.$$

例 5 说明，如果被积函数含有绝对值或是用分段形式表示的，首先要利用区间的可加性对函数化简，然后再用牛顿-莱布尼茨公式进行计算.

【即学即练 2】

定积分 $\int_0^{\pi} 2\sin x\mathrm{d}x = ($　　$)$.

A. $-2\cos x$　　B. -4　　C. 4　　D. $2\sin x$

四、定积分的计算方法

理论上把不定积分和牛顿-莱布尼茨公式结合起来，就已经解决了定积分的计算问题. 但是，我们仍然可以针对定积分本身的特点，使某些定积分的计算过程得以简化.

1. 换元积分法

定理 设函数 $f(x)$ 在区间 $[a,b]$ 上连续，函数 $x=\varphi(t)$ 满足下列条件：

(1) $\varphi(t)$ 在区间 $[\alpha,\beta]$ 上有连续导数 $\varphi'(t)$；

(2) $\varphi(\alpha)=a$，$\varphi(\beta)=b$；

(3) 当 t 在区间 $[\alpha,\beta]$ 上变化时，$x=\varphi(t)$ 在区间 $[a,b]$ 上变化，

则有 $\int_a^b f(x)\mathrm{d}x=\int_\alpha^\beta f[\varphi(t)]\varphi'(t)\mathrm{d}t$.

需要注意：

(1) 此公式可灵活应用，如对 t 积分困难，可从右向左应用公式，将变量 t 变为 x，相当于第一换元积分法；如对 x 积分困难，可从左向右应用公式，将变量 x 变为 t，相当于第二换元积分法.

(2) 用 $x=\varphi(t)$ 把积分变量 x 换成新变量 t 时，积分上、下限也相应地改变，即"换元必须换限".

(3) 求出 $f[\varphi(t)]\varphi'(t)$ 的一个原函数 $F(t)$ 后，不必像计算不定积分那样再把 $\varphi(t)$ 变换成原来变量 x 的函数，只要把新变量 t 的上、下限代入 $F(t)$ 中进行计算即可.

例 6　计算定积分 $\int_0^{\frac{\pi}{2}}\sin^3 x\cos x\mathrm{d}x$.

解　令 $\sin x=t$，则 $\mathrm{d}t=\cos x\mathrm{d}x$，

当 $x=0$ 时，$t=0$；当 $x=\frac{\pi}{2}$ 时，$t=1$，

因此，$\int_0^{\frac{\pi}{2}}\sin^3 x\cos x\mathrm{d}x=\int_0^1 t^3\mathrm{d}t=\frac{1}{4}t^4\Big|_0^1=\frac{1}{4}$.

例 7　计算定积分 $\int_0^1\frac{1}{1+\sqrt{x}}\mathrm{d}x$.

解　令 $t=\sqrt{x}$，则 $x=t^2$，$\mathrm{d}x=2t\mathrm{d}t$，

当 $x=0$ 时，$t=0$；当 $x=1$ 时，$t=1$，

因此，
$$\int_0^1\frac{1}{1+\sqrt{x}}\mathrm{d}x=\int_0^1\frac{1}{1+t}2t\mathrm{d}t=2\int_0^1\frac{(t+1)-1}{1+t}\mathrm{d}t=2\int_0^1\left(1-\frac{1}{1+t}\right)\mathrm{d}t$$
$$=2[t-\ln(1+t)]\big|_0^1=2-2\ln 2.$$

2. 分部积分法

由不定积分的分部积分公式和牛顿-莱布尼茨公式可得定积分的分部积分公式.

定理　设 $u=u(x)$ 和 $v=v(x)$ 在区间 $[a,b]$ 上有连续导数，则

$$\int_a^b u(x)\cdot v'(x)\mathrm{d}x=\left[\int u(x)v'(x)\mathrm{d}x\right]_a^b=\left[u(x)v(x)-\int v(x)u'(x)\mathrm{d}x\right]_a^b$$
$$=[u(x)v(x)]_a^b-\int_a^b v(x)u'(x)\mathrm{d}x,$$

简记作 $\int_a^b uv'\mathrm{d}x=(uv)\big|_a^b-\int_a^b vu'\mathrm{d}x$ 或 $\int_a^b u\mathrm{d}v=(uv)\big|_a^b-\int_a^b v\mathrm{d}u$.

例 8　计算定积分 $\int_0^{\ln 2}x\mathrm{e}^{-x}\mathrm{d}x$.

解 设 $u=x$，$\mathrm{d}v=\mathrm{e}^{-x}\mathrm{d}x$，则 $\mathrm{d}u=\mathrm{d}x$，$v=-\mathrm{e}^{-x}$，于是

$$\begin{aligned}\int_0^{\ln2}x\mathrm{e}^{-x}\mathrm{d}x&=(-x\mathrm{e}^{-x})\Big|_0^{\ln2}-\int_0^{\ln2}(-\mathrm{e}^{-x})\mathrm{d}x\\&=-\frac{1}{2}\ln2+\int_0^{\ln2}\mathrm{e}^{-x}\mathrm{d}x=-\frac{1}{2}\ln2+(-\mathrm{e}^{-x})\Big|_0^{\ln2}\\&=\frac{1}{2}(1-\ln2).\end{aligned}$$

例 9 计算定积分 $\int_0^{\frac{1}{2}}\arcsin x\mathrm{d}x$.

解 设 $u=\arcsin x$，$\mathrm{d}v=\mathrm{d}x$，则 $\mathrm{d}u=\dfrac{1}{\sqrt{1-x^2}}\mathrm{d}x$，$v=x$，于是

$$\begin{aligned}\int_0^{\frac{1}{2}}\arcsin x\mathrm{d}x&=(x\arcsin x)\Big|_0^{\frac{1}{2}}-\int_0^{\frac{1}{2}}x\cdot\frac{1}{\sqrt{1-x^2}}\mathrm{d}x\\&=\frac{\pi}{12}-\int_0^{\frac{1}{2}}\frac{x}{\sqrt{1-x^2}}\mathrm{d}x\\&=\frac{\pi}{12}+\frac{1}{2}\int_0^{\frac{1}{2}}\frac{1}{\sqrt{1-x^2}}\mathrm{d}(1-x^2)\\&=\frac{\pi}{12}+\sqrt{1-x^2}\Big|_0^{\frac{1}{2}}=\frac{\pi}{12}+\frac{\sqrt{3}}{2}-1.\end{aligned}$$

例 10 计算定积分 $\int_0^{\frac{\pi}{2}}x^2\sin x\mathrm{d}x$.

解
$$\begin{aligned}\int_0^{\frac{\pi}{2}}x^2\sin x\mathrm{d}x&=\int_0^{\frac{\pi}{2}}x^2\mathrm{d}(-\cos x)\\&=(-x^2\cos x)\Big|_0^{\frac{\pi}{2}}-\int_0^{\frac{\pi}{2}}(-\cos x)\mathrm{d}(x^2)=\int_0^{\frac{\pi}{2}}2x\cos x\mathrm{d}x\\&=2\int_0^{\frac{\pi}{2}}x\cos x\mathrm{d}x=2\int_0^{\frac{\pi}{2}}x\mathrm{d}(\sin x)\\&=2(x\sin x)\Big|_0^{\frac{\pi}{2}}-2\int_0^{\frac{\pi}{2}}\sin x\mathrm{d}x\\&=\pi-2\ (-\cos x)\Big|_0^{\frac{\pi}{2}}=\pi-2.\end{aligned}$$

需要说明，当函数 $f(x)$ 在区间 $[-a,a]$ 上连续时，有

(1) 若 $f(x)$ 为奇函数，则 $\int_{-a}^{a}f(x)\mathrm{d}x=0$；

(2) 若 $f(x)$ 为偶函数，则 $\int_{-a}^{a}f(x)\mathrm{d}x=2\int_0^{a}f(x)\mathrm{d}x$.

这个结论表明了奇函数、偶函数在对称区间上的积分性质，可以利用这一性质简化奇函数、偶函数在对称区间上的定积分计算.

第三节　定积分应用

一、变上限积分与广义积分

1. 变上限积分

定义　设 $f(x)$ 在区间 $[a,b]$ 上连续，x 为区间 $[a,b]$ 上的任意一点，定积分 $\int_a^x f(t)\mathrm{d}t$ 是一个确定的数值，令 $\Phi(x)=\int_a^x f(t)\mathrm{d}t$ $(a\leqslant x\leqslant b)$，则 $\Phi(x)$ 是定义在区间 $[a,b]$ 上的一个函数，叫作 $f(x)$ 的变上限积分或积分上限函数.

定理　若函数 $f(x)$ 在区间 $[a,b]$ 上连续，则变上限积分函数 $\Phi(x)=\int_a^x f(t)\mathrm{d}t$ 在 $[a,b]$ 上可导，且导数为

$$\Phi'(x)=\frac{\mathrm{d}}{\mathrm{d}x}\int_a^x f(t)\mathrm{d}t=f(x)\quad(a\leqslant x\leqslant b).$$

从这个定理可知，任何连续函数 $f(x)$ 都有原函数，并且这个原函数就是 $f(x)$ 的变上限积分.

例 1　求 $\frac{\mathrm{d}}{\mathrm{d}x}\int_0^x \sin t^2\mathrm{d}t$.

解　$\frac{\mathrm{d}}{\mathrm{d}x}\int_0^x \sin t^2\mathrm{d}t=\sin x^2$.

例 2　求 $\frac{\mathrm{d}}{\mathrm{d}x}\int_x^1 \mathrm{e}^{2t}\mathrm{d}t$

解　由定积分的性质 $\int_x^1 \mathrm{e}^{2t}\mathrm{d}t=-\int_1^x \mathrm{e}^{2t}\mathrm{d}t$，

所以 $\frac{\mathrm{d}}{\mathrm{d}x}\int_x^1 \mathrm{e}^{2t}\mathrm{d}t=-\mathrm{e}^{2x}$.

例 3　计算 $\frac{\mathrm{d}}{\mathrm{d}x}\int_0^{x^2} t^2\mathrm{e}^t\mathrm{d}t$.

解　令 $u=x^2$，由复合函数求导法则得

$$\frac{\mathrm{d}}{\mathrm{d}x}\int_0^{x^2} t^2\mathrm{e}^t\mathrm{d}t=\frac{\mathrm{d}}{\mathrm{d}u}\int_0^u t^2\mathrm{e}^t\mathrm{d}t\cdot\frac{\mathrm{d}u}{\mathrm{d}x}=u^2\mathrm{e}^u\cdot 2x=2x^5\mathrm{e}^{x^2}.$$

2. 广义积分

在讨论定积分 $\int_a^b f(x)\mathrm{d}x$ 时，要求积分区间 $[a,b]$ 有限、被积函数 $f(x)$ 在 $[a,b]$ 上有界，但是在解决某些物理、几何等实际问题时，需要处理积分区间为无穷区间或被积函数为无界函数的积分，这两种情形的积分统称为广义积分.

（1）无穷区间的广义积分.

定义 设函数 $f(x)$ 在区间 $[a,+\infty)$ 上连续，且对任意实数 $b>a$，$f(x)$ 在区间 $[a,b]$ 上可积，若极限 $\lim\limits_{b\to+\infty}\int_a^b f(x)\mathrm{d}x$ 存在，则称此极限为函数 $f(x)$ 在区间 $[a,+\infty)$ 上的广义积分，记为 $\int_a^{+\infty} f(x)\mathrm{d}x$，即 $\int_a^{+\infty} f(x)\mathrm{d}x=\lim\limits_{b\to+\infty}\int_a^b f(x)\mathrm{d}x$.

如果极限 $\lim\limits_{b\to+\infty}\int_a^b f(x)\mathrm{d}x$ 存在，则称广义积分 $\int_a^{+\infty} f(x)\mathrm{d}x$ 存在或收敛；若极限 $\lim\limits_{b\to+\infty}\int_a^b f(x)\mathrm{d}x$ 不存在，则称广义积分 $\int_a^{+\infty} f(x)\mathrm{d}x$ 不存在或发散.

类似可得：

连续函数 $f(x)$ 在区间 $(-\infty,b]$ 上的广义积分为

$$\int_{-\infty}^b f(x)\mathrm{d}x=\lim_{a\to-\infty}\int_a^b f(x)\mathrm{d}x.$$

连续函数 $f(x)$ 在区间 $(-\infty,+\infty)$ 上的广义积分为

$$\int_{-\infty}^{+\infty} f(x)\mathrm{d}x=\int_{-\infty}^{c} f(x)\mathrm{d}x+\int_{c}^{+\infty} f(x)\mathrm{d}x\ (c\text{ 为任意常数}).$$

例 4 讨论下列广义积分的敛散性.

（1）$\int_1^{+\infty}\frac{1}{x^2}\mathrm{d}x$.

（2）$\int_0^{+\infty}\cos x\mathrm{d}x$.

解 （1）$\int_1^{+\infty}\frac{1}{x^2}\mathrm{d}x=\lim\limits_{b\to+\infty}\int_1^b\frac{1}{x^2}\mathrm{d}x=\lim\limits_{b\to+\infty}\left(-\frac{1}{x}\right)\Big|_1^b=\lim\limits_{b\to+\infty}\left(1-\frac{1}{b}\right)=1$，

故 $\int_1^{+\infty}\frac{1}{x^2}\mathrm{d}x$ 是收敛的.

（2）$\int_0^{+\infty}\cos x\mathrm{d}x=\lim\limits_{b\to+\infty}\int_0^b\cos x\mathrm{d}x=\lim\limits_{b\to+\infty}\sin x\Big|_0^b=\lim\limits_{b\to+\infty}\sin b$，

因为 $\lim\limits_{b\to+\infty}\sin b$ 不存在，故 $\int_0^{+\infty}\cos x\mathrm{d}x$ 是发散的.

例 5 计算广义积分 $\int_{-\infty}^{+\infty}\frac{1}{1+x^2}\mathrm{d}x$.

解 取 $c=0$，

$$\begin{aligned}\int_{-\infty}^{+\infty}\frac{1}{1+x^2}\mathrm{d}x&=\int_{-\infty}^{0}\frac{1}{1+x^2}\mathrm{d}x+\int_{0}^{+\infty}\frac{1}{1+x^2}\mathrm{d}x\\&=(\arctan x)\Big|_{-\infty}^{0}+(\arctan x)\Big|_{0}^{+\infty}\\&=\lim_{a\to-\infty}(-\arctan a)+\lim_{b\to+\infty}\arctan b\\&=-\left(-\frac{\pi}{2}\right)+\frac{\pi}{2}=\pi.\end{aligned}$$

（2）无界函数的广义积分.

无界函数的广义积分也可以用极限定义.

情形 1　函数 $f(x)$ 在区间 $(a,b]$ 连续，a 点的任一邻域无界，则 $\int_a^b f(x)\mathrm{d}x = \lim\limits_{x\to a^+}\int_x^b f(t)\mathrm{d}t$.

情形 2　函数 $f(x)$ 在区间 $[a,b)$ 连续，b 点的任一邻域无界，则 $\int_a^b f(x)\mathrm{d}x = \lim\limits_{x\to b^-}\int_a^x f(t)\mathrm{d}t$.

情形 3　函数 $f(x)$ 在区间 $[a,c)$ 和 $(c,b]$ 都连续，c 点的任一邻域无界，则 $\int_a^b f(x)\mathrm{d}x = \int_a^c f(x)\mathrm{d}x + \int_c^b f(x)\mathrm{d}x$.

当极限存在时，称广义积分收敛；否则，称广义积分发散.

例 6　讨论广义积分 $\int_0^1 \frac{1}{x^p}\mathrm{d}x$（$p>0$）的敛散性.

解　当 $p\neq 1$ 时，

$$\begin{aligned}\int_0^1 \frac{1}{x^p}\mathrm{d}x &= \lim_{a\to 0^+}\int_a^1 \frac{1}{x^p}\mathrm{d}x \\ &= \lim_{a\to 0^+}\frac{1}{1-p}(1-a^{1-p}) \\ &= \begin{cases} +\infty(p>1), \\ \dfrac{1}{1-p}(p<1).\end{cases}\end{aligned}$$

当 $p=1$ 时，

$$\begin{aligned}\int_0^1 \frac{1}{x^p}\mathrm{d}x &= \lim_{a\to 0^+}\int_a^1 \frac{1}{x}\mathrm{d}x \\ &= \lim_{a\to 0^+}(-\ln a) = +\infty.\end{aligned}$$

故当 $0<p<1$ 时，广义积分 $\int_0^1 \frac{1}{x^p}\mathrm{d}x$ 收敛；当 $p\geqslant 1$ 时，广义积分 $\int_0^1 \frac{1}{x^p}\mathrm{d}x$ 发散.

例 7　计算广义积分 $\int_0^1 \frac{1}{\sqrt{1-x}}\mathrm{d}x$.

解　因为 $x=1$ 是无界点，所以有

$$\begin{aligned}\int_0^1 \frac{1}{\sqrt{1-x}}\mathrm{d}x &= \lim_{b\to 1^-}\int_0^b \frac{1}{\sqrt{1-x}}\mathrm{d}x \\ &= \lim_{b\to 1^-}(-2)\sqrt{1-x}\,\Big|_0^b = (-2)(\lim_{b\to 1^-}\sqrt{1-b}-1) \\ &= 2.\end{aligned}$$

二、平面图形的面积

定积分在科学技术的各个领域都有着广泛的应用，通常用定积分解决的问题都与非均匀分布的整体量有关，例如面积、体积、成本、利润等. 计算由曲线所围成的图形面积，可归结为计算曲边梯形的面积.

情形 1 如果平面图形是由连续曲线 $y=f(x)$ 和 $y=g(x)$ 以及直线 $x=a$ 和 $x=b$ $(a<b)$ 所围成的，并且在 $[a,b]$ 上 $f(x)\geqslant g(x)$，如图 4-13 所示，则所求图形面积为

$$A=\int_a^b[f(x)-g(x)]\mathrm{d}x.$$

情形 2 如果平面图形是由连续曲线 $x=\varphi(y)$ 和 $x=\psi(y)$ 以及直线 $y=c$ 和 $y=d$ $(c<d)$ 所围成的，并且在 $[c,d]$ 上 $\varphi(y)\geqslant\psi(y)$，如图 4-14 所示，则所求图形面积为

$$A=\int_c^d[\varphi(y)-\psi(y)]\mathrm{d}y.$$

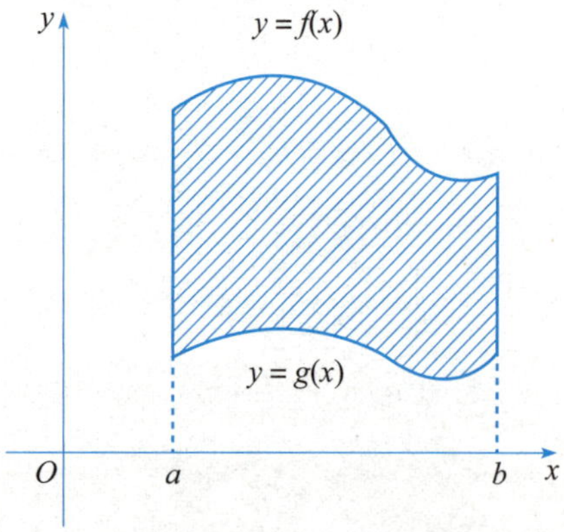

图 4-13

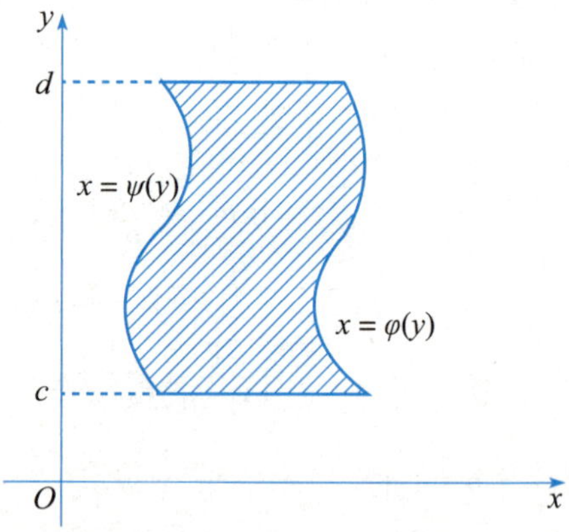

图 4-14

例 8 求由曲线 $y^2=x$ 与 $y=x^2$ 所围图形的面积.

解 如图 4-15 所示，曲线 $y^2=x$ 与 $y=x^2$ 在第一象限内的交点为 $(0,0)$ 与 $(1,1)$，取 x 积分变量，积分区间为 $[0,1]$，则所求面积为

$$A=\int_0^1(\sqrt{x}-x^2)\mathrm{d}x=\left(\frac{2}{3}x^{\frac{3}{2}}-\frac{1}{3}x^3\right)\Big|_0^1=\frac{1}{3}.$$

例 9 求由曲线 $y=x^2+1$ 与直线 $y=3-x$ 所围图形的面积.

解 如图 4-16 所示，抛物线 $y=x^2+1$ 与直线 $y=3-x$ 交点 M 与 N 的横坐标分别为 $x=-2$ 与 $x=1$，取 x 积分变量，积分区间为 $[-2,1]$，则所求面积为

$$\begin{aligned}A&=\int_{-2}^1[(3-x)-(x^2+1)]\mathrm{d}x=\int_{-2}^1(-x^2-x+2)\mathrm{d}x\\&=\left(-\frac{1}{3}x^3-\frac{1}{2}x^2+2x\right)\Big|_{-2}^1=4\frac{1}{2}.\end{aligned}$$

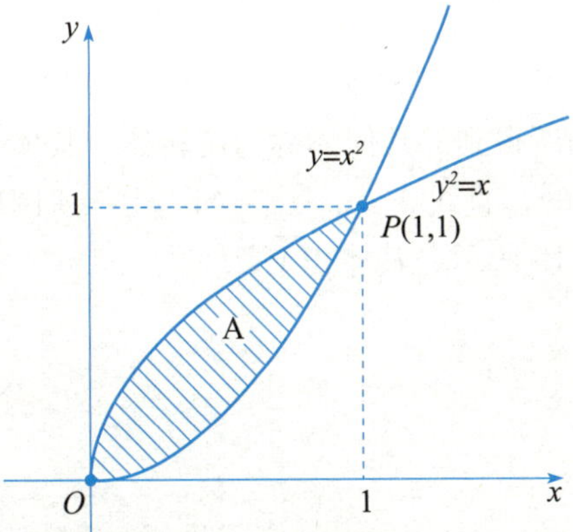

图 4-15

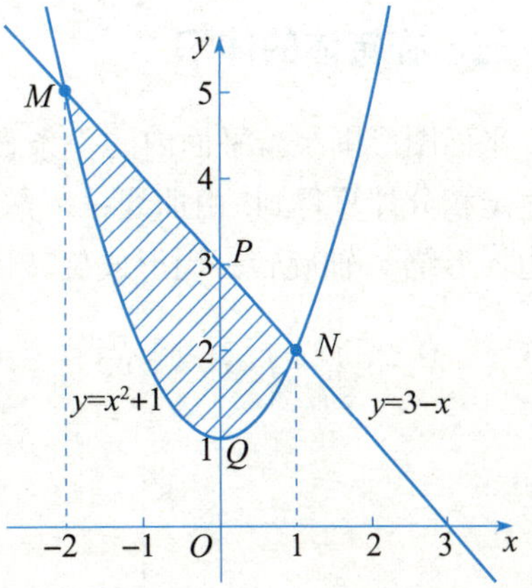

图 4-16

例 10　求由曲线 $y^2=2x$ 与直线 $y=x-4$ 所围图形的面积.

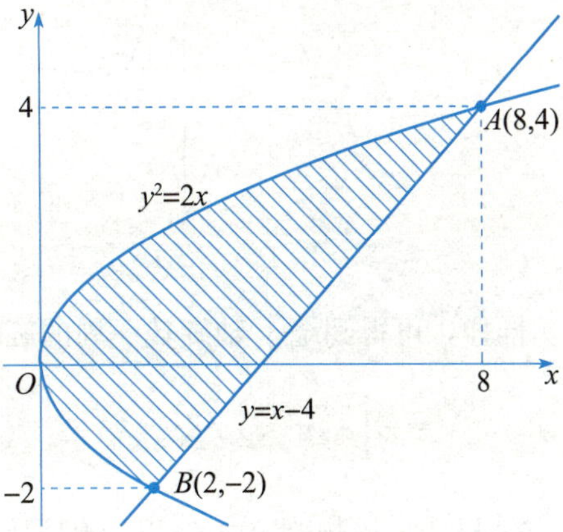

图 4-17

解　如图 4-17 所示，抛物线 $y^2=2x$ 与直线 $y=x-4$ 的交点为 $A(8,4)$ 与 $B(2,-2)$，取 y 积分变量，积分区间为 $[-2,4]$，则所求面积为

$$A=\int_{-2}^{4}(y+4-\frac{1}{2}y^2)\mathrm{d}y$$

$$=\frac{1}{2}y^2+4y-\frac{1}{6}y^3\Big|_{-2}^{4}$$

$$=18.$$

案例分析

现在我们利用定积分求案例导入中平面图形的面积，建立函数模型进行计算.

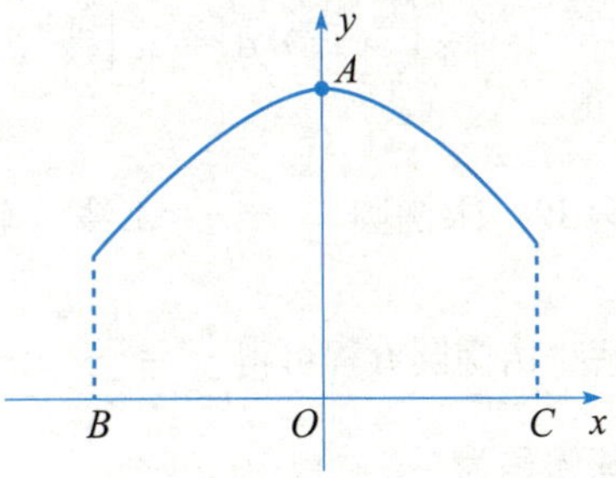

图 4-18

如图 4-18 所示，建立平面直角坐标系，则 A 点坐标 $(0,100)$，B 点坐标 $(-40,0)$，C 点坐标 $(40,0)$. 由已知条件可知河流的解析式为 $y=-x^2+100$，取 x 作为积分变量，积分区间为 $[-40,40]$，则

$$\int_{-40}^{40}(-x^2+100)\mathrm{d}x=(-\frac{1}{3}x^3+100x)\Big|_{-40}^{40}=-\frac{104\,000}{3}$$

所以种植基地的面积为 $\frac{104\,000}{3}$ 平方米.

三、旋转体的体积

平面图形围绕着平面内的一条直线旋转一周所得到的几何体称为旋转体，其体积可以由定积分计算得到. 由曲线 $y=f(x)(f(x)\geqslant 0)$，直线 $x=a$，$x=b$，$y=0$ 所围成的曲边梯形绕 x 轴旋转一周形成旋转体，如图 4－19 所示，其体积 V 为

$$V=\pi\int_a^b [f(x)]^2\mathrm{d}x.$$

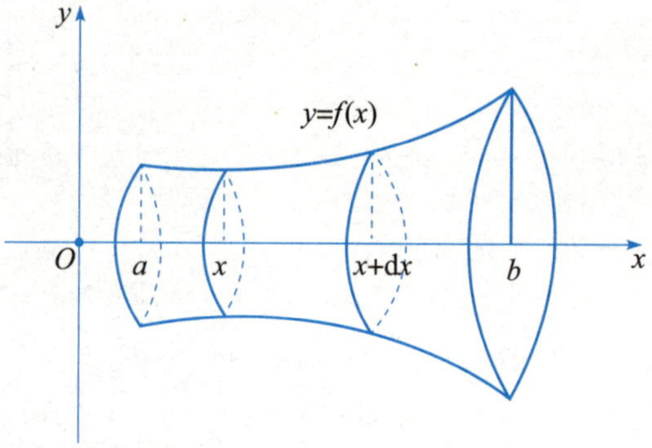

图 4－19

同样，可得到绕 y 轴旋转一周的旋转体体积为

$$V=\pi\int_c^d [g(y)]^2\mathrm{d}y.$$

例 11 设抛物线 $y=x^2$ 以 x 轴为旋转轴，求在 $x\in[0,2]$ 上的旋转体体积.

解 因为 $y=x^2$，积分区间为 $[0,2]$，则旋转体体积为

$$V=\pi\int_0^2 (x^2)^2\mathrm{d}x=\pi\int_0^2 x^4\mathrm{d}x=\pi\left(\frac{1}{5}x^5\right)\Big|_0^2=\frac{32}{5}\pi.$$

例 12 求椭圆 $\frac{x^2}{a^2}+\frac{y^2}{b^2}=1$ 绕 x 轴旋转一周所形成的椭球体积.

解 由椭圆方程可得 $y^2=\frac{b^2}{a^2}(a^2-x^2)$，积分区间为 $[-a,a]$，再根据区间的对称性，则椭球体积为

$$\begin{aligned}V&=\pi\int_{-a}^a \frac{b^2}{a^2}(a^2-x^2)\mathrm{d}x=2\pi\int_0^a \frac{b^2}{a^2}(a^2-x^2)\mathrm{d}x=\frac{2\pi b^2}{a^2}\int_0^a (a^2-x^2)\mathrm{d}x\\&=\frac{2\pi b^2}{a^2}\left(a^2x-\frac{x^3}{3}\right)\Big|_0^a=\frac{4}{3}\pi ab^2.\end{aligned}$$

由此可知，当 $a=b=R$ 时，椭球就成为半径为 R 的球，球的体积 $V_{球}=\frac{4}{3}\pi R^3$.

四、平面曲线的弧长

（1）如果平面曲线弧 $\overset{\frown}{AB}$ 可表示为函数 $y=f(x)$ 在区间 $[a,b]$ 上的弧段，如图 4-20 所示，且 $f(x)$ 在区间 $[a,b]$ 上具有一阶连续导数，则平面曲线弧 $\overset{\frown}{AB}$ 的弧长为

$$s=\int_a^b \sqrt{1+y'^2}\,\mathrm{d}x.$$

（2）如果平面曲线弧 $\overset{\frown}{AB}$ 由参数方程 $\begin{cases}x=\varphi(t)\\y=\psi(t)\end{cases}$（$\alpha\leqslant t\leqslant\beta$）给出，其中 $\varphi(t)$，$\psi(t)$ 在区间 $[\alpha,\beta]$ 上具有一阶连续导数，且 $\varphi'(t)$，$\psi'(t)$ 不同时为零，则平面曲线弧 $\overset{\frown}{AB}$ 的弧长为

$$s=\int_\alpha^\beta \sqrt{\varphi'^2(t)+\psi'^2(t)}\,\mathrm{d}t.$$

例 13　求星形线 $\begin{cases}x=a\cos^3 t\\y=a\sin^3 t\end{cases}$（$a>0$）的周长，如图 4-21 所示.

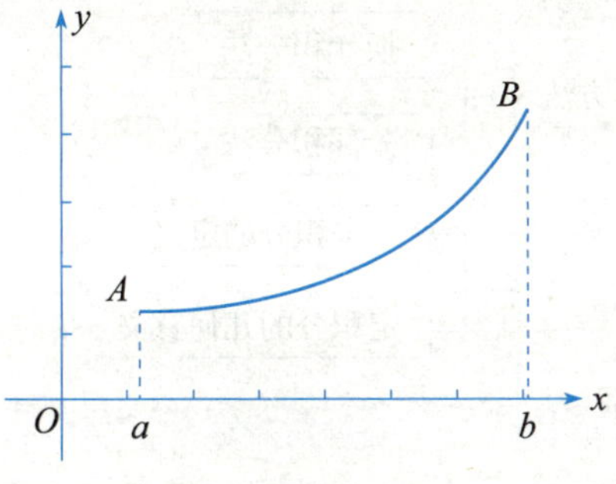

图 4-20

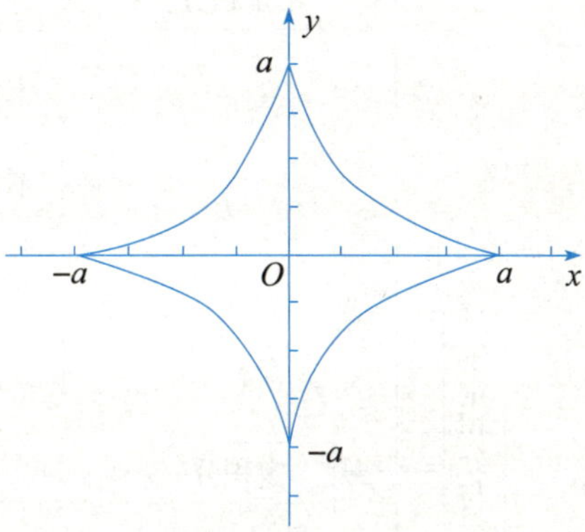

图 4-21

解　由于星形线是中心对称图形，所以星形线的周长等于第一象限部分弧长的 4 倍. 因为 $x'(t)=3a\cos^2 t(-\sin t)=-3a\cos^2 t\sin t$，$y'(t)=3a\sin^2 t\cos t$，

$$\sqrt{x'^2(t)+y'^2(t)}=\sqrt{(-3a\cos^2 t\sin t)^2+(3a\sin^2 t\cos t)^2}=3a\sin t\cos t.$$

所以星形线周长 $s=4\int_0^{\frac{\pi}{2}}\sqrt{x'^2(t)+y'^2(t)}\,\mathrm{d}t$

$$=4\int_0^{\frac{\pi}{2}}3a\sin t\cos t\,\mathrm{d}t=12a\int_0^{\frac{\pi}{2}}\sin t\,\mathrm{d}\sin t$$

$$=12a\cdot\frac{1}{2}\sin^2 t\Big|_0^{\frac{\pi}{2}}=6a.$$

素养提升小课堂

负责执行我国首次火星探测任务的探测器被命名为天问一号，天问一号探测器由环绕器、着陆器和巡视器组成，巡视器的形状是由抛物线旋转后得到的抛物曲面，计算其体积要用定积分的知识. 因此，我们需要用所学的积分知识，把关系到祖国航空航天事业发展的机器精准、完美地呈现出来，这是我们学习数学的动力与责任. 希望同学们在以后的学习和工作中，要具有探索精神，用数学知识解决生产与生活的实际问题.

通过学习不定积分和定积分，培养学生的逻辑性思维和创造性思维，在解决问题时提出合理有效的解决方案，并形成自己独特的见解，为今后进入职场打下良好的基础.

知识回顾

一、知识结构图

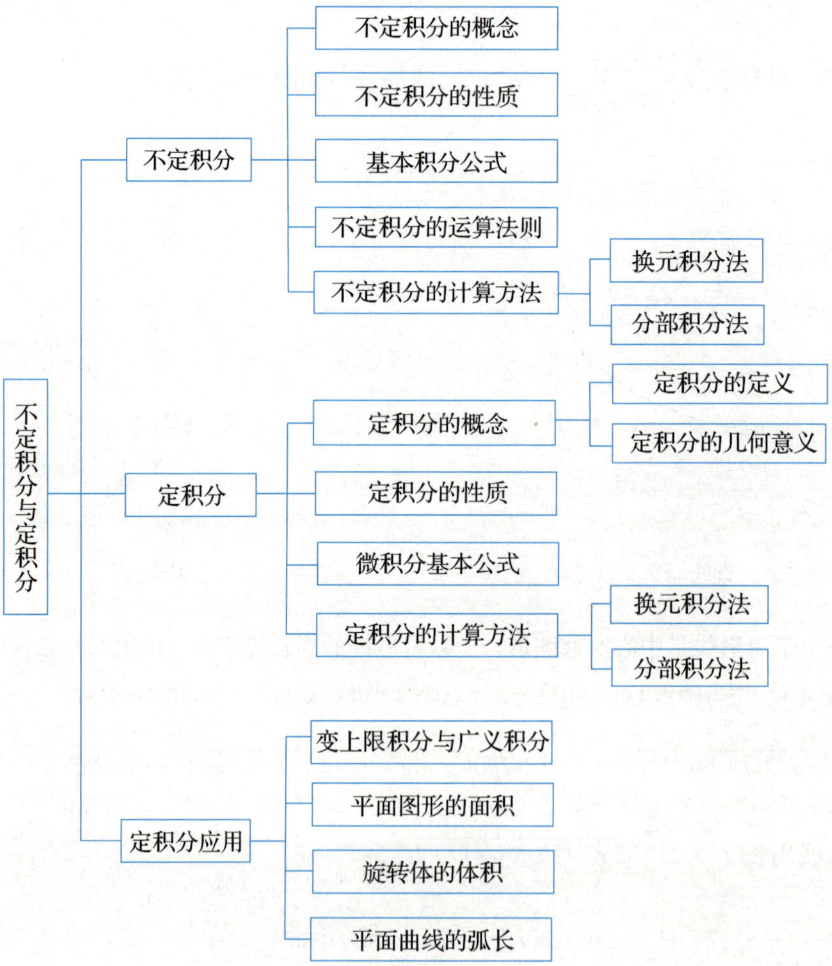

二、重点小结

不定积分	不定积分的概念	$\int f(x)\mathrm{d}x=F(x)+C$
	不定积分的性质	性质 1 $\left(\int f(x)\mathrm{d}x\right)'=f(x)$ 或 $\mathrm{d}\int f(x)\mathrm{d}x=f(x)\mathrm{d}x$ 性质 2 $\int f'(x)\mathrm{d}x=f(x)+C$ 或 $\int \mathrm{d}f(x)=f(x)+C$
	基本积分公式	(1) $\int k\mathrm{d}x=kx+C$（k 为常数）； (2) $\int x^{\alpha}\mathrm{d}x=\frac{x^{\alpha+1}}{\alpha+1}+C$（$\alpha\neq-1$）； (3) $\int\frac{\mathrm{d}x}{x}=\ln\|x\|+C$； (4) $\int a^{x}\mathrm{d}x=\frac{a^{x}}{\ln a}+C$（$a>0$，且 $a\neq1$）； (5) $\int \mathrm{e}^{x}\mathrm{d}x=\mathrm{e}^{x}+C$； (6) $\int \sin x\mathrm{d}x=-\cos x+C$； (7) $\int \cos x\mathrm{d}x=\sin x+C$； (8) $\int \sec^{2}x\mathrm{d}x=\tan x+C$； (9) $\int \csc^{2}x\mathrm{d}x=-\cot x+C$； (10) $\int \sec x\cdot\tan x\mathrm{d}x=\sec x+C$； (11) $\int \csc x\cdot\cot x\mathrm{d}x=-\csc x+C$； (12) $\int\frac{\mathrm{d}x}{\sqrt{1-x^{2}}}=\arcsin x+C$； (13) $\int\frac{\mathrm{d}x}{1+x^{2}}=\arctan x+C$
	不定积分的运算法则	法则 1 $\int[f(x)\pm g(x)]\mathrm{d}x=\int f(x)\mathrm{d}x\pm\int g(x)\mathrm{d}x$ 法则 2 $\int kf(x)\mathrm{d}x=k\int f(x)\mathrm{d}x$（$k\neq0$）
	不定积分的计算方法	第一换元积分法 $\int f[\varphi(x)]\varphi'(x)\mathrm{d}x=F[\varphi(x)]+C$ 第二换元积分法 $\int f(x)\mathrm{d}x=F[\varphi^{-1}(x)]+C$ 分部积分法 $\int u\mathrm{d}v=uv-\int v\mathrm{d}u$

续表

定积分	定积分的概念	$\int_a^b f(x)\mathrm{d}x=\lim\limits_{\lambda\to 0}\sum\limits_{i=1}^{n}f(\xi_i)\Delta x_i$
	定积分的几何意义	函数 $y=f(x)$ （$f(x)>0$）的定积分是由曲线 $y=f(x)$ 和直线 $x=a$，$x=b$，$y=0$ 所围成的曲边梯形的面积
	定积分的性质	性质 1　$\int_a^b[f(x)\pm g(x)]\mathrm{d}x=\int_a^b f(x)\mathrm{d}x\pm\int_a^b g(x)\mathrm{d}x$. 性质 2　$\int_a^b kf(x)\mathrm{d}x=k\int_a^b f(x)\mathrm{d}x$，其中 k 为常数. 性质 3　$\int_a^b f(x)\mathrm{d}x=-\int_b^a f(x)\mathrm{d}x$. 性质 4　$\int_a^b f(x)\mathrm{d}x=\int_a^c f(x)\mathrm{d}x+\int_c^b f(x)\mathrm{d}x$. 性质 5　在区间 $[a,b]$ 上，若 $f(x)\geqslant g(x)$，则 $\int_a^b f(x)\mathrm{d}x\geqslant\int_a^b g(x)\mathrm{d}x$. 性质 6　若 $f(x)$ 在区间 $[a,b]$ 上连续，则至少存在一点 $\xi\in[a,b]$，满足 $\int_a^b f(x)\mathrm{d}x=f(\xi)(b-a)$ 或者 $\frac{1}{b-a}\int_a^b f(x)\mathrm{d}x=f(\xi)$ $(a\leqslant\xi\leqslant b)$
	微积分基本公式	$\int_a^b f(x)\mathrm{d}x=F(x)\big\|_a^b=F(b)-F(a)$
	定积分的计算方法	换元积分法 $\int_a^b f(x)\mathrm{d}x=\int_\alpha^\beta f[\varphi(t)]\varphi'(t)\mathrm{d}t$ 分部积分法 $\int_a^b u\mathrm{d}v=(uv)\big\|_a^b-\int_a^b v\mathrm{d}u$
定积分应用	变上限积分	$\Phi(x)=\int_a^x f(t)\mathrm{d}t(a\leqslant x\leqslant b)$ $\Phi'(x)=\frac{\mathrm{d}}{\mathrm{d}x}\int_a^x f(t)\mathrm{d}t=f(x)$
	广义积分	(1) 无限区间的广义积分. $\int_a^{+\infty}f(x)\mathrm{d}x=\lim\limits_{b\to+\infty}\int_a^b f(x)\mathrm{d}x$ $\int_{-\infty}^b f(x)\mathrm{d}x=\lim\limits_{a\to-\infty}\int_a^b f(x)\mathrm{d}x$ $\int_{-\infty}^{+\infty}f(x)\mathrm{d}x=\int_{-\infty}^c f(x)\mathrm{d}x+\int_c^{+\infty}f(x)\mathrm{d}x$ (2) 无界函数的广义积分. $\int_a^b f(x)\mathrm{d}x=\lim\limits_{x\to a^+}\int_x^b f(t)\mathrm{d}t$. $\int_a^b f(x)\mathrm{d}x=\lim\limits_{x\to b^-}\int_a^x f(t)\mathrm{d}t$. $\int_a^b f(x)\mathrm{d}x=\int_a^c f(x)\mathrm{d}x+\int_c^b f(x)\mathrm{d}x$.
	平面图形面积	$A=\int_a^b[f(x)-g(x)]\mathrm{d}x$ $A=\int_c^d[\varphi(y)-\psi(y)]\mathrm{d}y$

续表

定积分应用	旋转体体积	$V=\pi\int_a^b[f(x)]^2\mathrm{d}x$ $V=\pi\int_c^d[g(y)]^2\mathrm{d}y$
	平面曲线弧长	$s=\int_a^b\sqrt{1+y'^2}\,\mathrm{d}x$ $s=\int_\alpha^\beta\sqrt{\varphi'^2(t)+\psi'^2(t)}\,\mathrm{d}t$

阅读与欣赏

微积分的两位创始人

艾萨克·牛顿（Isaac Newton）和戈特弗里德·莱布尼茨（Gottfried Wilhelm Leibniz）是微积分的两位创始人.

微积分的概念最早由艾萨克·牛顿和戈特弗里德·莱布尼茨独立提出. 牛顿在 17 世纪 70 年代开始研究微积分，而莱布尼茨在 17 世纪 70 年代末 80 年代初开始研究这个领域，牛顿和莱布尼茨都独立提出并发展了微积分的基本概念，包括微分和积分. 他们的工作在某些方面是相似的，但在某些问题上存在分歧，例如导数的符号，牛顿使用“y'”作为导数符号，而莱布尼茨使用“$\frac{\mathrm{d}y}{\mathrm{d}x}$”作为导数符号. 尽管牛顿和莱布尼茨的微积分理论在某些方面是相似的，但他们的研究方向和方法并不完全相同，牛顿基于运动学和几何学，莱布尼茨则基于代数和分析. 1713 年，英国皇家学会和德国莱比锡皇家学会分别出版了牛顿和莱布尼茨的微积分著作，并在书中对这两位数学家的工作进行了比较，艾萨克·牛顿和戈特弗里德·莱布尼茨的微积分理论被证明是等价的.

18 世纪，微积分得到了广泛的传播和应用，微积分不仅在物理学和工程学中发挥着关键性作用，而且还在经济学、生物学和计算机科学等领域中发挥着重要的作用. 例如，微积分在解决经济学中的最优化问题和生物学中的遗传计算问题等方面发挥了关键性作用；微积分在计算机科学中的应用更是无处不在. 微积分已经成为现代数学的一个重要分支，对科学和工程领域产生了深远的影响.

目标检测四

一、单项选择题

1. $\int_0^\pi\sqrt{1+\cos 2x}\,\mathrm{d}x=$（　　）.

A. $4\sqrt{2}$　　B. $3\sqrt{2}$　　C. $2\sqrt{2}$　　D. $\sqrt{2}$

2. 已知 $x\mathrm{e}^x$ 为 $f(x)$ 的一个原函数，则 $\int_0^1 xf'(x)\mathrm{d}x=$（　　）.

A. $1-\mathrm{e}$　　B. $2\mathrm{e}$　　C. e　　D. $-\mathrm{e}$

3. $\int_{-1}^1(x+1)\sqrt{1-x^2}\,\mathrm{d}x=$（　　）.

A. 0　　B. $\frac{\pi}{4}$　　C. $\frac{\pi}{2}$　　D. 2

4. $\frac{\mathrm{d}}{\mathrm{d}x}\int_0^x \tan t^2 \mathrm{d}t =$（　　）.

A. $2x\tan 2x$　　B. $2x\tan x^2$　　C. $\tan 2x$　　D. $\tan x^2$

5. 下列结果为0的定积分是（　　）.

A. $\int_{-1}^{1} x^2\cos x \mathrm{d}x$　　B. $\int_{-1}^{1} x\sin x \mathrm{d}x$

C. $\int_{-1}^{1}(x+\sin x)\mathrm{d}x$　　D. $\int_{-1}^{1}(x+\mathrm{e}^{-x})\mathrm{d}x$

二、填空题

1. 若 $\int_0^1 f(x)\mathrm{d}x=2$，则 $\int_0^1[3f(x)-2]\mathrm{d}x=$______________.

2. $\int\frac{x^4}{1+x^2}\mathrm{d}x=$______________.

3. 设 $\int f(x)\mathrm{d}x=\arctan x+C$，则 $f(x)=$______________.

4. $\frac{\mathrm{d}}{\mathrm{d}x}\int_1^x(\mathrm{e}^{2t}-t-1)\mathrm{d}t=$______________.

5. 不定积分 $\int\frac{1}{1+\sqrt{x}}\mathrm{d}x=$______________.

三、解答题

1. 设 $f(x)$ 的一个原函数为 $\ln x$，求 $\int f(x)f'(x)\mathrm{d}x$.

2. 设 $\int f(x)\mathrm{d}x=3\mathrm{e}^{\frac{x}{3}}-x+C$，求 $\lim\limits_{x\to 0}\frac{f(x)}{x}$.

3. 计算不定积分 $\int \mathrm{e}^x\sqrt{3+2\mathrm{e}^x}\,\mathrm{d}x$.

4. 求曲线 $y=\cos x$ 与 $y=\sin x$ 在区间 $[0,\pi]$ 上所围平面图形的面积.

5. 求由曲线 $y=\sqrt{x}$ 和直线 $y=x$ 所围图形绕 x 轴旋转一周的旋转体体积.

第五章 向量代数与空间解析几何

学习引导

空间直角坐标系是空间中用来描述点、直线和平面等图形位置的一种数学工具，它的应用非常广泛，在数学、物理和工程等领域中发挥着重要作用. 在解决实际问题时，我们不仅会用到空间向量的概念与运算，还会用到空间解析几何的有关知识. 本章将在介绍空间直角坐标系的基础上，给出空间向量的概念与运算，然后学习平面方程与空间直线方程，最后学习常见的曲面及其方程.

学习目标

掌握 空间向量的坐标表示，空间向量的线性运算，数量积和向量积的计算，会求平面的点法式方程和一般式方程，会求直线的一般式方程和点向式方程.

熟悉 空间直角坐标系，空间两点间的距离公式，两向量平行与垂直的条件，会求平面与平面的夹角，会求点到平面的距离，会求两直线的夹角.

了解 向量的概念，直线的参数方程，常见曲面方程.

素质培养 培养学生的抽象思维能力、逻辑推理能力和空间想象能力. 借助数形结合的思想，提高学生综合考虑问题和解决问题的能力.

案例导入

已知空间中三个点，$A(-3,2,1)$，$B(0,2,5)$，$O(0,0,0)$，求由这三个点构成的三角形的周长，即 ΔAOB 的周长.

第一节 空间坐标系

一、空间直角坐标系

过空间一个定点 O，作三条相互垂直的数轴，它们都以 O 为原点，具有相同的单位长度. 这三条数轴分别称为 x 轴（横轴）、y 轴（纵轴）、z 轴（竖轴），统称为坐标轴，由坐标轴确定的平面叫坐标平面. 各轴之间的顺序要求符合右手法则，即以右手握

住 z 轴，让右手的四指从 x 轴的正向以 $90°$ 转向 y 轴的正向，这时大拇指所指的方向就是 z 轴的正向，它们构成一个空间直角坐标系，称为 $Oxyz$ 坐标系，如图 5－1 所示.

三条坐标轴中的任意两条都可以确定一个平面，称为坐标面. 它们分别是由 x 轴及 y 轴所确定的 xOy 平面；由 y 轴及 z 轴所确定的 yOz 平面；由 x 轴及 z 轴所确定的 xOz 平面.

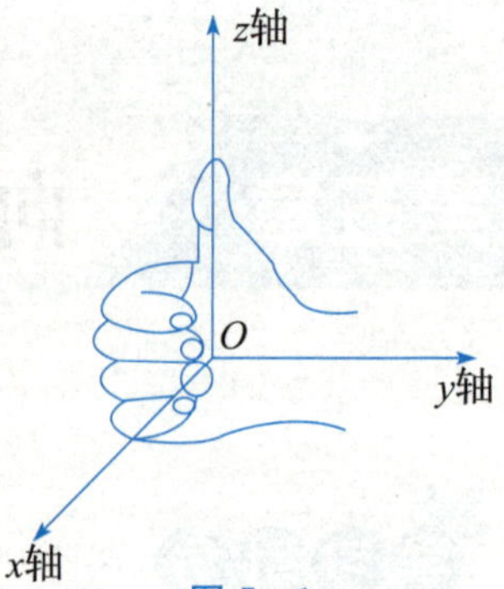

图 5－1

二、空间点坐标

设点 M 为空间的一个定点，过点 M 分别作垂直于 x，y，z 轴的平面，依次交 x，y，z 轴于点 P，Q，R，设点 P，Q，R 在 x，y，z 轴上的坐标分别为 x，y，z，那么就得到与点 M 唯一对应的有序实数组 (x,y,z)，有序实数组 (x,y,z) 叫作 M 点的坐标，记为 $M(x,y,z)$，其中 x，y，z 分别叫作点 M 的横坐标、纵坐标、竖坐标，如图 5－2 所示. 空间中的点与其坐标是一一对应的.

三、空间两点间距离

设 $M_1(x_1,y_1,z_1)$ 和 $M_2(x_2,y_2,z_2)$ 是空间中的任意两点，在空间中作一个以 M_1 和 M_2 为对角线顶点的长方体，使其三个相邻的面分别平行于三个坐标面，如图 5－3 所示.

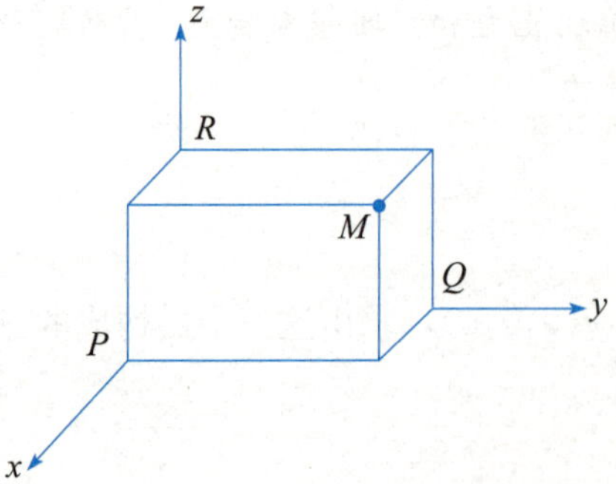

图 5－2

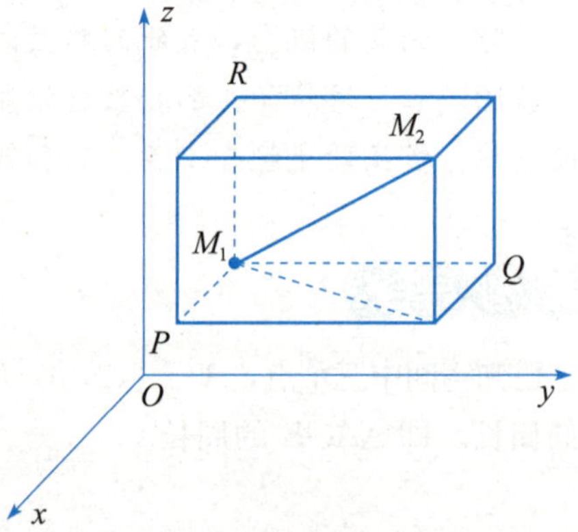

图 5－3

$$
\begin{aligned}
|M_1M_2|^2 &= |M_1Q|^2+|M_2Q|^2 \\
&= |M_1P|^2+|PQ|^2+|M_2Q|^2
\end{aligned}
$$

长方体与 x 轴平行的边的边长为 $|x_2-x_1|$，与 y 轴平行的边的边长为 $|y_2-y_1|$，与 z 轴平行的边的边长为 $|z_2-z_1|$，所以 $|M_1M_2|^2=(x_2-x_1)^2+(y_2-y_1)^2+(z_2-z_1)^2$.

故空间两点间的距离公式为 $|M_1M_2|=\sqrt{(x_2-x_1)^2+(y_2-y_1)^2+(z_2-z_1)^2}$.

案例分析

由空间两点间的距离公式 $|M_1M_2|=\sqrt{(x_2-x_1)^2+(y_2-y_1)^2+(z_2-z_1)^2}$ 可得

$$|AB|=\sqrt{(-3-0)^2+(2-2)^2+(1-5)^2}=5,$$
$$|AO|=\sqrt{(-3-0)^2+(2-0)^2+(1-0)^2}=\sqrt{14},$$
$$|BO|=\sqrt{(0-0)^2+(2-0)^2+(5-0)^2}=\sqrt{29},$$

所以 ΔAOB 的周长为 $|AB|+|AO|+|BO|=5+\sqrt{14}+\sqrt{29}\approx 14$.

【即学即练】

已知三点 $A(-1,0,1)$，$B(2,4,3)$，$C(5,8,5)$，则（　　）.

A. 三点构成等腰三角形　　　　B. 三点构成直角三角形

C. 三点构成等腰直角三角形　　D. 三点构不成三角形

第二节　空间向量及其线性运算

一、空间向量的概念

向量是指具有大小和方向的量. 向量最初被应用于物理学，很多物理量如力、速度、加速度、位移等都是向量.

在数学上，向量可以用有向线段表示，有向线段的长度表示向量的大小，有向线段的方向表示向量的方向. 起点为 M、终点为 N 的有向线段表示的向量可以记为 $\overrightarrow{MN}$，也可以用一个小写粗体字母或一个带箭头的小写字母表示，例如 $\boldsymbol{a}$，$\boldsymbol{b}$，$\boldsymbol{c}$ 或 $\vec{a}$，$\vec{b}$，$\vec{c}$ 等，如图 5-4 所示.

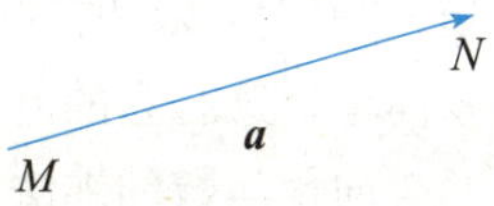

图 5-4

向量的大小称为向量的模，用 $|\boldsymbol{a}|$、$|\vec{a}|$ 或 $|\overrightarrow{MN}|$ 表示.

模为 1 的向量称为单位向量.

模为 0 的向量称为零向量，记为 $\boldsymbol{0}$ 或 $\vec{0}$. 零向量的方向可以看作是任意方向.

如果两个向量 $\boldsymbol{a}$ 和 $\boldsymbol{b}$ 的大小相等且方向相同，则称 $\boldsymbol{a}$ 和 $\boldsymbol{b}$ 相等，记作 $\boldsymbol{a}=\boldsymbol{b}$. 也就是说，经过平移后能完全重合的向量是相等的.

二、空间向量的线性运算

1. 向量加法

设有 $\boldsymbol{a}$ 和 $\boldsymbol{b}$ 两个向量，根据向量可以平移的性质，将 $\boldsymbol{b}$ 向量的起点置于 $\boldsymbol{a}$ 向量的终点上，则自 $\boldsymbol{a}$ 向量的起点到 $\boldsymbol{b}$ 向量的终点的向量称为向量 $\boldsymbol{a}$ 与 $\boldsymbol{b}$ 的和向量，记作 $\boldsymbol{a}+\boldsymbol{b}$，

这种求两向量之和的方法称为向量相加的三角形法则，如图 5－5 所示.

将向量 $\boldsymbol{a}$ 与 $\boldsymbol{b}$ 的起点放在一起，并以 $\boldsymbol{a}$ 和 $\boldsymbol{b}$ 为邻边作平行四边形，则从起点到对角定点的向量称为向量 $\boldsymbol{a}$ 与 $\boldsymbol{b}$ 的和向量，记作 $\boldsymbol{a}+\boldsymbol{b}$，这种求两向量之和的方法称为向量相加的平行四边形法则，如图 5－6 所示.

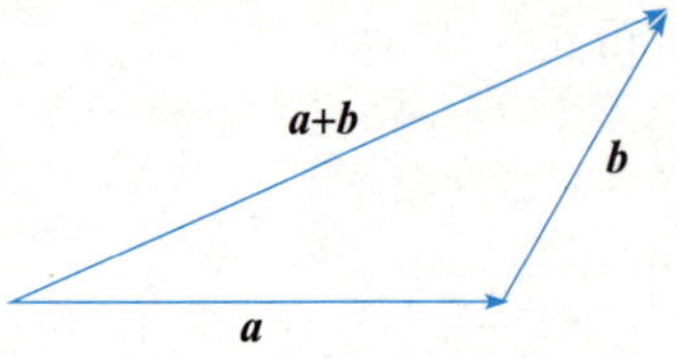

图 5－5

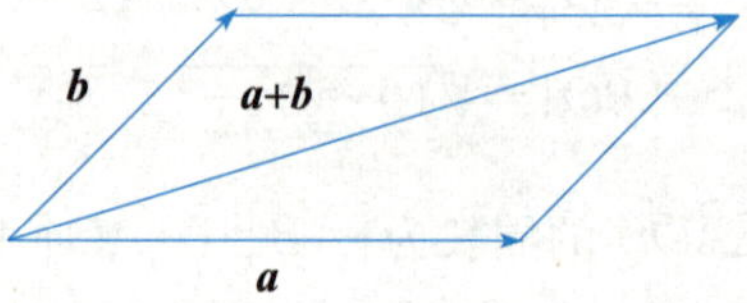

图 5－6

向量的加法符合下列运算规律：

（1）交换律：$\boldsymbol{a}+\boldsymbol{b}=\boldsymbol{b}+\boldsymbol{a}$.

（2）结合律：$(\boldsymbol{a}+\boldsymbol{b})+\boldsymbol{c}=\boldsymbol{a}+(\boldsymbol{b}+\boldsymbol{c})$.

2. 向量减法

设向量 $\boldsymbol{a}$，与 $\boldsymbol{a}$ 的模相等而方向相反的向量叫作 $\boldsymbol{a}$ 的负向量，记作 $-\boldsymbol{a}$. 由此我们规定两个向量 $\boldsymbol{b}$ 与 $\boldsymbol{a}$ 的差为 $\boldsymbol{b}-\boldsymbol{a}=\boldsymbol{b}+(-\boldsymbol{a})$，即把向量 $-\boldsymbol{a}$ 加到向量 $\boldsymbol{b}$ 上，便得到向量 $\boldsymbol{b}$ 与 $\boldsymbol{a}$ 的差向量 $\boldsymbol{b}-\boldsymbol{a}$，如图 5－7 所示.

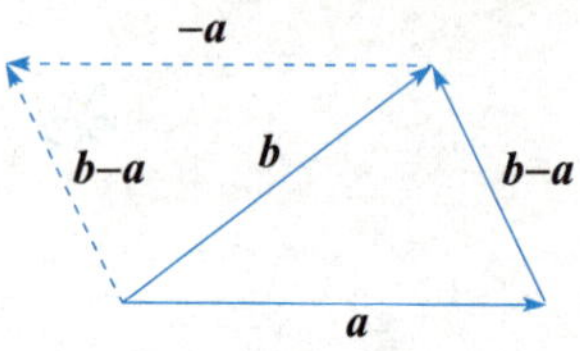

图 5－7

3. 向量与数的乘法

设 λ 为实数，向量 $\boldsymbol{a}$ 与实数 λ 的乘积是一个向量，记作 $\lambda\boldsymbol{a}$，其模为 $|\lambda\boldsymbol{a}|=|\lambda||\boldsymbol{a}|$. 当 $\lambda>0$ 时，$\lambda\boldsymbol{a}$ 的方向与 $\boldsymbol{a}$ 相同；当 $\lambda<0$ 时，$\lambda\boldsymbol{a}$ 的方向与 $\boldsymbol{a}$ 相反；当 $\lambda=0$ 时，$\lambda\boldsymbol{a}$ 为零向量，这时它的方向可以是任意的.

向量与数的乘法符合下列运算规律：

（1）结合律：$\lambda(\mu\boldsymbol{a})=\mu(\lambda\boldsymbol{a})=(\lambda\mu)\boldsymbol{a}$.

（2）分配律：$(\lambda+\mu)\boldsymbol{a}=\lambda\boldsymbol{a}+\mu\boldsymbol{a}$；$\lambda(\boldsymbol{a}+\boldsymbol{b})=\lambda\boldsymbol{a}+\lambda\boldsymbol{b}$.

向量的加减法运算及向量与数的乘法运算统称为向量的线性运算.

第三节　空间向量坐标表示

一、空间向量的坐标

设 $\boldsymbol{i}$，$\boldsymbol{j}$，$\boldsymbol{k}$ 分别为 x 轴、y 轴、z 轴正方向上的单位向量，对于任意向量 $\boldsymbol{r}$，我们将其起点移动到坐标原点，设终点为点 M. 以 OM 为对角线，三条坐标轴为棱作长方体，与 x 轴交于 P 点，与 y 轴交于 Q 点，与 z 轴交于 R 点，如图 5-8 所示.

可以得到

$$\boldsymbol{r}=\overrightarrow{OM}=\overrightarrow{OP}+\overrightarrow{PN}+\overrightarrow{NM}=\overrightarrow{OP}+\overrightarrow{OQ}+\overrightarrow{OR},$$

设 M 点的坐标为 (x,y,z)，则 $\overrightarrow{OP}=x\boldsymbol{i}$，$\overrightarrow{OQ}=y\boldsymbol{j}$，$\overrightarrow{OR}=z\boldsymbol{k}$，则

$$\boldsymbol{r}=\overrightarrow{OM}=x\boldsymbol{i}+y\boldsymbol{j}+z\boldsymbol{k}.$$

上式称为向量 $\boldsymbol{r}$ 的坐标分解式，$x\boldsymbol{i}$，$y\boldsymbol{j}$ 和 $z\boldsymbol{k}$ 称为向量 $\boldsymbol{r}$ 沿三个坐标轴方向的分向量. 我们称有序数 x，y，z 为向量 $\boldsymbol{r}$ 在空间直角坐标系中的坐标，记为 $\boldsymbol{r}=(x,y,z)$.

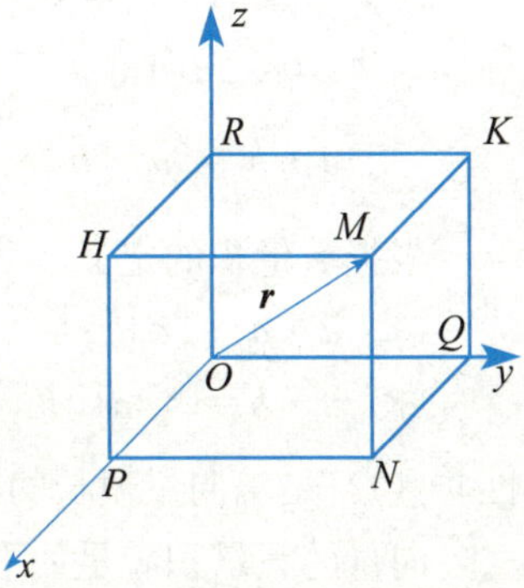

图 5-8

向量 $\boldsymbol{r}$ 的模长可表示为 $|\boldsymbol{r}|=\sqrt{x^2+y^2+z^2}$.

例 1　求以 $M_1(1,2,3)$ 为起点，$M_2(3,2,1)$ 为终点的向量 $\overrightarrow{M_1M_2}$ 的坐标表达式.

解　利用向量的坐标运算，可以得出

$$\overrightarrow{M_1M_2}=(3-1)\boldsymbol{i}+(2-2)\boldsymbol{j}+(1-3)\boldsymbol{k}=2\boldsymbol{i}-2\boldsymbol{k},$$

故向量 $\overrightarrow{M_1M_2}=(2,0,-2)$.

二、坐标下的空间向量线性运算

设 $\boldsymbol{a}=(a_1,a_2,a_3)$，$\boldsymbol{b}=(b_1,b_2,b_3)$，即 $\boldsymbol{a}=a_1\boldsymbol{i}+a_2\boldsymbol{j}+a_3\boldsymbol{k}$，$\boldsymbol{b}=b_1\boldsymbol{i}+b_2\boldsymbol{j}+b_3\boldsymbol{k}$，利用空间向量的坐标，可得出空间向量的线性运算如下：

(1) $\boldsymbol{a}+\boldsymbol{b}=(a_1+b_1)\boldsymbol{i}+(a_2+b_2)\boldsymbol{j}+(a_3+b_3)\boldsymbol{k}$，即 $\boldsymbol{a}+\boldsymbol{b}=(a_1+b_1,a_2+b_2,a_3+b_3)$.

(2) $\boldsymbol{a}-\boldsymbol{b}=(a_1-b_1)\boldsymbol{i}+(a_2-b_2)\boldsymbol{j}+(a_3-b_3)\boldsymbol{k}$，即 $\boldsymbol{a}-\boldsymbol{b}=(a_1-b_1,a_2-b_2,a_3-b_3)$.

(3) $\lambda\boldsymbol{a}=(\lambda a_1)\boldsymbol{i}+(\lambda a_2)\boldsymbol{j}+(\lambda a_3)\boldsymbol{k}$，即 $\lambda\boldsymbol{a}=(\lambda a_1,\lambda a_2,\lambda a_3)$（$\lambda$ 为实数）.

例 2　已知 $\vec{a}=(-2,0,2)$，$\vec{b}=(3,1,-4)$，求 $\vec{a}+\vec{b}$，$3\vec{a}-4\vec{b}$ 的坐标.

解　$\vec{a}+\vec{b}=(-2,0,2)+(3,1,-4)=(1,1,-2)$；

$3\vec{a}-4\vec{b}=3(-2,0,2)-4(3,1,-4)=(-6,0,6)-(12,4,-16)=(-18,-4,22)$.

第四节　空间向量数量积与向量积

一、空间向量的数量积

1. 数量积的定义

设一物体在恒力 $\boldsymbol{F}$ 的作用下从 A 点移动到 B 点，如图 5-9 所示，则力 $\boldsymbol{F}$ 所做的功为 $\boldsymbol{W}=|\boldsymbol{F}||\boldsymbol{AB}|\cos\theta$，其中 θ 为向量 $\boldsymbol{F}$ 与 $\boldsymbol{AB}$ 的夹角. 在该例中，力和位移都是向量，

所做的功等于两个向量的模及夹角余弦的乘积，我们称这样的运算为向量的数量积.

定义 设两个向量 $\boldsymbol{a}$ 与 $\boldsymbol{b}$ 之间的夹角为 θ（$0\leqslant\theta\leqslant\pi$），则称 $|\boldsymbol{a}||\boldsymbol{b}|\cos\theta$ 为向量 $\boldsymbol{a}$ 与 $\boldsymbol{b}$ 的数量积（或点积），记作

$$\boldsymbol{a}\cdot\boldsymbol{b}=|\boldsymbol{a}||\boldsymbol{b}|\cos\theta.$$

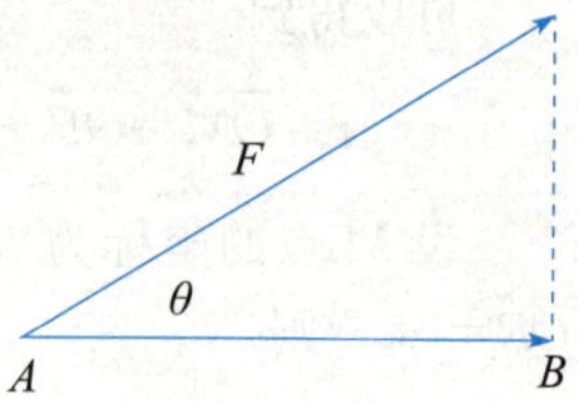

图 5－9

根据数量积的定义，我们可以得出如下性质：

（1）$\boldsymbol{a}\cdot\boldsymbol{a}=|\boldsymbol{a}|^2$；

（2）$\boldsymbol{a}\cdot\boldsymbol{b}=0\Leftrightarrow\boldsymbol{a}\perp\boldsymbol{b}$.

性质（1）是求向量模长的依据，性质（2）是判断两向量垂直的依据.

向量的数量积满足如下运算规律：

（1）交换律：$\boldsymbol{a}\cdot\boldsymbol{b}=\boldsymbol{b}\cdot\boldsymbol{a}$；

（2）分配律：$\boldsymbol{a}\cdot(\boldsymbol{b}+\boldsymbol{c})=\boldsymbol{a}\cdot\boldsymbol{b}+\boldsymbol{a}\cdot\boldsymbol{c}$；

（3）结合律：$(\lambda\boldsymbol{a})\cdot\boldsymbol{b}=\lambda(\boldsymbol{a}\cdot\boldsymbol{b})$（$\lambda$ 为实数）.

例 1 设 $\boldsymbol{i}$，$\boldsymbol{j}$，$\boldsymbol{k}$ 分别为 x 轴、y 轴、z 轴正方向上的单位向量，求 $\boldsymbol{i}\cdot\boldsymbol{i}$，$\boldsymbol{j}\cdot\boldsymbol{j}$，$\boldsymbol{k}\cdot\boldsymbol{k}$，$\boldsymbol{i}\cdot\boldsymbol{j}$，$\boldsymbol{i}\cdot\boldsymbol{k}$，$\boldsymbol{j}\cdot\boldsymbol{i}$，$\boldsymbol{j}\cdot\boldsymbol{k}$，$\boldsymbol{k}\cdot\boldsymbol{i}$，$\boldsymbol{k}\cdot\boldsymbol{j}$.

解 根据向量数量积的定义，可以得出

$\boldsymbol{i}\cdot\boldsymbol{i}=|\boldsymbol{i}||\boldsymbol{i}|\cos 0=1$，同理，$\boldsymbol{j}\cdot\boldsymbol{j}=1$，$\boldsymbol{k}\cdot\boldsymbol{k}=1$；

$$\boldsymbol{i}\cdot\boldsymbol{j}=\boldsymbol{j}\cdot\boldsymbol{i}=|\boldsymbol{i}||\boldsymbol{j}|\cos\frac{\pi}{2}=0;$$

$$\boldsymbol{i}\cdot\boldsymbol{k}=\boldsymbol{k}\cdot\boldsymbol{i}=|\boldsymbol{i}||\boldsymbol{k}|\cos\frac{\pi}{2}=0;$$

$$\boldsymbol{j}\cdot\boldsymbol{k}=\boldsymbol{k}\cdot\boldsymbol{j}=|\boldsymbol{j}||\boldsymbol{k}|\cos\frac{\pi}{2}=0.$$

2. 数量积的坐标表示

设 $\boldsymbol{a}=a_1\boldsymbol{i}+a_2\boldsymbol{j}+a_3\boldsymbol{k}$，$\boldsymbol{b}=b_1\boldsymbol{i}+b_2\boldsymbol{j}+b_3\boldsymbol{k}$，根据向量数量积的定义可以得出向量数量积的坐标表示式

$$\begin{aligned}\boldsymbol{a}\cdot\boldsymbol{b}&=(a_1\boldsymbol{i}+a_2\boldsymbol{j}+a_3\boldsymbol{k})\cdot(b_1\boldsymbol{i}+b_2\boldsymbol{j}+b_3\boldsymbol{k})\\&=a_1b_1\boldsymbol{i}\cdot\boldsymbol{i}+a_1b_2\boldsymbol{i}\cdot\boldsymbol{j}+a_1b_3\boldsymbol{i}\cdot\boldsymbol{k}+a_2b_1\boldsymbol{j}\cdot\boldsymbol{i}+a_2b_2\boldsymbol{j}\cdot\boldsymbol{j}+a_2b_3\boldsymbol{j}\cdot\boldsymbol{k}+\\&\quad a_3b_1\boldsymbol{k}\cdot\boldsymbol{i}+a_3b_2\boldsymbol{k}\cdot\boldsymbol{j}+a_3b_3\boldsymbol{k}\cdot\boldsymbol{k}\\&=a_1b_1+a_2b_2+a_3b_3.\end{aligned}$$

即 $\boldsymbol{a}\cdot\boldsymbol{b}=a_1b_1+a_2b_2+a_3b_3$.

根据向量数量积的定义 $\boldsymbol{a}\cdot\boldsymbol{b}=|\boldsymbol{a}||\boldsymbol{b}|\cos\theta$，如果 $\boldsymbol{a}$ 与 $\boldsymbol{b}$ 都不是零向量，可以得出两向量夹角余弦的坐标表示式，即

$$\cos\theta=\frac{\boldsymbol{a}\cdot\boldsymbol{b}}{|\boldsymbol{a}||\boldsymbol{b}|}=\frac{a_1b_1+a_2b_2+a_3b_3}{\sqrt{a_1{}^2+a_2{}^2+a_3{}^2}\sqrt{b_1{}^2+b_2{}^2+b_3{}^2}}.$$

二、空间向量的向量积

1. 向量积的定义

设 O 为一杠杆的支点，力 $\boldsymbol{F}$ 作用于杠杆的点 P 处，如图 5－10 所示，则力 $\boldsymbol{F}$ 对支点 O 的力矩 $\boldsymbol{M}$ 的大小为：$|\boldsymbol{M}|=|\boldsymbol{F}||\overrightarrow{OP}|\sin\theta$，其中 θ 为 $\boldsymbol{F}$ 与 $\overrightarrow{OP}$ 的夹角；$\boldsymbol{M}$ 的方向为：伸出右手，让右手的四个手指指向 $\overrightarrow{OP}$ 的方向，然后沿小于 π 的角转向 $\boldsymbol{F}$ 时，右手大拇指的指向就为 $\boldsymbol{M}$ 的方向，因此力矩既有大小又有方向，显然是一个向量.

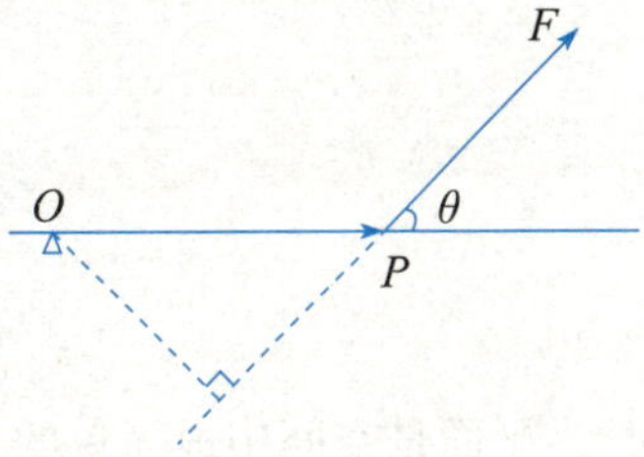

图 5－10

定义　设两个向量 $\boldsymbol{a}$ 与 $\boldsymbol{b}$ 之间的夹角为 θ（$0\leqslant\theta\leqslant\pi$），$\boldsymbol{a}$ 与 $\boldsymbol{b}$ 的向量积（或叉积）仍为一个向量，记作 $\boldsymbol{a}\times\boldsymbol{b}$，并规定如下：

（1）$|\boldsymbol{a}\times\boldsymbol{b}|=|\boldsymbol{a}||\boldsymbol{b}|\sin\theta$；

（2）$\boldsymbol{a}\times\boldsymbol{b}$ 的方向为：垂直于 $\boldsymbol{a}$ 与 $\boldsymbol{b}$ 所决定的平面，按右手法则从 $\boldsymbol{a}$ 转向 $\boldsymbol{b}$ 来确定.

根据向量积的定义，我们可以得出如下性质：

（1）$\boldsymbol{a}\times\boldsymbol{a}=0$；

（2）设 $\boldsymbol{a}$ 与 $\boldsymbol{b}$ 均为非零向量，则 $\boldsymbol{a}\times\boldsymbol{b}=0\Leftrightarrow\boldsymbol{a}/\!/\boldsymbol{b}$.

性质（2）是判断两向量平行的依据.

向量的向量积满足如下运算规律：

（1）反交换律：$\boldsymbol{a}\times\boldsymbol{b}=-\boldsymbol{b}\times\boldsymbol{a}$；

（2）分配律：$\boldsymbol{a}\times(\boldsymbol{b}+\boldsymbol{c})=\boldsymbol{a}\times\boldsymbol{b}+\boldsymbol{a}\times\boldsymbol{c}$；

（3）结合律：$(\lambda\boldsymbol{a})\times\boldsymbol{b}=\boldsymbol{a}\times(\lambda\boldsymbol{b})=\lambda(\boldsymbol{a}\times\boldsymbol{b})$（$\lambda$ 为实数）.

例 2　设 $\boldsymbol{i}$，$\boldsymbol{j}$，$\boldsymbol{k}$ 分别为 x 轴、y 轴、z 轴正方向上的单位向量，求 $\boldsymbol{i}\times\boldsymbol{i}$，$\boldsymbol{j}\times\boldsymbol{j}$，$\boldsymbol{k}\times\boldsymbol{k}$，$\boldsymbol{i}\times\boldsymbol{j}$，$\boldsymbol{i}\times\boldsymbol{k}$，$\boldsymbol{j}\times\boldsymbol{i}$，$\boldsymbol{j}\times\boldsymbol{k}$，$\boldsymbol{k}\times\boldsymbol{i}$，$\boldsymbol{k}\times\boldsymbol{j}$.

解　根据向量积的定义，可以得出

$$\boldsymbol{i}\times\boldsymbol{i}=\boldsymbol{0},\boldsymbol{j}\times\boldsymbol{j}=\boldsymbol{0},\boldsymbol{k}\times\boldsymbol{k}=\boldsymbol{0};$$
$$\boldsymbol{i}\times\boldsymbol{j}=\boldsymbol{k},\boldsymbol{j}\times\boldsymbol{k}=\boldsymbol{i},\boldsymbol{k}\times\boldsymbol{i}=\boldsymbol{j};$$
$$\boldsymbol{j}\times\boldsymbol{i}=-\boldsymbol{k},\boldsymbol{k}\times\boldsymbol{j}=-\boldsymbol{i},\boldsymbol{i}\times\boldsymbol{k}=-\boldsymbol{j}.$$

2. 向量积的坐标表示

设 $\boldsymbol{a}=a_1\boldsymbol{i}+a_2\boldsymbol{j}+a_3\boldsymbol{k}$，$\boldsymbol{b}=b_1\boldsymbol{i}+b_2\boldsymbol{j}+b_3\boldsymbol{k}$，根据向量积的定义可以得出向量积的坐标表示式

$$\begin{aligned}\boldsymbol{a}\times\boldsymbol{b}&=(a_1\boldsymbol{i}+a_2\boldsymbol{j}+a_3\boldsymbol{k})\times(b_1\boldsymbol{i}+b_2\boldsymbol{j}+b_3\boldsymbol{k})\\&=a_1b_1\boldsymbol{i}\times\boldsymbol{i}+a_1b_2\boldsymbol{i}\times\boldsymbol{j}+a_1b_3\boldsymbol{i}\times\boldsymbol{k}+a_2b_1\boldsymbol{j}\times\boldsymbol{i}+a_2b_2\boldsymbol{j}\times\boldsymbol{j}+a_2b_3\boldsymbol{j}\times\boldsymbol{k}+\\&\quad a_3b_1\boldsymbol{k}\times\boldsymbol{i}+a_3b_2\boldsymbol{k}\times\boldsymbol{j}+a_3b_3\boldsymbol{k}\times\boldsymbol{k}\\&=(a_2b_3-a_3b_2)\boldsymbol{i}+(a_3b_1-a_1b_3)\boldsymbol{j}+(a_1b_2-a_2b_1)\boldsymbol{k}.\end{aligned}$$

利用三阶行列式，上式可写成

$$a\times b=\begin{vmatrix} i & j & k \\ a_1 & a_2 & a_3 \\ b_1 & b_2 & b_3 \end{vmatrix}.$$

例 3 设 $a=(1,2,3)$，$b=(3,2,1)$，求 $a\times b$.

解 $a\times b=\begin{vmatrix} i & j & k \\ 1 & 2 & 3 \\ 3 & 2 & 1 \end{vmatrix}=-4i+8j-4k.$

第五节 平面及其方程

平面是空间中最简单的几何图形之一，本节将以向量为工具讨论平面方程.

一、点法式方程

微课

平面的点法式方程

设一非零向量 n 垂直于一平面，则称向量 n 为该平面的法向量.

设点 $M_0(x_0,y_0,z_0)$ 在平面 Π 上，$n=(A,B,C)$ 为平面 Π 的法向量，$M(x,y,z)$ 为平面 Π 上任意一点，则 $\overrightarrow{M_0M}$ 必与 n 垂直，即 $\overrightarrow{M_0M}\cdot n=0$，即

$$A(x-x_0)+B(y-y_0)+C(z-z_0)=0, \tag{5-1}$$

称式（5-1）为平面的点法式方程.

例 1 求过点 $M_0(1,2,3)$，且以 $n=(1,1,2)$ 为法向量的平面方程.

解 设 $M(x,y,z)$ 为平面上任意一点，根据平面的点法式方程可得

$$(x-1)+(y-2)+2(z-3)=0,$$

即平面方程为 $x+y+2z-9=0$.

例 2 求过三点 $A(1,0,0)$，$B(0,1,0)$，$C(0,0,1)$ 的平面方程.

解 由题可以得出

$$\overrightarrow{AB}=(-1,1,0),\overrightarrow{AC}=(-1,0,1),$$

则平面的法向量为 $n=\overrightarrow{AB}\times\overrightarrow{AC}=\begin{vmatrix} i & j & k \\ -1 & 1 & 0 \\ -1 & 0 & 1 \end{vmatrix}=i+j+k$，

根据平面的点法式方程，平面上一点为 $A(1,0,0)$，法向量为 $n=(1,1,1)$，所求平面方程为

$$(x-1)+y+z=0,$$

即 $x+y+z-1=0$.

二、一般式方程

根据平面的点法式方程 $A(x-x_0)+B(y-y_0)+C(z-z_0)=0$，整理可得

$$Ax+By+Cz-(Ax_0+By_0+Cz_0)=0,$$

令 $D=-(Ax_0+By_0+Cz_0)$，则有

$$Ax+By+Cz+D=0, \tag{5-2}$$

称式（5-2）为平面的一般式方程，其中 x，y，z 的系数就是该平面的一个法向量 $\boldsymbol{n}$ 的坐标，即 $\boldsymbol{n}=(A,B,C)$.

例 3 求过点 $M_0(1,0,0)$，且与平面 $x+2y+3z=1$ 平行的平面方程.

解 设所求平面为 $Ax+By+Cz+D=0$，
因所求平面与平面 $x+2y+3z=1$ 平行，故所求平面的法向量为 $\boldsymbol{n}=(1,2,3)$，
可得所求平面的平面方程为 $x+2y+3z+D=0$，将 $M_0(1,0,0)$ 代入得 $D=-1$，
故所求平面方程为 $x+2y+3z-1=0$.

三、两平面的夹角

设两个平面 Π_1 和 Π_2 的法向量分别为 $\boldsymbol{n}_1$、$\boldsymbol{n}_2$，其中 $\boldsymbol{n}_1=(A_1,B_1,C_1)$ 和 $\boldsymbol{n}_2=(A_2,B_2,C_2)$，则 $\boldsymbol{n}_1$、$\boldsymbol{n}_2$ 的夹角 $\theta\left(0<\theta\leqslant\frac{\pi}{2}\right)$ 称为平面 Π_1 和 Π_2 的夹角，如图 5-11 所示.

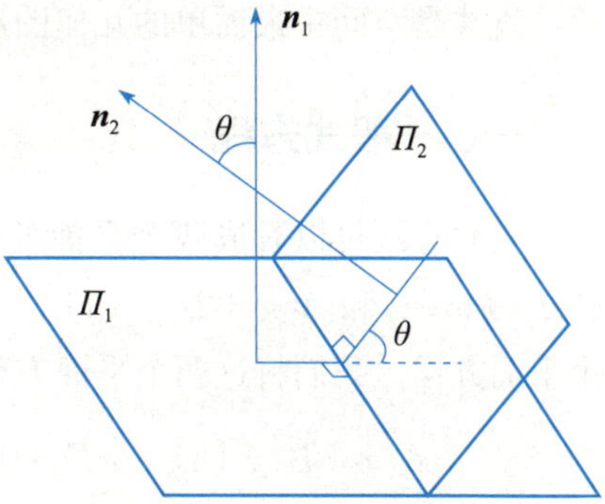

图 5-11

可以通过两向量夹角余弦的坐标表示式来求解两平面的夹角. 即 $\cos\theta=\dfrac{|A_1A_2+B_1B_2+C_1C_2|}{\sqrt{A_1^2+B_1^2+C_1^2}\sqrt{A_2^2+B_2^2+C_2^2}}$.

例 4 求两平面 $x-y+2z+1=0$ 与 $2x+y+z-1=0$ 的夹角.

解 两平面的法向量分别为 $\boldsymbol{n}_1(1,-1,2)$，$\boldsymbol{n}_2(2,1,1)$，

$$\cos\theta=\frac{|\boldsymbol{n}_1\cdot\boldsymbol{n}_2|}{|\boldsymbol{n}_1||\boldsymbol{n}_2|}=\frac{|1\times2+(-1)\times1+2\times1|}{\sqrt{1^2+(-1)^2+2^2}\sqrt{2^2+1^2+1^2}}=\frac{1}{2},$$

故两平面的夹角为 $\theta=\dfrac{\pi}{3}$.

四、点到平面的距离公式

设 $P_0(x_0,y_0,z_0)$ 是平面 $Ax+By+Cz+D=0$ 外一点，$\boldsymbol{n}$ 为平面的法向量，过 P_0

作该平面的垂线，垂足为 N，则 $|\overrightarrow{P_0N}|$ 为点 P_0 到该平面的距离，如图 5-12 所示. 在该平面上任取一点 $P_1(x_1, y_1, z_1)$，则 $|\overrightarrow{P_0N}|=|\overrightarrow{P_1P_0}||\cos\theta|=\dfrac{|\overrightarrow{P_1P_0}\cdot \boldsymbol{n}|}{|\boldsymbol{n}|}=\dfrac{|Ax_0+By_0+Cz_0+D|}{\sqrt{A^2+B^2+C^2}}$，故点到平面的距离公式为

$$d=\frac{|Ax_0+By_0+Cz_0+D|}{\sqrt{A^2+B^2+C^2}}.$$

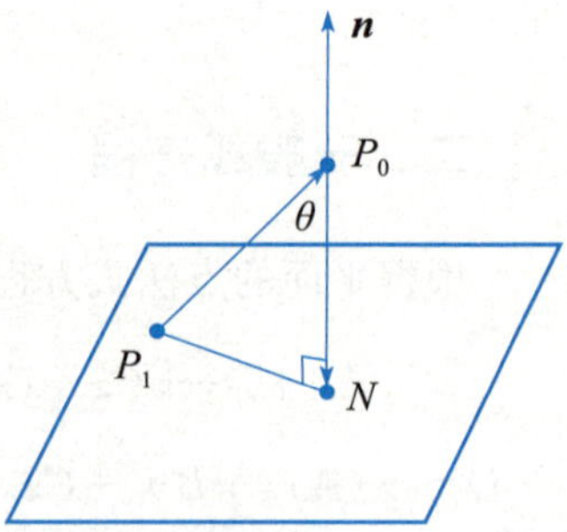

图 5-12

例 5 求点 $P(1,1,1)$ 到平面 $2x+2y+z-2=0$ 的距离.

解 利用点到平面的距离公式可得

$$d=\frac{|2\times1+2\times1+1\times1-2|}{\sqrt{2^2+2^2+1^2}}=1.$$

第六节 空间直线及其方程

直线是空间中最简单的几何图形之一，本节将以向量为工具讨论空间直线方程.

一、一般式方程

空间直线可以看成两个平面的交线，设两个相交平面的方程分别为 $A_1x+B_1y+C_1z+D_1=0$ 和 $A_2x+B_2y+C_2z+D_2=0$，其交线上任意一点的坐标应同时满足这两个平面方程，我们将这两个平面方程联立可得

$$\begin{cases}A_1x+B_1y+C_1z+D_1=0,\\A_2x+B_2y+C_2z+D_2=0.\end{cases}\tag{5-3}$$

称式 (5-3) 为空间直线的一般式方程.

二、点向式方程和参数方程

设非零向量 $\boldsymbol{s}$ 与一条空间直线平行，则称 $\boldsymbol{s}$ 为该直线的方向向量. 显然，直线的方向向量有无穷多个.

设点 $M_0(x_0,y_0,z_0)$ 在直线 L 上，直线 L 的方向向量为 $\boldsymbol{s}=(m,n,p)$，$M(x,y,z)$ 为直线 L 上任意一点，则 $\overrightarrow{M_0M}$ 与 $\boldsymbol{s}$ 平行. 根据两向量平行的性质可得

$$\frac{x-x_0}{m}=\frac{y-y_0}{n}=\frac{z-z_0}{p}.\tag{5-4}$$

称式（5.4）为空间直线的点向式方程（或对称式方程）.

若令$\frac{x-x_0}{m}=\frac{y-y_0}{n}=\frac{z-z_0}{p}=t$，则可以推导出空间直线的参数方程

$$\begin{cases}x=x_0+mt,\\ y=y_0+nt,\\ z=z_0+pt.\end{cases} \tag{5-5}$$

例 1　用点向式方程表示直线$\begin{cases}x+2y+3z+1=0,\\ 3x+y+z-1=0.\end{cases}$

解　首先找到该直线上任意一点，令 $x=1$ 代入方程组

$$\begin{cases}2y+3z+2=0,\\ y+z+2=0.\end{cases}$$

解得 $y=-4$，$z=2$，即 $(1,-4,2)$ 是该直线上的点.

因为直线的方向向量 $\boldsymbol{s}$ 与两平面的法向量 $\boldsymbol{n}_1(1,2,3)$、$\boldsymbol{n}_2(3,1,1)$ 均垂直，所以可取

$$\boldsymbol{s}=\boldsymbol{n}_1\times\boldsymbol{n}_2=\begin{vmatrix}\boldsymbol{i} & \boldsymbol{j} & \boldsymbol{k}\\ 1 & 2 & 3\\ 3 & 1 & 1\end{vmatrix}=-\boldsymbol{i}+8\boldsymbol{j}-5\boldsymbol{k},$$

故直线的点向式方程为

$$\frac{x-1}{-1}=\frac{y+4}{8}=\frac{z-2}{-5}.$$

例 2　求过点 $M_1(x_1,y_1,z_1)$，$M_2(x_2,y_2,z_2)$ 的直线方程.

解　设所求直线方程为$\frac{x-x_1}{m}=\frac{y-y_1}{n}=\frac{z-z_1}{p}$，

由于直线过点 M_1、M_2，所以直线的方向向量为 $\overrightarrow{M_1M_2}=\{x_2-x_1,y_2-y_1,z_2-z_1\}$，

故所求的直线方程为$\frac{x-x_1}{x_2-x_1}=\frac{y-y_1}{y_2-y_1}=\frac{z-z_1}{z_2-z_1}$.

三、两直线的夹角

两直线方向向量的夹角叫作两直线的夹角，记作 $\theta\left(0<\theta\leqslant\frac{\pi}{2}\right)$.

设直线 L_1 和 L_2 的方向向量依次为 $\boldsymbol{s}_1=(m_1,n_1,p_1)$ 和 $\boldsymbol{s}_2=(m_2,n_2,p_2)$，则直线 L_1 和 L_2 的夹角 θ 余弦为

$$\cos\theta=\frac{|m_1m_2+n_1n_2+p_1p_2|}{\sqrt{m_1^2+n_1^2+p_1^2}\sqrt{m_2^2+n_2^2+p_2^2}}.$$

因此两直线互相垂直的充要条件是 $m_1m_2+n_1n_2+p_1p_2=0$；两直线互相平行或重合的充要条件是$\frac{m_1}{m_2}=\frac{n_1}{n_2}=\frac{p_1}{p_2}$.

例 3 求直线 L_1：$\frac{x-3}{4}=\frac{y+2}{0}=\frac{z-1}{-4}$ 和 L_2：$\frac{x}{-3}=\frac{y-1}{-3}=\frac{z+1}{0}$ 的夹角.

解 因为

$$\begin{aligned}\cos\theta &= \frac{|m_1m_2+n_1n_2+p_1p_2|}{\sqrt{m_1^2+n_1^2+p_1^2}\sqrt{m_2^2+n_2^2+p_2^2}} \\ &= \frac{|4\times(-3)+0\times(-3)+(-4)\times 0|}{\sqrt{4^2+0^2+(-4)^2}\sqrt{(-3)^2+(-3)^2+0^2}} \\ &= \left|-\frac{1}{2}\right| \\ &= \frac{1}{2},\end{aligned}$$

所以 $\theta=\frac{\pi}{3}$.

第七节　常见曲面及其方程

一、柱面

定义 直线 L 沿定曲线 C 平行移动形成的轨迹称为柱面，定曲线 C 称为柱面的准线，动直线 L 称为柱面的母线.

例 1 在空间直角坐标系中，以 xOy 面上的椭圆 $\frac{x^2}{a^2}+\frac{y^2}{b^2}=1$ 为准线，以平行于 z 轴的直线为母线的椭圆柱面方程为 $\frac{x^2}{a^2}+\frac{y^2}{b^2}=1$，如图 5－13 所示.

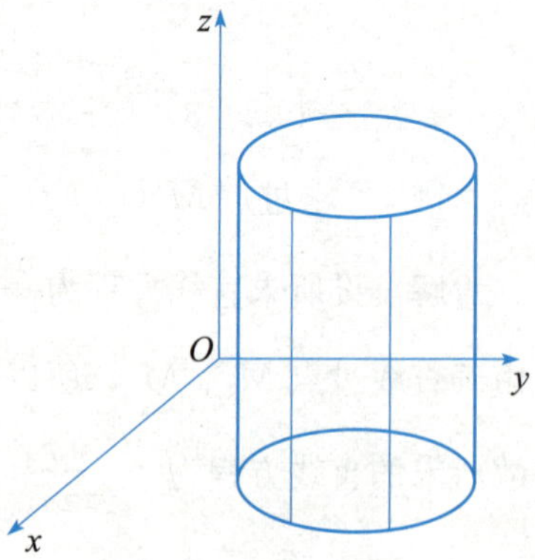

图 5－13

一般地，在空间直角坐标系中，只含有 x，y 而缺少 z 的方程 $F(x,y)=0$ 表示准线为 xOy 面上的曲线 $F(x,y)=0$，而母线平行于 z 轴的柱面. 可见，空间直角坐标系中，只含两个变量的方程表示柱面，柱面的母线平行于所缺变量对应的坐标轴.

二、旋转曲面

定义 一条平面曲线 C 绕其平面上一条定直线 L 旋转一周所形成的曲面称为旋转曲面，平面曲线 C 叫作旋转曲面的母线，定直线 L 叫作旋转曲面的轴.

例 2 在空间直角坐标系中，直线 L 绕另一条与 L 相交的直线旋转一周，所得的旋转曲面称为圆锥面，两直线的交点叫作圆锥面的顶点，两直线的夹角 $\alpha\left(0<\alpha<\frac{\pi}{2}\right)$ 叫作

圆锥面的半顶角. 顶点在原点，以 z 轴为旋转轴，半顶角为 α 的圆锥面方程为 $z=\pm\sqrt{x^2+y^2}\cot\alpha$，如图 5-14 所示.

三、二次曲面

定义 空间直角坐标系中，三元二次方程 $F(x,y,z)=0$ 所表示的平面称为二次曲面. 常见的二次曲面有以下几种。

1. 球面

$(x-x_0)^2+(y-y_0)^2+(z-z_0)^2=R^2$，$M_0(x_0,y_0,z_0)$ 为球心，R 为半径，如图 5-15 所示.

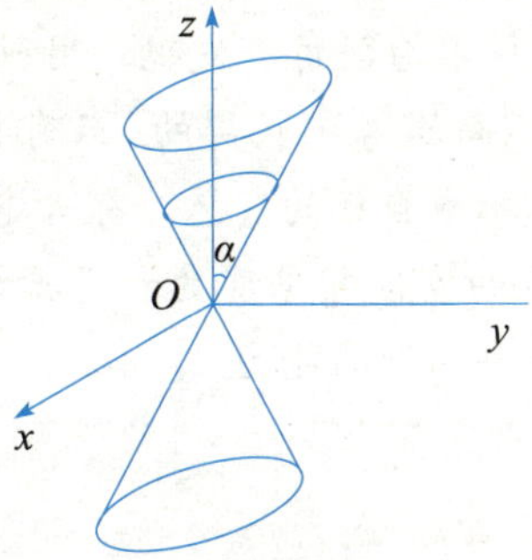

图 5-14

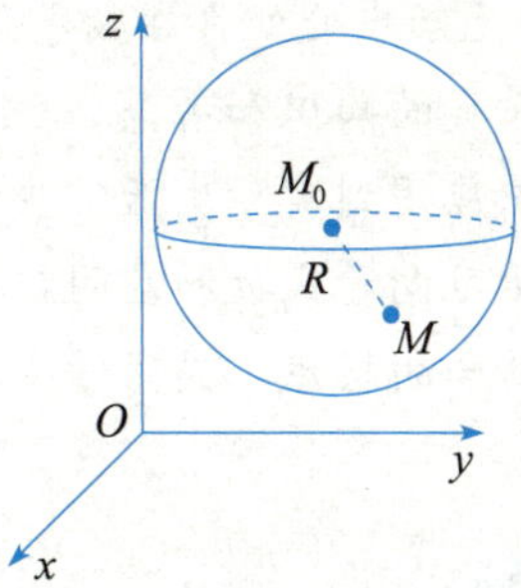

图 5-15

知识链接

设球心在点 $(-1,-3,2)$ 处且通过点 $(1,-1,1)$，求此球面方程.

解 由空间两点间的距离公式可得

球半径 $R=\sqrt{[1-(-1)]^2+[-1-(-3)]^2+(1-2)^2}=3$，

则球面方程为 $(x+1)^2+(y+3)^2+(z-2)^2=9$.

2. 椭球面

$\dfrac{x^2}{a^2}+\dfrac{y^2}{b^2}+\dfrac{z^2}{c^2}=1(a>0,b>0,c>0)$，$a$，$b$，$c$ 为椭球面的半径.

3. 椭圆锥面

$\dfrac{x^2}{a^2}+\dfrac{y^2}{b^2}=z^2\ (a>0,b>0)$.

4. 抛物面

(1) 椭圆抛物面：$\dfrac{x^2}{a^2}+\dfrac{y^2}{b^2}=z(a>0,b>0)$；

(2) 双曲抛物面：$\dfrac{x^2}{a^2}-\dfrac{y^2}{b^2}=z(a>0,b>0)$，双曲抛物面又称马鞍面.

5. 双曲面

(1) 单叶双曲面：$\frac{x^2}{a^2}+\frac{y^2}{b^2}-\frac{z^2}{c^2}=1(a>0,b>0,c>0)$；

(2) 双叶双曲面：$\frac{x^2}{a^2}-\frac{y^2}{b^2}-\frac{z^2}{c^2}=1(a>0,b>0,c>0)$.

素养提升小课堂

植物学家利用空间中平面夹角的知识测量发现，很多植物中相邻两片叶子之间的夹角约为137.5°，这个角度对叶子的采光、通风来说都是最佳的. 因此，在现代园林建设中，常常根据不同植物的形态、高度以及所占的面积，运用空间解析几何知识设计和布局. 生活中处处存在数学知识，需要我们用科学的视角去发现，用科学的思想去研究，人类的知识和智慧，就是在不断学习和不断思考中获得的. 只有善于思考，将理论知识应用到实际生活、生产当中，才能真正形成自己的智慧，有所建树.

通过学习向量代数和空间解析几何，培养学生的空间想象能力和逻辑推理能力. 借助数形结合的思想，提高学生综合考虑问题和解决问题的能力.

知识回顾

一、知识结构图

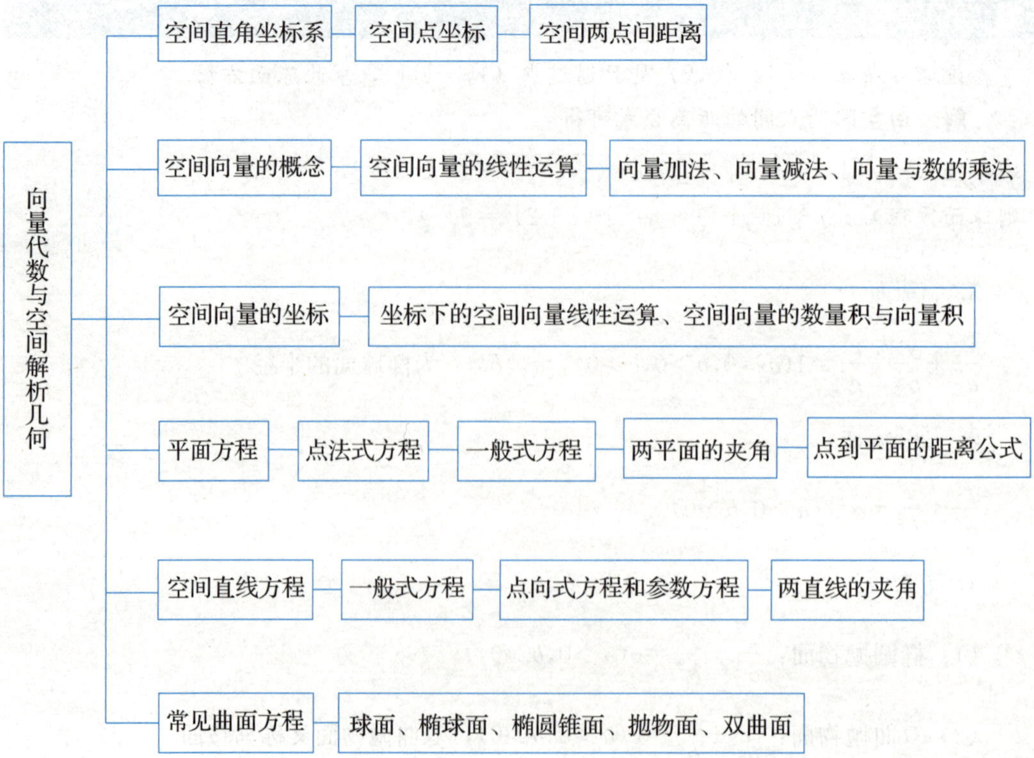

二、重点小结

空间直角坐标系	空间点坐标	$M(x,y,z)$
	两点间距离公式	$\lvert M_1M_2\rvert=\sqrt{(x_2-x_1)^2+(y_2-y_1)^2+(z_2-z_1)^2}$
空间向量坐标表示及运算	空间向量的坐标	$\boldsymbol{r}=\overrightarrow{OM}=x\boldsymbol{i}+y\boldsymbol{j}+z\boldsymbol{k}$ $\boldsymbol{r}=(x,y,z)$
	空间向量的线性运算	设 $\boldsymbol{a}=a_1\boldsymbol{i}+a_2\boldsymbol{j}+a_3\boldsymbol{k}$，$\boldsymbol{b}=b_1\boldsymbol{i}+b_2\boldsymbol{j}+b_3\boldsymbol{k}$ (1) 加法：$\boldsymbol{a}+\boldsymbol{b}=(a_1+b_1)\boldsymbol{i}+(a_2+b_2)\boldsymbol{j}+(a_3+b_3)\boldsymbol{k}$， 即 $\boldsymbol{a}+\boldsymbol{b}=(a_1+b_1,\ a_2+b_2,\ a_3+b_3)$； (2) 减法：$\boldsymbol{a}-\boldsymbol{b}=(a_1-b_1)\boldsymbol{i}+(a_2-b_2)\boldsymbol{j}+(a_3-b_3)\boldsymbol{k}$， 即 $\boldsymbol{a}-\boldsymbol{b}=(a_1-b_1,\ a_2-b_2,\ a_3-b_3)$； (3) 数乘：$\lambda\boldsymbol{a}=(\lambda a_1)\boldsymbol{i}+(\lambda a_2)\boldsymbol{j}+(\lambda a_3)\boldsymbol{k}$， 即 $\lambda\boldsymbol{a}=(\lambda a_1,\ \lambda a_2,\ \lambda a_3)$（$\lambda$ 为实数）
	空间向量的数量积	$\boldsymbol{a}\cdot\boldsymbol{b}=\lvert\boldsymbol{a}\rvert\,\lvert\boldsymbol{b}\rvert\cos\theta$ $\boldsymbol{a}\cdot\boldsymbol{b}=a_1b_1+a_2b_2+a_3b_3$
	空间向量的向量积	$\boldsymbol{a}\times\boldsymbol{b}=\begin{vmatrix}\boldsymbol{i}&\boldsymbol{j}&\boldsymbol{k}\\a_1&a_2&a_3\\b_1&b_2&b_3\end{vmatrix}$
平面及其方程	点法式方程	点 M_0 $(x_0,\ y_0,\ z_0)$，法向量 $\boldsymbol{n}=(A,\ B,\ C)$ $A(x-x_0)+B(y-y_0)+C(z-z_0)=0$
	一般式方程	$Ax+By+Cz+D=0$
空间直线及其方程	一般式方程	$\begin{cases}A_1x+B_1y+C_1z+D_1=0,\\A_2x+B_2y+C_2z+D_2=0\end{cases}$
	点向式方程和参数方程	点向式方程 $\dfrac{x-x_0}{m}=\dfrac{y-y_0}{n}=\dfrac{z-z_0}{p}$ 参数方程 $\begin{cases}x=x_0+mt,\\y=y_0+nt,\\z=z_0+pt\end{cases}$
常见曲面及其方程	球面方程	$(x-x_0)^2+(y-y_0)^2+(z-z_0)^2=R^2$
	椭球面方程	$\dfrac{x^2}{a^2}+\dfrac{y^2}{b^2}+\dfrac{z^2}{c^2}=1$ $(a>0,\ b>0,\ c>0)$
	椭圆锥面	$\dfrac{x^2}{a^2}+\dfrac{y^2}{b^2}=z^2$ $(a>0,\ b>0)$
	椭圆抛物面	$\dfrac{x^2}{a^2}+\dfrac{y^2}{b^2}=z$ $(a>0,\ b>0)$
	双曲抛物面	$\dfrac{x^2}{a^2}-\dfrac{y^2}{b^2}=z$ $(a>0,\ b>0)$
	单叶双曲面	$\dfrac{x^2}{a^2}+\dfrac{y^2}{b^2}-\dfrac{z^2}{c^2}=1$ $(a>0,\ b>0,\ c>0)$
	双叶双曲面	$\dfrac{x^2}{a^2}-\dfrac{y^2}{b^2}-\dfrac{z^2}{c^2}=1$ $(a>0,\ b>0,\ c>0)$

阅读与欣赏

勒内·笛卡尔

勒内·笛卡尔，1596 年 3 月 31 日生于法国安德尔-卢瓦尔省的图赖讷（此地名现为笛卡尔），1650 年 2 月 11 日逝世于瑞典斯德哥尔摩，是世界著名的哲学家、数学家和物理学家. 他对现代数学的发展作出了重要的贡献，因将几何坐标体系公式化而被称为解析几何之父. 他还是西方现代哲学思想的奠基人，是近代唯物论的开拓者. 他的哲学思想深深影响了几代欧洲人，开拓了所谓"欧陆理性主义"哲学，堪称 17 世纪欧洲哲学界和科学界最有影响的巨匠之一.

目标检测五

一、单项选择题

1. 已知点 P 在空间直角坐标系中的坐标为 $(1,1,1)$，则点 P 关于 y 轴的对称点坐标为（　　）.

A. $(1,1,1)$　　B. $(-1,-1,-1)$

C. $(1,-1,1)$　　D. $(-1,1,-1)$

2. 点 $P(1,0,2)$ 在空间直角坐标系中的位置是在（　　）.

A. x 轴上　　B. xOy 平面上　　C. xOz 平面上　　D. y 轴上

3. 原点到平面 $x+2y+3z-7=0$ 的距离为（　　）.

A. $\frac{1}{2}$　　B. $\frac{\sqrt{14}}{2}$　　C. $\sqrt{14}$　　D. y 轴上

4. 下列向量中，与向量 $\boldsymbol{a}=(1,3,2)$ 平行的向量为（　　）.

A. $(2,1,3)$　　B. $(-1,-3,2)$

C. $(1,-3,2)$　　D. $(-1,-3,-2)$

5. 下列向量中，与向量 $\boldsymbol{a}=(1,3,2)$ 垂直的向量为（　　）.

A. $(2,1,3)$　　B. $(-1,-3,2)$

C. $(1,-3,2)$　　D. $(-1,-3,-2)$

6. 与直线 l：$\frac{x-1}{1}=\frac{y+3}{2}=\frac{z-2}{3}$ 平行且经过点 $A(3,5,1)$ 的直线是（　　）.

A. $\frac{x+3}{1}=\frac{y+5}{2}=\frac{z+1}{3}$　　B. $\frac{x-3}{1}=\frac{y-5}{2}=\frac{z-1}{3}$

C. $\frac{x+3}{1}=\frac{y+5}{-3}=\frac{z+1}{2}$　　D. $\frac{x-3}{1}=\frac{y-5}{-3}=\frac{z-1}{2}$

7. 下列向量中，与平面 $x-y+2z-9=0$ 垂直的向量是（　　）.

A. $(1,-1,2)$　　B. $(-1,1,2)$

C. $(1,5,2)$　　D. $(-1,5,-2)$

8. 下列向量中，与平面 $x-y+2z-9=0$ 平行的向量是（　　）.

A. $(1,-1,2)$　　B. $(-1,1,2)$

C. (1,5,2)　　D. (−1,5,−2)

9. 已知 $A(1,1,-5)$，$B(-1,-1,5)$，O 为坐标原点，则 $\overrightarrow{OA}$ 与 $\overrightarrow{OB}$ 的夹角为 (　　).

A. $\frac{\pi}{4}$　　B. $\frac{\pi}{3}$　　C. $\frac{\pi}{2}$　　D. π

10. 在长方体 $ABCD-A_1B_1C_1D_1$ 中，若 $A(0,0,0)$，$B(2,0,0)$，$B_1(2,0,-1)$，$D(0,3,0)$，则向量 $\overrightarrow{B_1D}$ 的模为 (　　).

A. 1　　B. 3　　C. 5　　D. $\sqrt{14}$

二、填空题

1. 点 $P(1,2,3)$ 到原点的距离是____________.
2. 平面 $x-y-3z-6=0$ 与平面 $x-2y+z+1=0$ 的夹角为____________.
3. 空间中过两点 $A(2,1,5)$ 与 $B(1,4,3)$ 的直线方程为____________.
4. 在 x 轴上与点 $A(1,2,3)$ 和点 $B(3,2,1)$ 距离相等的点为____________.

三、解答题

1. 求过点 $P(4,5,1)$ 且垂直于向量 $\boldsymbol{n}=(1,1,-1)$ 的平面方程.
2. 用点向式方程表示直线 $\begin{cases} x+y=0, \\ y+z=0. \end{cases}$
3. 已知 $A(2,1,2)$，$B(1,1,1)$，$C(2,2,1)$，求向量 $\overrightarrow{AB}$ 与 $\overrightarrow{AC}$ 的夹角.

第六章　二元函数微积分

学习引导

在前面的章节中我们学习了一元函数微积分，但在实际应用中经常会遇到含有两个或多个自变量的函数，即多元函数. 本章将在一元函数微积分的基础上，介绍二元函数微积分及其应用，在学习过程中要特别注意一元函数和二元函数在内容和方法上的相同之处和不同之处，同时值得说明的是二元函数的所有定理和公式都很容易推广到自变量个数更多的多元函数.

学习目标

掌握　二元函数偏导数和二阶偏导数的求法，二元函数全微分的计算，二元复合函数与隐函数的偏导数求法，二元函数极值与最值的求法，二重积分的计算（直角坐标、极坐标）.

熟悉　二元函数的定义域，偏导数与全微分的概念，二重积分的性质.

了解　二元函数及多元函数的概念，二元函数极限与连续的概念，二元函数极值的概念，二重积分的概念.

素质培养　培养学生用数学思维分析问题、解决问题的能力，提高学生的数学素质和职业技能，做全面发展的新时代应用型人才.

案例导入

某厂要用铁板做成一个体积为 2m^3 的有盖长方体水箱，问当长、宽、高各取怎样的尺寸时，才能使用料最省？

第一节　二元函数

一、二元函数的概念

引例 1　长方形的面积 S 依赖于长方形的两条边 a 和 b，它们之间的关系如下：

$$S=ab,\{(a,b)\mid a>0,b>0\}.$$

长方形面积 S 随长方形的两条边 a 和 b 的变化而变化.

引例 2　一定量的理想气体的压强 P 与体积 V、温度 T 的关系如下：

$$P=\frac{RT}{V}(R\text{ 为常数}),\{(V,T)|V>0,T>T_0\}.$$

压强 P 随体积 V 和温度 T 的变化而变化.

以上两个引例的意义虽然不同，但实质是一样的，即在每个问题中都涉及三个变量，其中一个变量随着另外两个变量的变化而变化，于是得出二元函数.

定义　设有三个自变量 x，y，z，如果对于变量 x，y，在它们的变化范围内所取的每一对值，变量 z 按照一定的规律，总有唯一确定的值与之对应，那么 z 叫作 x，y 的二元函数，记作

$$z=f(x,y)\text{ 或 }z=z(x,y),$$

其中 x，y 叫作自变量，z 叫作函数或因变量.

自变量 x，y 的取值变化范围叫作二元函数 $z=f(x,y)$ 的定义域，用 D 表示. 当自变量 x，y 分别取 x_0，y_0 时，函数 z 的对应值 z_0 叫作二元函数 $z=f(x,y)$ $x=x_0$，$y=y_0$ 时的函数值，记作 $z_0=f(x_0,y_0)$. 函数值的集合叫作二元函数 $z=f(x,y)$ 的值域，用 $f(D)$ 表示. 需要说明的是：对于由实际问题建立的函数，可根据实际问题来确定函数的定义域.

类似地，可以定义三元函数 $u=f(x,y,z)$ 以及 n 元函数 $u=f(x_1,x_2,\cdots,x_n)$. 多于一个自变量的函数称为多元函数，本书主要研究二元函数.

例 1　求二元函数 $z=\ln(x+y)$ 的定义域.

解　要使函数有意义，自变量 x，y 的取值必须满足不等式 $x+y>0$，故函数的定义域为 $D=\{(x,y)|x+y>0\}$，如图 6-1 所示.

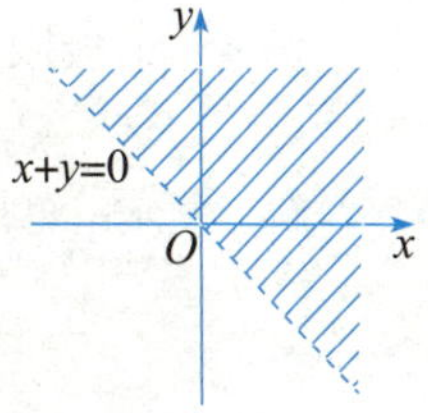

图 6-1

例 2　求二元函数 $z=\ln(x^2+y^2-1)+\sqrt{9-x^2-y^2}$ 的定义域.

解　函数由 $\ln(x^2+y^2-1)$ 与 $\sqrt{9-x^2-y^2}$ 两部分组成，所以要使函数有意义，x，y 应满足不等式组

$$\begin{cases}x^2+y^2-1>0\\9-x^2-y^2\geqslant 0\end{cases},$$

即　　$1<x^2+y^2\leqslant 9$.

故函数的定义域为 $D=\{(x,y)|1<x^2+y^2\leqslant 9\}$.

一元函数的定义域是数轴上的点集，一般可用区间表示，而二元函数的定义域要复杂得多，通常是由平面上一条或几条光滑曲线所围成的平面区域.

二、二元函数的极限

类似一元函数 $y=f(x)$ 的极限，二元函数 $z=f(x,y)$ 的极限，就是当自变量 x，y 无限趋近于一组定数 x_0，y_0，即点 $P(x,y)$ 趋于点 $P_0(x_0,y_0)$ 时，对应函数的变化

趋势. 用 $P\to P_0$ 表示点 $P(x,y)$ 趋近于点 $P_0(x_0,y_0)$，其意义是指点 P 与点 P_0 的距离趋近于零，即

$$|PP_0|=\sqrt{(x-x_0)^2+(y-y_0)^2}\to 0.$$

特别指出：平面上由一点到另一点有无数条路径，因此点 P 趋近于点 P_0 的方式是多种多样的.

定义 设二元函数 $z=f(x,y)$ 在点 $P_0(x_0,y_0)$ 的某一邻域内有定义，如果当点 $P(x,y)$ 沿任意路径趋近于点 $P_0(x_0,y_0)$ 时，对应的函数无限趋近于一个确定的常数 A，那么称这个常数 A 为二元函数 $z=f(x,y)$ 当 $(x,y)\to(x_0,y_0)$ 时的极限，记作

$$\lim_{(x,y)\to(x_0,y_0)} f(x,y)=A.$$

需要注意，二元函数极限存在，是指当 $P(x,y)$ 以任何方式趋近于 $P_0(x_0,y_0)$ 时，函数 $f(x,y)$ 都无限接近于一个确定常数 A. 因此，当 $P(x,y)$ 仅以某一特殊的方式趋近于 $P_0(x_0,y_0)$ 时，即使函数 $f(x,y)$ 无限趋近于某一个确定的值，我们也不能说明函数极限就一定存在.

关于二元函数的极限概念，可以相应地推广到多元函数 $u=f(x_1,x_2,x_3,\cdots,x_n)$.

例 3 求极限 $\displaystyle\lim_{(x,y)\to(0,2)}\frac{\sin(xy)}{x}$.

解
$$\begin{aligned}\lim_{(x,y)\to(0,2)}\frac{\sin(xy)}{x}&=\lim_{(x,y)\to(0,2)}\left[\frac{\sin(xy)}{xy}\cdot y\right]\\&=\lim_{(x,y)\to(0,2)}\frac{\sin(xy)}{xy}\cdot\lim_{y\to 2}y\\&=1\times 2=2.\end{aligned}$$

例 4 求极限 $\displaystyle\lim_{(x,y)\to(0,1)}\frac{2-\sqrt{xy+4}}{xy}$.

解
$$\begin{aligned}\lim_{(x,y)\to(0,1)}\frac{2-\sqrt{xy+4}}{xy}&=\lim_{(x,y)\to(0,1)}\frac{(2-\sqrt{xy+4})(2+\sqrt{xy+4})}{xy(2+\sqrt{xy+4})}\\&=\lim_{(x,y)\to(0,1)}\frac{-xy}{xy(2+\sqrt{xy+4})}\\&=\lim_{(x,y)\to(0,1)}\frac{-1}{2+\sqrt{xy+4}}=-\frac{1}{4}.\end{aligned}$$

三、二元函数的连续

类似于一元函数连续的概念，下面研究二元函数的连续性.

定义 设二元函数 $z=f(x,y)$ 的定义域为 D，点 $(x_0,y_0)\in D$，若有 $\displaystyle\lim_{(x,y)\to(x_0,y_0)}f(x,y)=f(x_0,y_0)$，则称二元函数 $z=f(x,y)$ 在点 (x_0,y_0) 处连续，而点 (x_0,y_0) 称为二元函数 $z=f(x,y)$ 的连续点.

若二元函数 $z=f(x,y)$ 在区域 D 上的每一个点都连续，则称二元函数 $z=f(x,y)$

在区域 D 上连续.

如果二元函数 $z=f(x,y)$ 在点 (x_0,y_0) 无定义，或 $\lim\limits_{(x,y)\to(x_0,y_0)} f(x,y)$ 不存在，或 $\lim\limits_{(x,y)\to(x_0,y_0)} f(x,y)\neq f(x_0,y_0)$，那么二元函数 $z=f(x,y)$ 在点 (x_0,y_0) 处不连续，点 (x_0,y_0) 叫作二元函数 $z=f(x,y)$ 的间断点.

连续的二元函数具有以下性质.

性质 1　连续的二元函数的和、差、积、商（分母不为零）仍是连续函数.

性质 2　连续的二元函数的复合函数仍是连续函数.

性质 3　一切二元初等函数在其定义域内都是连续的.

二元初等函数是指，由常数及具有不同自变量的一元基本初等函数，经过有限次的四则运算和复合运算，并且可用一个式子表示的二元函数. 由二元初等函数的连续性质和定义可得，如果要求二元函数在点 $P_0(x_0,y_0)$ 处的极限，而该点在函数的定义区域内，那么此极限值就等于函数在该点处的函数值，即

$$\lim_{(x,y)\to(x_0,y_0)} f(x,y)=f(x_0,y_0).$$

例 5　已知函数 $f(x,y)=\dfrac{x+y}{xy}$，求 $f(x,y)$ 的连续区域和 $\lim\limits_{(x,y)\to(1,2)} f(x,y)$.

解　函数 $f(x,y)=\dfrac{x+y}{xy}$是初等函数，其定义域为 $D=\{(x,y)\mid x\neq 0,y\neq 0\}$，即 $f(x,y)$ 的连续区域为 xOy 面内的四个象限.

因为点 (1,2) 在第一象限内，即连续区域内的点，所以函数在点 (1,2) 是连续的，故由连续的定义，可得

$$\lim_{(x,y)\to(1,2)} f(x,y)=f(1,2)=\frac{3}{2}.$$

第二节　偏导数与全微分

一、偏导数

1. 偏导数定义及计算

对于多元函数来说，由一个自变量变化而其余自变量固定不变而产生的变化率，称为多元函数的偏导数.

微课

偏导数的计算

定义　设二元函数 $z=f(x,y)$ 在点 (x_0,y_0) 的某一邻域内有定义，若极限

$$\lim_{\Delta x\to 0}\frac{f(x_0+\Delta x,y_0)-f(x_0,y_0)}{\Delta x}$$

存在，则称这个极限为二元函数 $z=f(x,y)$ 在点 (x_0,y_0) 处对 x 的偏导数，记作

$$\left.\frac{\partial z}{\partial x}\right|_{\substack{x=x_0\\y=y_0}},\left.\frac{\partial f}{\partial x}\right|_{\substack{x=x_0\\y=y_0}},z'_x(x_0,y_0),f'_x(x_0,y_0).$$

即
$$f'_x(x_0,y_0)=\lim_{\Delta x\to 0}\frac{f(x_0+\Delta x,\ y_0)\ -f(x_0,y_0)}{\Delta x}.$$

类似地，二元函数 $z=f(x,y)$ 在点 (x_0,y_0) 处对 y 的偏导数记作

$$\left.\frac{\partial z}{\partial y}\right|_{\substack{x=x_0\\y=y_0}},\left.\frac{\partial f}{\partial y}\right|_{\substack{x=x_0\\y=y_0}},z'_y(x_0,y_0),f'_y(x_0,y_0).$$

即
$$f'_y(x_0,y_0)=\lim_{\Delta y\to 0}\frac{f(x_0,y_0+\Delta y)\ -f(x_0,y_0)}{\Delta y}.$$

因此，求二元函数 $z=f(x,y)$ 的偏导数，并不需要用新的方法，求$\frac{\partial f}{\partial x}$时，只要把 y 暂时看作常量而对 x 求导数；求$\frac{\partial f}{\partial y}$时，只要把 x 暂时看作常量而对 y 求导数.

例 1 设函数 $f(x,y)=x^2+2xy-y^2$，求 $f'_x(x,y)$ 和 $f'_y(x,y)$.

解 求 $f'_x(x,y)$ 时，将 y 看作常量，对 x 求导，得

$$f'_x(x,y)=2x+2y.$$

求 $f'_y(x,y)$ 时，将 x 看作常量，对 y 求导，得

$$f'_y(x,y)=2x-2y.$$

例 2 求 $z=\arctan\frac{y}{x}$的偏导数.

解
$$\frac{\partial z}{\partial x}=\frac{1}{1+\left(\frac{y}{x}\right)^2}\cdot\left(-\frac{y}{x^2}\right)=\frac{-y}{x^2+y^2},$$

$$\frac{\partial z}{\partial y}=\frac{1}{1+\left(\frac{y}{x}\right)^2}\cdot\frac{1}{x}=\frac{x}{x^2+y^2}.$$

利用同样的方法，可以定义并求出三元函数及三元以上的多元函数的偏导数.

2. 二阶偏导数

定义 二元函数 $z=f(x,y)$ 在区域 D 内具有两个偏导数$\frac{\partial z}{\partial x}$与$\frac{\partial z}{\partial y}$，一般都是 x，y 的函数，如果它们关于 x，y 的偏导数仍然在 D 内存在，则把它们的偏导数叫作二元函数 $z=f(x,y)$ 的二阶偏导数. 根据对变量求导数的顺序不同，二元函数 $z=f(x,y)$ 的二阶偏导数有四个：

$$\frac{\partial}{\partial x}\left(\frac{\partial z}{\partial x}\right)=\frac{\partial^2 z}{\partial x^2}=f''_{xx}(x,y),\quad \frac{\partial}{\partial y}\left(\frac{\partial z}{\partial x}\right)=\frac{\partial^2 z}{\partial x\partial y}=f''_{xy}(x,y),$$

$$\frac{\partial}{\partial x}\left(\frac{\partial z}{\partial y}\right)=\frac{\partial^2 z}{\partial y\partial x}=f''_{yx}(x,y),\quad \frac{\partial}{\partial y}\left(\frac{\partial z}{\partial y}\right)=\frac{\partial^2 z}{\partial y^2}=f''_{yy}(x,y),$$

其中$\frac{\partial^2 z}{\partial x\partial y}$和$\frac{\partial^2 z}{\partial y\partial x}$称为二元函数 $z=f(x,y)$ 的二阶混合偏导数.

同样，可以定义三阶、四阶、……、n 阶偏导数，二阶及二阶以上的偏导数叫作高阶偏导数.

例 3　求 $z=x^3y^2-3xy^3-xy+1$ 的二阶偏导数.

解　$\frac{\partial z}{\partial x}=3x^2y^2-3y^3-y$，　$\frac{\partial z}{\partial y}=2x^3y-9xy^2-x$，

$\frac{\partial^2 z}{\partial x^2}=6xy^2$，　$\frac{\partial^2 z}{\partial x\partial y}=6x^2y-9y^2-1$，

$\frac{\partial^2 z}{\partial y\partial x}=6x^2y-9y^2-1$，　$\frac{\partial^2 z}{\partial y^2}=2x^3-18xy$.

可以看出，例 3 中的两个混合偏导数相等，即$\frac{\partial^2 z}{\partial x\partial y}=\frac{\partial^2 z}{\partial y\partial x}$.

可以证明，如果函数 $z=f(x,y)$ 的两个二阶混合偏导数$\frac{\partial^2 z}{\partial x\partial y}$，$\frac{\partial^2 z}{\partial y\partial x}$在区域 D 内连续，那么在该区域内这两个二阶混合偏导数必相等，即$\frac{\partial^2 z}{\partial x\partial y}=\frac{\partial^2 z}{\partial y\partial x}$.

也就是说，二阶混合偏导数在连续的条件下与求导次序无关. 这个结论也适用于三元及三元以上的函数.

二、全微分

与一元函数微分相类似，我们给出二元函数全微分的概念.

定义　设二元函数 $z=f(x,y)$ 在点 (x,y) 的某邻域内有定义，当自变量从 (x,y) 变化到 $(x+\Delta x,y+\Delta y)$ 时，如果二元函数 $z=f(x,y)$ 在点 (x,y) 处的全增量

$$\Delta z=f(x+\Delta x,y+\Delta y)-f(x,y)$$

可以表示为

$$\Delta z=A\Delta x+B\Delta y+o(\rho),$$

其中 A 和 B 不依赖于 Δx 和 Δy，而仅与 x 和 y 有关，$\rho=\sqrt{(\Delta x)^2+(\Delta y)^2}$，那么称二元函数 $z=f(x,y)$ 在点 (x,y) 是可微分的，并且把 $A\Delta x+B\Delta y$ 叫作二元函数 $z=f(x,y)$ 在点 (x,y) 的全微分，记作 $\mathrm{d}z$ 或 $\mathrm{d}f(x,y)$，即

$$\mathrm{d}z=A\Delta x+B\Delta y.$$

习惯上将自变量的增量 Δx，Δy 分别记为 $\mathrm{d}x$，$\mathrm{d}y$，并分别叫作自变量的微分，这样，二元函数 $z=f(x,y)$ 的全微分就表示为

$$dz=f'_x(x,y)dx+f'_y(x,y)dy \text{ 或 } dz=\frac{\partial z}{\partial x}dx+\frac{\partial z}{\partial y}dy.$$

定理 1 若二元函数 $z=f(x,y)$ 在点 (x,y) 可微分，则该函数在点 (x,y) 一定连续.

定理 2 若二元函数 $z=f(x,y)$ 在点 (x,y) 可微分，则该函数在点 (x,y) 的偏导数$\frac{\partial z}{\partial x}$与$\frac{\partial z}{\partial y}$必存在.

定理 3 若二元函数 $z=f(x,y)$ 在点 (x,y) 的两个偏导数存在且连续，则该函数在点 (x,y) 是可微分的.

例 4 求函数 $z=x^3y-3x^2y^3$ 的全微分.

解 因为$\frac{\partial z}{\partial x}=3x^2y-6xy^3$，$\frac{\partial z}{\partial y}=x^3-9x^2y^2$，

所以 $dz=(3x^2y-6xy^3)dx+(x^3-9x^2y^2)dy$.

【即学即练】

若 $z=y^x$，则 $dz=$（　　）.

A. $xy^{x-1}dx+y^x\ln x dy$　　B. $y^x\ln x dx+xy^{x-1}dy$

C. $xy^{x-1}dx+y^x\ln y dy$　　D. $y^x\ln y dx+xy^{x-1}dy$

三、复合函数偏导数

1. 二元复合函数的定义

设函数 z 是 u，v 的函数 $z=f(u,v)$，而 u，v 是 x，y 的函数 $u=\varphi(x,y)$，$v=\psi(x,y)$，则称函数 $z=f[\varphi(x,y),\psi(x,y)]$ 为自变量 x，y 的复合函数，u，v 为中间变量，结构如图 6-2 所示.

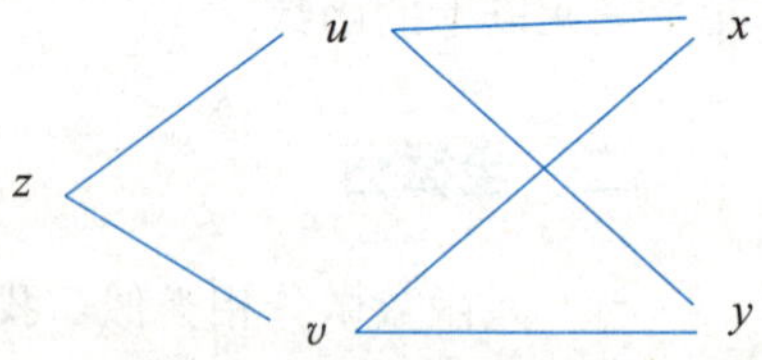

图 6-2

2. 二元复合函数的偏导数

与求一元复合函数导数的方法类似，通过 $f(u,v)$ 的偏导数和 $\varphi(x,y)$ 与 $\psi(x,y)$ 的偏导数求出函数 z 对自变量 x，y 的偏导数.

（1）基本形式的复合函数偏导数.

定义 设 $u=\varphi(x,y)$，$v=\psi(x,y)$ 在点 (x,y) 处有偏导数，$z=f(u,v)$ 在相应点 (u,v) 有连续偏导数，则复合函数 $z=f[\varphi(x,y),\psi(x,y)]$ 在点 (x,y) 的两个偏导数都存在，且

$$\frac{\partial z}{\partial x}=\frac{\partial z}{\partial u}\frac{\partial u}{\partial x}+\frac{\partial z}{\partial v}\frac{\partial v}{\partial x},\frac{\partial z}{\partial y}=\frac{\partial z}{\partial u}\frac{\partial u}{\partial y}+\frac{\partial z}{\partial v}\frac{\partial v}{\partial y}.$$

复合函数 $z=f[\varphi(x,y),\psi(x,y)]$ 的结构如图 6-2 所示，其偏导数中的项数，恰好等于结构图中变量 z 到达每个自变量 x，y 路径的个数，且每一项都是函数对中间变量的偏导数乘以中间变量对所求自变量的偏导数，一般称这种规则为链式法则. 需要进

一步说明的是，函数到达某个自变量有几条路径，所求偏导数就是几项相加，而每一条路径中有几个环节，那么该项就有几个偏导数相乘.

求复合函数偏导数时，一般先画出函数的结构图，然后依据链式法则，求出复合函数的偏导数.

例 5　$z=\mathrm{e}^u\sin v$，$u=xy$，$v=x+y$，求$\frac{\partial z}{\partial x}$，$\frac{\partial z}{\partial y}$.

解　函数结构如图 6－2 所示，

$$\frac{\partial z}{\partial x}=\frac{\partial z}{\partial u}\frac{\partial u}{\partial x}+\frac{\partial z}{\partial v}\frac{\partial v}{\partial x}=\mathrm{e}^u\sin v\cdot y+\mathrm{e}^u\cos v\cdot 1=\mathrm{e}^{xy}[y\sin(x+y)+\cos(x+y)],$$

$$\frac{\partial z}{\partial y}=\frac{\partial z}{\partial u}\frac{\partial u}{\partial y}+\frac{\partial z}{\partial v}\frac{\partial v}{\partial y}=\mathrm{e}^u\sin v\cdot x+\mathrm{e}^u\cos v\cdot 1=\mathrm{e}^{xy}[x\sin(x+y)+\cos(x+y)].$$

二元复合函数的求导法则可以推广到二元以上的复合函数，在此不做详述.

（2）其他形式的复合函数偏导数.

1）由二元函数 $z=f(u,v)$ 和两个一元函数 $u=\varphi(x)$，$v=\psi(x)$ 复合而成的函数为 $z=f[\varphi(x),\psi(x)]$，其结构如图 6－3 所示，则此复合函数是 x 的一元函数，对 x 的导数为

$$\frac{\mathrm{d}z}{\mathrm{d}x}=\frac{\partial z}{\partial u}\cdot\frac{\mathrm{d}u}{\mathrm{d}x}+\frac{\partial z}{\partial v}\cdot\frac{\mathrm{d}v}{\mathrm{d}x}.$$

我们把通过两个或两个以上中间变量复合而成的一元函数的导数称为全导数，记作$\frac{\mathrm{d}z}{\mathrm{d}x}$.

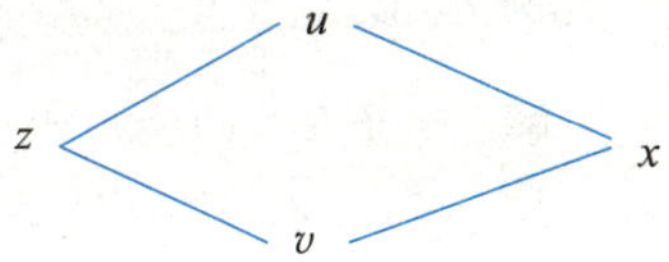

图 6－3

2）由一元函数 $z=f(u)$ 和二元函数 $u=\varphi(x,y)$ 复合而成的函数为 $z=f[\varphi(x,y)]$，其结构如图 6－4 所示，则此复合函数对 x，y 的偏导数为

$$\frac{\partial z}{\partial x}=\frac{\mathrm{d}z}{\mathrm{d}u}\frac{\partial u}{\partial x},\ \frac{\partial z}{\partial y}=\frac{\mathrm{d}z}{\mathrm{d}u}\frac{\partial u}{\partial y}.$$

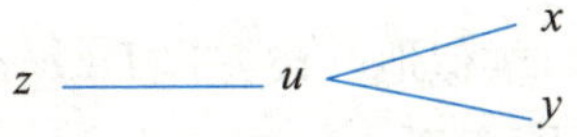

图 6－4

3）由二元函数 $z=f(u,v)$ 和函数 $u=\varphi(x)$，$v=\psi(x,y)$ 复合而成的函数为 $z=f[\varphi(x),\psi(x,y)]$，其结构如图 6－5 所示，则此复合函数对 x，y 的偏导数为

$$\frac{\partial z}{\partial x}=\frac{\partial z}{\partial u}\frac{\mathrm{d}u}{\mathrm{d}x}+\frac{\partial z}{\partial v}\frac{\partial v}{\partial x},\ \frac{\partial z}{\partial y}=\frac{\partial z}{\partial v}\frac{\partial v}{\partial y}.$$

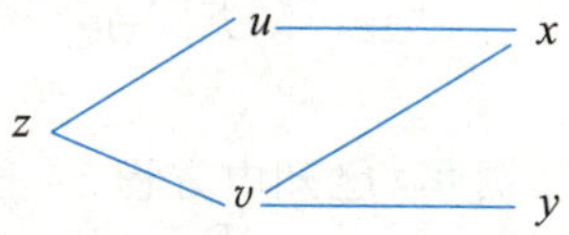

图 6－5

例 6　已知 $z=u^2-v^2$，$u=\sin x$，$v=\cos x$，求$\frac{\mathrm{d}z}{\mathrm{d}x}$.

解　$\frac{\partial z}{\partial u}=2u$，$\frac{\partial z}{\partial v}=-2v$，

$$\frac{\mathrm{d}u}{\mathrm{d}x}=\cos x,\frac{\mathrm{d}v}{\mathrm{d}x}=-\sin x,$$

$$\frac{dz}{dx}=\frac{\partial z}{\partial u}\frac{du}{dx}+\frac{\partial z}{\partial v}\frac{dv}{dx}=2u\cos x+2v\sin x$$
$$=2\sin x\cos x+2\cos x\sin x$$
$$=2\sin 2x.$$

四、隐函数偏导数

在一元函数中，我们曾学习过隐函数的求导方法，但未能给出一般的求导公式，现在利用二元复合函数的求导法则，推导出一元隐函数的求导公式.

设方程 $F(x,y)=0$ 确定了一元隐函数 $y=f(x)$，将 $y=f(x)$ 代入方程，得

$$F[x,f(x)]=0,$$

两端对 x 求全导数，得

$$F'_x+F'_y\cdot\frac{dy}{dx}=0,$$

当 $F'_y\neq0$ 时，一元隐函数求导公式为

$$\frac{dy}{dx}=-\frac{F'_x}{F'_y}.$$

例 7 设 $x^2+y^2=2x$，求$\frac{dy}{dx}$.

解 令 $F(x,y)=x^2+y^2-2x=0$，

则 $F'_x=2x-2$，$F'_y=2y$，

得 $\frac{dy}{dx}=-\frac{F'_x}{F'_y}=-\frac{2x-2}{2y}=\frac{1-x}{y}$.

类似地，设方程 $F(x,y,z)=0$ 确定了二元隐函数 $z=z(x,y)$，二元隐函数求导公式为

$$\frac{\partial z}{\partial x}=-\frac{F_x}{F_z},\frac{\partial z}{\partial y}=-\frac{F_y}{F_z}.$$

例 8 已知由方程 $x^2+2y^2+3z^2=4x$ 所确定的隐函数 $z=f(x,y)$，求$\frac{\partial z}{\partial x}$，$\frac{\partial z}{\partial y}$.

解 令 $F(x,y,z)=x^2+2y^2+3z^2-4x$，

则 $F'_x=2x-4$，$F'_y=4y$，$F'_z=6z$，

所以 $\frac{\partial z}{\partial x}=-\frac{F'_x}{F'_z}=-\frac{2x-4}{6z}=\frac{2-x}{3z}$，

$$\frac{\partial z}{\partial y}=-\frac{F'_y}{F'_z}=-\frac{4y}{6z}=-\frac{2y}{3z}.$$

例 9 求由方程 $e^{-xy}-2z+e^z=0$ 所确定的隐函数 $z=f(x,y)$ 的偏导数.

解　设 $F(x,y,z)=e^{-xy}-2z+e^z$，

则　$F'_x=-ye^{-xy}$，$F'_y=-xe^{-xy}$，$F'_z=-2+e^z$，

所以　$\dfrac{\partial z}{\partial x}=-\dfrac{F'_x}{F'_z}=\dfrac{ye^{-xy}}{e^z-2}$，$\dfrac{\partial z}{\partial y}=-\dfrac{F'_y}{F'_z}=\dfrac{xe^{-xy}}{e^z-2}$.

第三节　二元函数极值与最值

在日常生活中，经常会遇到求多元函数最值的问题，与一元函数类似，多元函数的最值和多元函数的极值是有密切关系的. 本节主要讨论用二元函数的偏导数求二元函数的极值和最值问题.

一、二元函数极值的概念

定义　设二元函数 $z=f(x,y)$ 在点 (x_0,y_0) 的某个邻域内有定义，如果对于该邻域内异于 (x_0,y_0) 的一切点 (x,y) 都有 $f(x,y)<f(x_0,y_0)$，那么点 (x_0,y_0) 叫作函数 $f(x,y)$ 的极大值点，$f(x_0,y_0)$ 为函数 $f(x,y)$ 的极大值；如果对于该邻域内异于 (x_0,y_0) 的一切点 (x,y) 都有 $f(x,y)>f(x_0,y_0)$，那么点 (x_0,y_0) 叫作函数 $f(x,y)$ 的极小值点，$f(x_0,y_0)$ 为函数 $f(x,y)$ 的极小值. 极大值与极小值统称为极值，极大值点与极小值点统称为极值点.

二元函数极值的概念，可以推广到 n 元函数.

例 1　函数 $z=-\sqrt{4x^2+y^2}$ 在点 $(0,0)$ 处取得极大值.

因为当点 $(x,y)=(0,0)$ 时，$z=0$，而对于点 $(0,0)$ 的任一邻域内异于 $(0,0)$ 的一切点 (x,y) 都有函数值 z 小于 0，所以 $z=-\sqrt{4x^2+y^2}$ 在点 $(0,0)$ 处取得极大值.

例 2　函数 $z=xy$ 在点 $(0,0)$ 处既不取得极大值也不取得极小值.

因为在点 $(0,0)$ 任一邻域内，存在着使函数 $z>0$ 的点，也存在着使函数 $z<0$ 的点，所以 $z=xy$ 在点 $(0,0)$ 既不取得极大值也不取得极小值.

上面两个例子比较简单，可以直接用极值定义判断.

二、二元函数极值的求法

下面介绍关于二元函数极值的两个定理.

定理（必要条件）　设函数 $z=f(x,y)$ 在点 (x_0,y_0) 具有偏导数，且在点 (x_0,y_0) 取得极值，则它在该点的两个偏导数都等于零，即

$$f'_x(x_0,y_0)=0, f'_y(x_0,y_0)=0.$$

我们把偏导数 $f'_x(x_0,y_0)=0$，$f'_y(x_0,y_0)=0$ 同时成立的点 (x_0,y_0) 叫作二元函

数 $z=f(x,y)$ 的驻点. 因此，具有偏导数的函数的极值点必为驻点.

定理（充分条件） 设函数 $z=f(x,y)$ 在点 (x_0,y_0) 的某邻域内连续且具有一阶及二阶连续偏导数，且 $f'_x(x_0,y_0)=0$，$f'_y(x_0,y_0)=0$. 记 $A=f''_{xx}(x_0,y_0)$，$B=f''_{xy}(x_0,y_0)$，$C=f''_{yy}(x_0,y_0)$，$\Delta=B^2-AC$，则

(1) 当 $\Delta<0$ 时，函数在点 (x_0,y_0) 处取得极值. $A<0$ 时有极大值，$A>0$ 时有极小值.

(2) 当 $\Delta>0$ 时，函数在点 (x_0,y_0) 处没有极值.

(3) 当 $\Delta=0$ 时，可能有极值，也可能没有极值，需要另行讨论.

由此得出二元函数 $z=f(x,y)$ 求极值的步骤如下：

(1) 解方程组 $\begin{cases}f'_x(x,y)=0\\f'_y(x,y)=0\end{cases}$，求出所有驻点；

(2) 对于每一个驻点 (x_0,y_0)，求出二阶偏导数的值 A，B，C；

(3) 确定 $\Delta=B^2-AC$ 的符号，判定函数 $f(x_0,y_0)$ 是否是极值，是极大值还是极小值.

需要注意，当函数具有偏导数时，极值点必为驻点；但驻点未必是极值点，如上面例 2 中函数 $z=xy$，在点 $(0,0)$ 处有偏导数 $z'_x=y$，$z'_y=x$ 且都等于 0，即点 $(0,0)$ 是驻点但不是极值点.

例 3 求函数 $f=x^3+y^3-3xy$ 的极值.

解 $f'_x=3x^2-3y$，$f'_y=3y^2-3x$，

解方程组 $\begin{cases}3x^2-3y=0\\3y^2-3x=0\end{cases}$，得驻点 $(0,0)$，$(1,1)$，

因为 $f''_{xx}=6x$，$f''_{xy}=-3$，$f''_{yy}=6y$，

在点 $(0,0)$ 处，$A=0$，$B=-3$，$C=0$，$B^2-AC=9>0$，故 $f=x^3+y^3-3xy$ 在点 $(0,0)$ 处无极值，

在点 $(1,1)$ 处，$A=6$，$B=-3$，$C=6$，$B^2-AC=9-36<0$，故 x^3+y^3-3xy 在点 $(1,1)$ 处有极值，

又 $A>0$，所以有极小值 $f(1,1)=-1$.

三、实际问题中二元函数的最值

与一元函数相类似，我们可以利用二元函数的极值来讨论二元函数的最值. 如果函数 $z=f(x,y)$ 在有界闭区域 D 上连续，则函数 $z=f(x,y)$ 在 D 上一定取得最大值和最小值. 这种使函数取得最大值或最小值的点既可能在 D 的内部，也可能在 D 的边界上. 如果函数的最大值点或最小值点在区域 D 的内部取得，则最大值点或最小值点必为驻点或偏导数不存在点. 因此，求最大值和最小值时，应先求驻点和偏导数不存在点的函数值，再求边界上的函数值，然后加以比较，其中最大者为最大值，最小者为最小值.

在解决实际问题时，可从问题的实际意义出发，判定函数 $z=f(x,y)$ 在 D 内一定

取得最大值或最小值，又函数 $z=f(x,y)$ 在 D 内只有唯一一个驻点，那么这个驻点的函数值就是函数 $z=f(x,y)$ 在 D 上的最大值或最小值.

案例分析

设水箱的长为 xm，宽为 ym，则其高应为$\frac{2}{xy}$m，$x>0,y>0$，

此水箱所用材料的面积为

$$A=2\left(xy+y\cdot\frac{2}{xy}+x\cdot\frac{2}{xy}\right)=2\left(xy+\frac{2}{x}+\frac{2}{y}\right),$$

求偏导数并解方程组 $\begin{cases}A'_x=2(y-\frac{2}{x^2})=0,\\ A'_y=2(x-\frac{2}{y^2})=0,\end{cases}$

得驻点 $(\sqrt[3]{2},\sqrt[3]{2})$.

根据实际问题可以断定，水箱所用材料面积的最小值一定存在，并在定义域 $D=\{(x,y)|x>0,y>0\}$ 内部取得，而函数在 D 内只有唯一一个驻点 $(\sqrt[3]{2},\sqrt[3]{2})$，因此可以判定当 $x=\sqrt[3]{2}$，$y=\sqrt[3]{2}$ 时，A 取得最小值. 也就是说，当水箱的长为$\sqrt[3]{2}$ m，宽为$\sqrt[3]{2}$ m，高为$\sqrt[3]{2}$ m 时，水箱的用料最省.

第四节　二重积分

前面我们已经学习了定积分，定积分的被积函数是一元函数，积分范围是坐标轴上的一个区间. 将其推广到定义在平面区域上的二元函数，利用类似方法可以得到二重积分.

一、二重积分的概念和几何意义

下面通过一个实例引出二重积分的定义.

引例　计算曲顶柱体的体积.

如果柱体的底是 xOy 面上的有界闭区域 D，侧面是以 D 的边界曲线为准线，母线平行于 z 轴的柱面，顶是曲面 $z=f(x,y)$，并且 $f(x,y)$ 在有界闭区域 D 上连续，$f(x,y)\geqslant 0$，那么这个柱体叫作曲顶柱体，如图 6－6 所示.

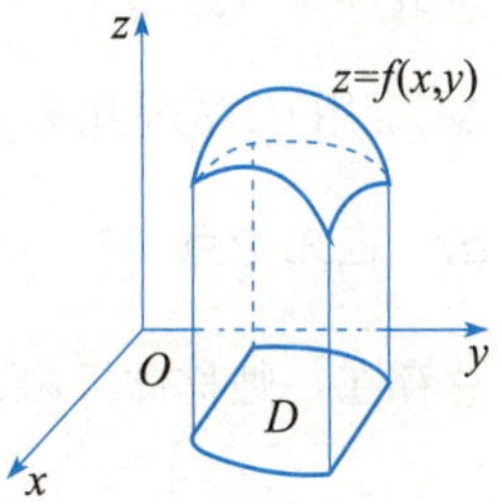

图 6－6

下面采用与计算曲边梯形面积相类似的方法，计算曲顶柱体的体积.

(1) 分割：将区域 D 任意分成 n 个小区域 $\Delta\sigma_1, \Delta\sigma_2, \cdots, \Delta\sigma_n$. 以 $\Delta\sigma_i$ 表示第 i 个小区域的面积，分别以这些小区域的边界曲线为准线，作母线平行于 z 轴的柱面，这些柱面把原来的曲顶柱体分成 n 个小曲顶柱体. 以 ΔV_i 表示第 i 个小曲顶柱体的体积如图 6－7 所示，则曲顶柱体的体积为

$$V=\sum_{i=1}^{n}\Delta V_i .$$

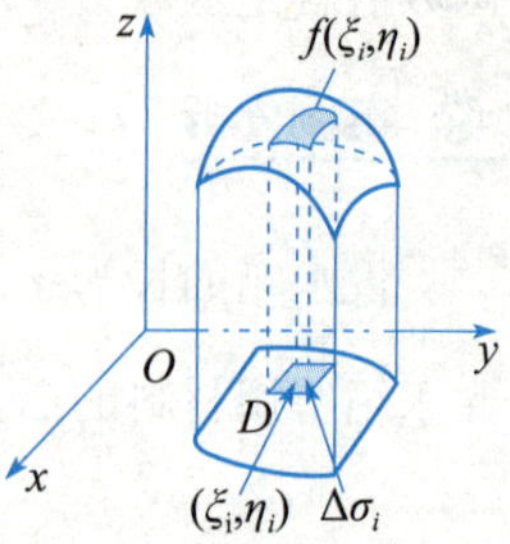

图 6－7

(2) 近似：在每个小区域 $\Delta\sigma_i(i=1,2,\cdots,n)$ 上任意取一点 (ξ_i,η_i)，由于这些小区域 $\Delta\sigma_i(i=1,2,\cdots,n)$ 都比较小，对于同一个小闭区域来说，连续函数 $f(x,y)$ 变化很小，因此，第 i 个小曲顶柱体的体积近似等于以 $f(\xi_i,\eta_i)$ 为高、以 $\Delta\sigma_i$ 为底的平顶柱体的体积，即

$$\Delta V_i \approx f(\xi_i,\eta_i)\cdot\Delta\sigma_i \quad (i=1,2,\cdots,n).$$

(3) 求和：将这 n 个小平顶柱体的体积相加，就得到曲顶柱体体积 V 的近似值，即

$$V=\sum_{i=1}^{n}\Delta V_i \approx \sum_{i=1}^{n} f(\xi_i,\eta_i)\cdot\Delta\sigma_i .$$

(4) 取极限：用 d_i 表示第 i 个小区域的直径（有界闭域的直径是指区域上任意两点间距离的最大值），记 $\lambda=\max\{d_1,d_2,\cdots,d_n\}$，当 $\lambda\to 0$ 时，若和式 $\sum\limits_{i=1}^{n} f(\xi_i,\eta_i)\cdot\Delta\sigma_i$ 的极限存在，则这个极限就是曲顶柱体的体积，即

$$V=\lim_{\lambda\to 0}\sum_{i=1}^{n} f(\xi_i,\eta_i)\cdot\Delta\sigma_i .$$

在物理、几何和工程技术中，有许多问题都可以归结为这种和式的极限，由此抽象出二重积分的定义.

1. 二重积分的定义

设 $f(x,y)$ 是有界闭区域 D 上的有界函数，将区域 D 任意分成 n 个小区域 $\Delta\sigma_1, \Delta\sigma_2, \cdots, \Delta\sigma_n$，用 $\Delta\sigma_i$ 表示第 i 个小区域的面积. 在每个小区域 $\Delta\sigma_i(i=1,2,\cdots,n)$ 上任意取一点 (ξ_i,η_i)，作乘积 $f(\xi_i,\eta_i)\cdot\Delta\sigma_i(i=1,2,\cdots,n)$，并作出和式 $\sum\limits_{i=1}^{n} f(\xi_i,\eta_i)\cdot\Delta\sigma_i$. 用 d_i 表示第 i 个小区域的直径，记 $\lambda=\max\{d_1,d_2,\cdots,d_n\}$. 如果无论对 D 怎样分法，也无论点 (ξ_i,η_i) 采用怎样取法，只要当 $\lambda\to 0$ 时，和式 $\sum\limits_{i=1}^{n} f(\xi_i,\eta_i)\cdot\Delta\sigma_i$ 的极限总存在，则称此极限为函数 $f(x,y)$ 在区域 D 上的二重积分，记作 $\iint\limits_D f(x,y)\mathrm{d}\sigma$ ，即

$$\iint\limits_D f(x,y)\mathrm{d}\sigma=\lim_{\lambda\to 0}\sum_{i=1}^{n} f(\xi_i,\eta_i)\cdot\Delta\sigma_i .$$

其中 $f(x,y)$ 叫作被积函数，$f(x,y)\mathrm{d}\sigma$ 叫作被积表达式，x 与 y 叫作积分变量，D 叫作积分区域，$\sum_{i=1}^{n} f(\xi_i,\eta_i)\cdot\Delta\sigma_i$ 叫作积分和，$\mathrm{d}\sigma$ 叫作面积元素. 此时，我们称函数 $f(x,y)$ 在 D 上是可积的.

由二重积分的定义可知，曲顶柱体的体积是函数 $f(x,y)$ 在闭区域 D 上的二重积分，即 $V=\iint\limits_D f(x,y)\mathrm{d}\sigma$.

定理　设函数 $f(x,y)$ 在有界闭区域 D 上连续或分块连续，则 $f(x,y)$ 在 D 上的二重积分必存在，即 $f(x,y)$ 在 D 上是可积的.

如果不作特别说明，则假定函数 $f(x,y)$ 在闭区域 D 上都连续.

2. 二重积分的几何意义

(1) 当 $f(x,y)\geqslant 0$ 时，被积函数可视为曲顶柱体的顶在点 (x,y) 处的竖坐标，所以二重积分 $\iint\limits_D f(x,y)\mathrm{d}\sigma$ 的几何意义就是曲顶柱体的体积.

(2) 当 $f(x,y)\leqslant 0$ 时，柱体在 xOy 面的下方，二重积分的绝对值仍然等于柱体的体积，但此时二重积分的值是负数，故柱体的体积为

$$V=-\iint\limits_D f(x,y)\mathrm{d}\sigma .$$

二、二重积分的性质

比较二重积分与定积分的定义，得出二重积分与定积分有类似的性质.

性质 1　被积函数中的常数因子可以提到二重积分号的外面，即

$$\iint\limits_D kf(x,y)\mathrm{d}\sigma=k\iint\limits_D f(x,y)\mathrm{d}\sigma\ (k\ \text{为常数}).$$

性质 2　函数的和（或差）的二重积分等于各个函数的二重积分的和（或差），即

$$\iint\limits_D [f(x,y)\pm g(x,y)]\mathrm{d}\sigma=\iint\limits_D f(x,y)\mathrm{d}\sigma\pm\iint\limits_D g(x,y)\mathrm{d}\sigma .$$

性质 3　如果积分区域 D 被一条连续曲线分成两个区域 D_1 与 D_2，则

$$\iint\limits_D f(x,y)\mathrm{d}\sigma=\iint\limits_{D_1} f(x,y)\mathrm{d}\sigma+\iint\limits_{D_2} f(x,y)\mathrm{d}\sigma .$$

这个性质表明二重积分对于积分区域具有可加性，该性质可以推广到有限条连续曲线的情况.

性质 4　如果在区域 D 上，$f(x,y)\leqslant g(x,y)$，则

$$\iint\limits_D f(x,y)\mathrm{d}\sigma\leqslant\iint\limits_D g(x,y)\mathrm{d}\sigma .$$

性质 5 如果在区域 D 上，$f(x,y)=1$，A 为区域 D 的面积，则

$$\iint_D \mathrm{d}\sigma = A.$$

性质 6 如果 $f(x,y)$ 在 D 上的最大值与最小值分别为 M 与 m，区域 D 的面积为 A，则

$$mA \leqslant \iint_D f(x,y)\mathrm{d}\sigma \leqslant MA.$$

利用这个性质可以估计二重积分的取值范围.

性质 7（中值定理） 如果 $f(x,y)$ 在闭区域 D 上连续，A 是 D 的面积，则在 D 上至少存在一点 (ξ,η)，使得

$$\iint_D f(x,y)\mathrm{d}\sigma = f(\xi,\eta)A \ (A\text{ 为区域 }D\text{ 的面积}).$$

例 1 已知区域 D_1：$x^2+y^2\leqslant 1$，D_2：$|x|+|y|\leqslant 1$，D_3：$|x|\leqslant 1$，$|y|\leqslant 1$，试比较下列二重积分的大小：

$$I_1=\iint_{D_1}|xy|\mathrm{d}\sigma, I_2=\iint_{D_2}|xy|\mathrm{d}\sigma, I_3=\iint_{D_3}|xy|\mathrm{d}\sigma.$$

解 I_1，I_2，I_3 的被积函数相同且均大于等于零，由二重积分的几何意义可知，它们的大小取决于对应积分区域面积的大小，由于 $D_2\subset D_1\subset D_3$，因此 $I_2<I_1<I_3$.

例 2 根据二重积分的性质，比较积分 $\iint_D (x+y)^2\mathrm{d}\sigma$ 与 $\iint_D (x+y)^3\mathrm{d}\sigma$ 大小，其中积分区域 D 是由 x 轴、y 轴与直线 $x+y=1$ 所围成的.

解 区域 $D=\{x\geqslant 0,\ y\geqslant 0,\ 0\leqslant x+y\leqslant 1\}$，因此当 $(x,y)\in D$ 时，有

$$(x+y)^3\leqslant (x+y)^2,$$

由二重积分的性质可得 $\iint_D (x+y)^3\mathrm{d}\sigma \leqslant \iint_D (x+y)^2\mathrm{d}\sigma$.

三、二重积分的计算

下面介绍将二重积分化为两次定积分的计算方法，即“二次积分法”.

1. 在直角坐标系下二重积分的计算

当二重积分存在时，其值的大小仅与积分区域 D 和被积函数 $f(x,y)$ 有关，而与 D 的分割和点 (ξ_i,η_i) 的取法无关，因此，在实际运算时，可采用特殊方法来分割区域 D.

在直角坐标系中，采用平行于坐标轴的直线网来分割 D，那么除靠近边界曲线的一些小闭区域外，其余的小闭区域都是矩形区域. 设第 i 个矩形区域的边长为 Δx_i 和 Δy_i，其面积为 $\Delta\sigma_i=\Delta x_i\cdot\Delta y_i$. 因此，在直角坐标系中，可以把面积元素 $\mathrm{d}\sigma$ 记作 $\mathrm{d}x\mathrm{d}y$，这

样二重积分在直角坐标系中便可表示为

$$\iint_D f(x,y)\mathrm{d}\sigma=\iint_D f(x,y)\mathrm{d}x\mathrm{d}y,$$

其中 $\mathrm{d}x\mathrm{d}y$ 为所作直角坐标系中的面积元素.

计算二重积分的思路是把二重积分化为两次定积分，即做了一次定积分后再做一次定积分，通常称这种方法为“二次积分法”. 这种计算，除与被积函数有关外，还与积分区域有关，下面将积分区域分三种情况进行讨论.

(1) X 型区域.

若区域 D 如图 6 - 8 所示，可以表示为不等式组

$$\begin{cases}a\leqslant x\leqslant b,\\ \varphi_1(x)\leqslant y\leqslant\varphi_2(x),\end{cases}$$

其中 $\varphi_1(x)$，$\varphi_2(x)$ 在区间 $[a,b]$ 上连续，我们称此类区域为 X 型区域.

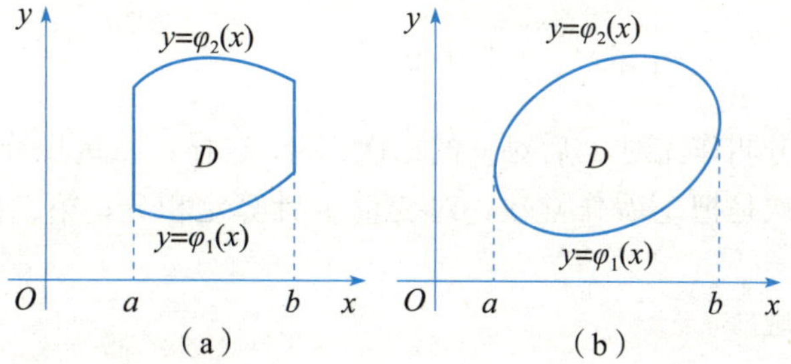

图 6 - 8

这种区域的特点是：穿过区域 D 且平行于 y 轴的直线与区域 D 的边界相交不多于两点. 此时，二重积分可先对 y 后对 x 进行逐次积分，即

$$\iint_D f(x,y)\mathrm{d}x\mathrm{d}y=\int_a^b\left[\int_{\varphi_1(x)}^{\varphi_2(x)}f(x,y)\mathrm{d}y\right]\mathrm{d}x,$$

为了简便起见，上式通常写作

$$\iint_D f(x,y)\mathrm{d}x\mathrm{d}y=\int_a^b\mathrm{d}x\int_{\varphi_1(x)}^{\varphi_2(x)}f(x,y)\mathrm{d}y.$$

上式右端的积分叫作先对 y 后对 x 的二次积分. 这样，二重积分的计算就归结为求两次定积分：第一次是把 x 看作常数，对变量 y 计算从 $\varphi_1(x)$ 到 $\varphi_2(x)$ 的定积分，积分结果是 x 的函数或常数；第二次是对变量 x 计算从 a 到 b 的定积分.

(2) Y 型区域.

若区域 D 如图 6 - 9 所示，可以表示为不等式组

$$\begin{cases}c\leqslant y\leqslant d,\\ \psi_1(y)\leqslant x\leqslant\psi_2(y).\end{cases}$$

其中 $\psi_1(y)$，$\psi_2(y)$ 在区间 $[c,d]$ 上连续，我们称此类区域为 Y 型区域.

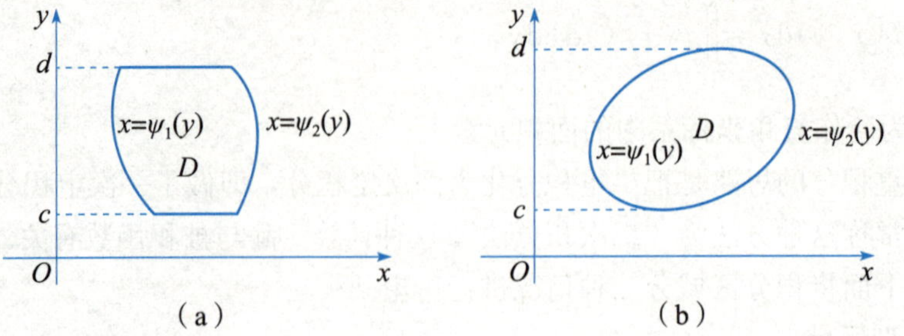

图 6-9

这种区域的特点是：穿过区域 D 且平行于 x 轴的直线与区域 D 的边界相交不多于两点. 此时，二重积分可先对 x 后对 y 进行逐次积分，即

$$\iint_D f(x,y)\mathrm{d}x\mathrm{d}y=\int_c^d\left[\int_{\psi_1(y)}^{\psi_2(y)}f(x,y)\mathrm{d}x\right]\mathrm{d}y$$
$$=\int_c^d\mathrm{d}y\int_{\psi_1(y)}^{\psi_2(y)}f(x,y)\mathrm{d}x.$$

上式右端的积分叫作先对 x 后对 y 的二次积分. 这样，二重积分的计算就归结为求两次定积分：第一次是把 y 看作常数，对变量 x 计算定积分；第二次是对变量 y 计算定积分.

(3) 混合型区域.

若区域 D 既不是 X 型区域，也不是 Y 型区域，则可用平行于坐标轴的直线把它分成几个区域，如图 6-10 所示，使每个区域是 X 型区域或 Y 型区域，然后根据二重积分的性质 3 相加即可.

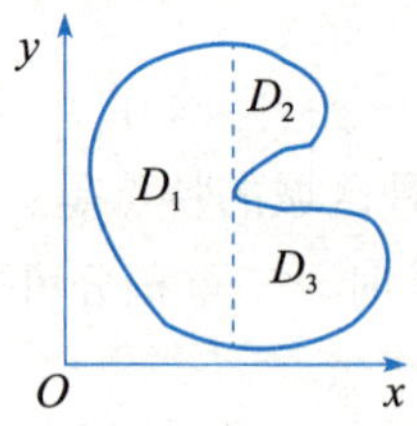

图 6-10

特别地，当区域 D 为矩形区域 $\{(x,y)\mid a\leqslant x\leqslant b,c\leqslant y\leqslant d\}$ 时，有

$$\iint_D f(x,y)\mathrm{d}x\mathrm{d}y=\int_a^b\mathrm{d}x\int_c^d f(x,y)\mathrm{d}y$$
$$=\int_c^d\mathrm{d}y\int_a^b f(x,y)\mathrm{d}x.$$

例 3 计算二重积分 $\iint \dfrac{y}{x^2}\mathrm{d}x\mathrm{d}y$，其中区域 D 是由直线 $x=1$，$x=2$，$y=0$，$y=1$ 所围成的.

解 画出积分区域 D，如图 6-11 所示，D 可看成 X 型区域，用不等式组可表示为

$$\begin{cases}1\leqslant x\leqslant 2,\\0\leqslant y\leqslant 1.\end{cases}$$

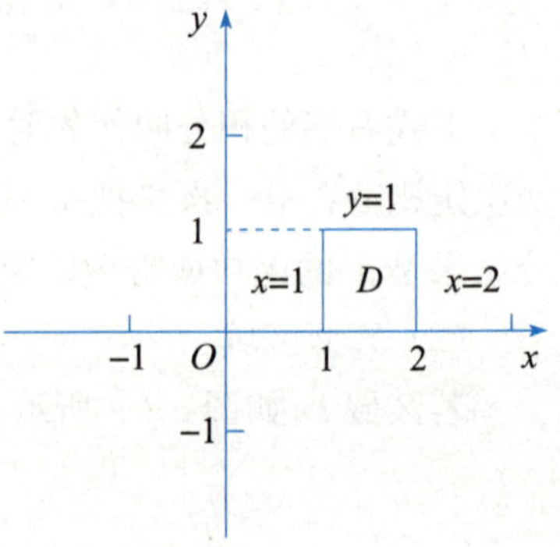

图 6-11

于是　$\iint \frac{y}{x^2}\mathrm{d}x\mathrm{d}y=\int_1^2\mathrm{d}x\int_0^1\frac{y}{x^2}\mathrm{d}y=\int_1^2\left(\frac{1}{x^2}\cdot\frac{1}{2}y^2\Big|_0^1\right)\mathrm{d}x=\frac{1}{2}\int_1^2 x^{-2}\mathrm{d}x=\frac{1}{4}$.

例 4　计算二重积分 $\iint\limits_D xy\mathrm{d}x\mathrm{d}y$，其中区域 D 是由抛物线 $y^2=x$ 及直线 $y=x-2$ 所围成的.

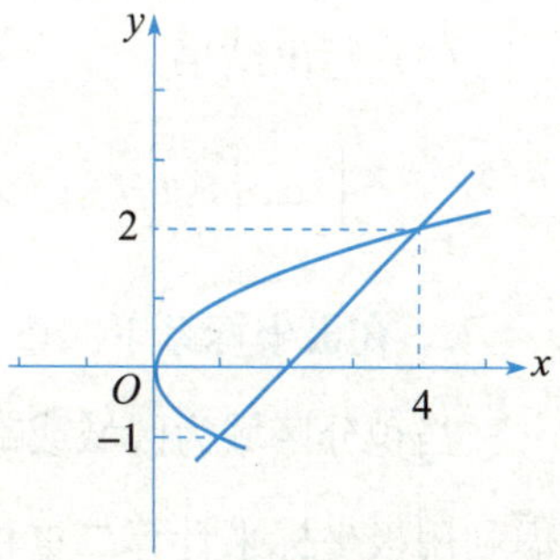

图 6-12

解　画出积分区域 D，如图 6-12 所示，将 D 看作 Y 型区域，用不等式组可表示为

$$\begin{cases} y^2\leqslant x\leqslant y+2, \\ -1\leqslant y\leqslant 2. \end{cases}$$

则所求积分为

$$\begin{aligned}\iint\limits_D xy\mathrm{d}x\mathrm{d}y&=\int_{-1}^2\mathrm{d}y\int_{y^2}^{y+2}xy\mathrm{d}x=\int_{-1}^2\left[\frac{x^2y}{2}\right]_{y^2}^{y+2}\mathrm{d}y\\&=\int_{-1}^2\frac{1}{2}[(y+2)^2y-y^5]\mathrm{d}y\\&=\frac{1}{2}\int_{-1}^2(4y+4y^2+y^3-y^5)\mathrm{d}y\\&=\frac{1}{2}\left[2y^2+\frac{4}{3}y^3+\frac{1}{4}y^4-\frac{1}{6}y^6\right]_{-1}^2=\frac{45}{8}.\end{aligned}$$

例 5　交换积分次序 $I=\int_0^2\mathrm{d}x\int_0^{\frac{x^2}{2}}f(x,y)\mathrm{d}y+\int_2^{2\sqrt{2}}\mathrm{d}x\int_0^{\sqrt{8-x^2}}f(x,y)\mathrm{d}y$.

解　由题意可知 $D=D_1+D_2$，且

$$D_1=\left\{(x,y)\,\middle|\,0\leqslant y\leqslant\frac{1}{2}x^2,0\leqslant x\leqslant 2\right\},$$

$$D_2=\{(x,y)\,|\,0\leqslant y\leqslant\sqrt{8-x^2},2\leqslant x\leqslant 2\sqrt{2}\},$$

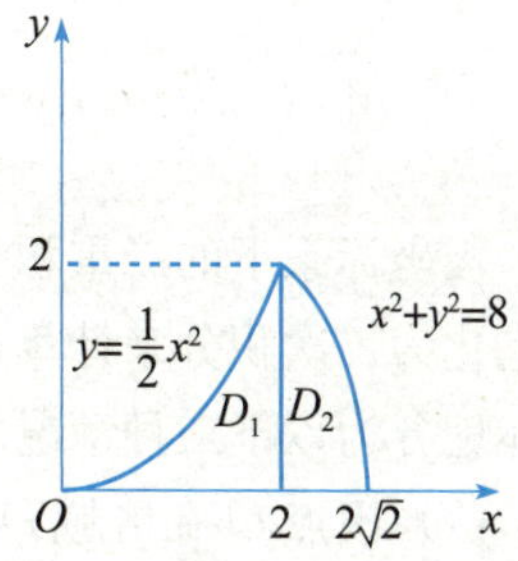

图 6-13

均为 X 型区域，如图 6-13 所示. 要改变积分次序，需要变换积分区域的类型，即把 D 视为 Y 型区域，

即 $D=\{(x,y)\,|\,\sqrt{2y}\leqslant x\leqslant\sqrt{8-y^2},0\leqslant y\leqslant 2\}$.

因此

$$I=\int_0^2\mathrm{d}y\int_{\sqrt{2y}}^{\sqrt{8-y^2}}f(x,y)\mathrm{d}x.$$

一般地，交换二重积分次序的步骤如下：

(1) 对于给定的二重积分 $\int_a^b\mathrm{d}x\int_{\varphi_1(x)}^{\varphi_2(x)}f(x,y)\mathrm{d}y$，先根据其积分限

$$a\leqslant x\leqslant b,\quad \varphi_1(x)\leqslant y\leqslant\varphi_2(x)$$

画出积分区域 D；

（2）根据积分区域 D 的形状，按照新的次序确定积分区域 D 的积分限

$$c\leqslant y\leqslant d,\quad \psi_1(y)\leqslant x\leqslant \psi_2(y);$$

（3）写出结果

$$\int_a^b dx\int_{\varphi_1(x)}^{\varphi_2(x)} f(x,y)dy=\int_c^d dy\int_{\psi_1(y)}^{\psi_2(y)} f(x,y)dx .$$

2. 在极坐标系下二重积分的计算

当积分区域为圆域或部分圆域时，或者当被积函数形式为 $f(x^2+y^2)$ 时，可以考虑利用极坐标来计算二重积分 $\iint\limits_D f(x,y)d\sigma$.

在极坐标系下计算二重积分，首先应该弄清面积元素 $d\sigma$ 在极坐标系下是如何表示的. 假定从极点 O 出发且穿过积分区域 D 内部的射线与 D 的边界曲线相交不多于两点，我们用以极点 O 为中心的一族同心圆（$r=$常数），以及从极点 O 出发的一族射线（$\theta=$常数），把 D 分成 n 个小闭区域，取其中一个小闭区域作代表，如图 6－14 所示，其面积记为 $d\sigma$. 只要将 D 分得无穷多，小区域无限小，小区域的面积就可以近似地等于长为 $rd\theta$、宽为 dr 的小矩形的面积，即面积元素 $d\sigma$ 表示为

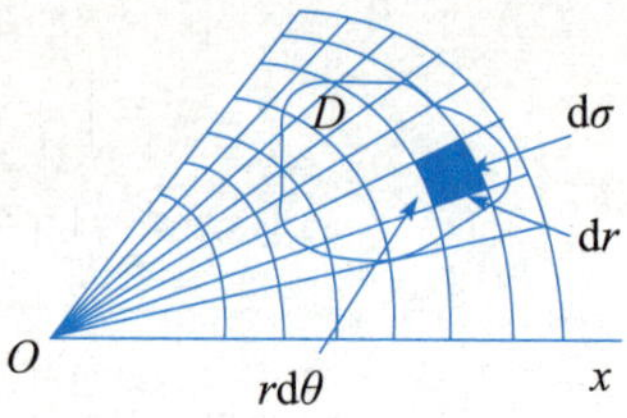

图 6－14

$$d\sigma=rd\theta\cdot dr=rdrd\theta.$$

于是在极坐标 $x=r\cos\theta$，$y=r\sin\theta$ 下，二重积分可以写成

$$\iint\limits_D f(x,y)dxdy=\iint\limits_D f(r\cos\theta,r\sin\theta)rdrd\theta .$$

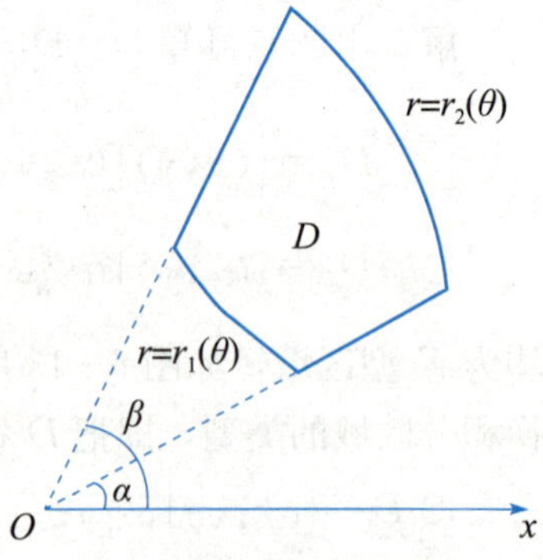

图 6－15

极坐标系下的二重积分计算，也要从积分区域着手，将它化为二次积分来计算，总是先对 r 积分后对 θ 积分，具体地分为以下三种情况.

（1）极点 O 在区域 D 的外部.

如图 6－15 所示，积分区域 D 可表示为

$$D:\alpha\leqslant\theta\leqslant\beta,r_1(\theta)\leqslant r\leqslant r_2(\theta),$$

于是 $\iint\limits_D f(r\cos\theta,\ r\sin\theta)rdrd\theta$

$$=\int_\alpha^\beta d\theta\int_{r_1(\theta)}^{r_2(\theta)} f(r\cos\theta,\ r\sin\theta)rdr .$$

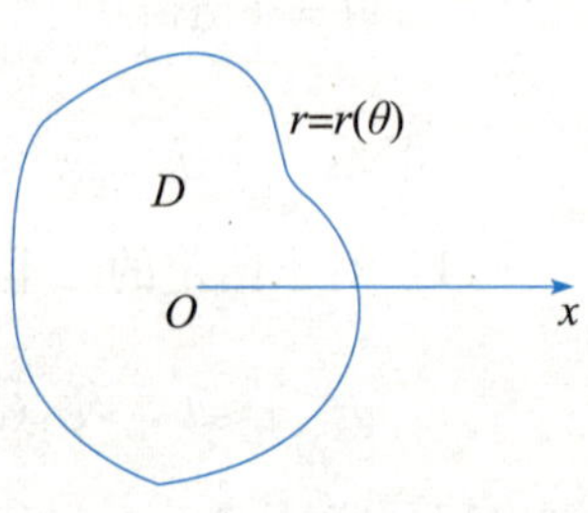

图 6－16

（2）极点 O 在区域 D 的内部.

如图 6－16 所示，积分区域 D 可表示为

$$D:0\leqslant\theta\leqslant 2\pi,0\leqslant r\leqslant r(\theta),$$

于是 $\iint\limits_D f(r\cos\theta,\ r\sin\theta)r\mathrm{d}r\mathrm{d}\theta$

$=\int_0^{2\pi}\mathrm{d}\theta\int_0^{r(\theta)}f(r\cos\theta,\ r\sin\theta)r\mathrm{d}r.$

(3) 极点 O 在区域 D 的边界上.

如图 6－17 所示，积分区域 D 可表示为

$$D: \alpha\leqslant\theta\leqslant\beta, 0\leqslant r\leqslant r(\theta),$$

于是 $\iint\limits_D f(r\cos\theta,\ r\sin\theta)r\mathrm{d}r\mathrm{d}\theta$

$=\int_\alpha^{\beta}\mathrm{d}\theta\int_0^{r(\theta)}f(r\cos\theta,\ r\sin\theta)r\mathrm{d}r.$

例 6　计算 $\iint\limits_D\sqrt{x^2+y^2}\,\mathrm{d}\sigma$，积分区域 D 为 $x^2+y^2\leqslant 4$.

解　画出积分区域 D，如图 6－18 所示，

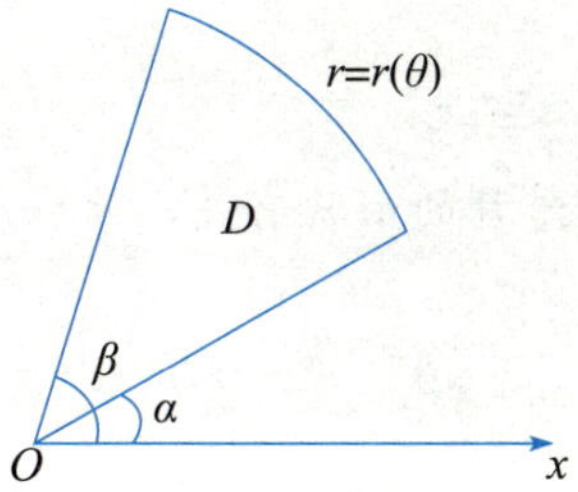

图 6－17

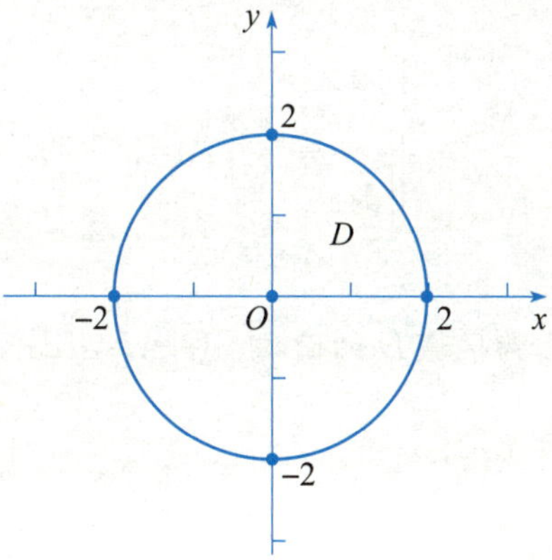

图 6－18

积分区域 D 可表示为 D：$0\leqslant\theta\leqslant 2\pi$，$0\leqslant r\leqslant 2$，

则
$$\begin{aligned}&\iint\limits_D\sqrt{x^2+y^2}\,\mathrm{d}\sigma\\
=&\iint\limits_D\sqrt{r^2\cos^2\theta+r^2\sin^2\theta}\cdot r\mathrm{d}r\mathrm{d}\theta\\
=&\iint\limits_D r^2\mathrm{d}r\mathrm{d}\theta\\
=&\int_0^{2\pi}\mathrm{d}\theta\int_0^2 r^2\mathrm{d}r\\
=&\int_0^{2\pi}\left.\frac{r^3}{3}\right|_0^2\mathrm{d}\theta\\
=&\int_0^{2\pi}\frac{8}{3}\mathrm{d}\theta\\
=&\frac{16\pi}{3}.\end{aligned}$$

知识链接

二重积分的应用——平面薄片的质量与质心

设平面薄片占有 xOy 面上的有界闭区域 D，其面密度为二元函数 $\mu(x,y)$，$\mu(x,y)>0$ 且在 D 上连续，则由二重积分的定义可得该平面薄片的质量为

$$M=\iint_D \mu(x,y)\mathrm{d}\sigma .$$

设该平面薄片的质心坐标为 $(\overline{x},\ \overline{y})$，则

$$\overline{x}=\frac{\iint_D x\mu(x,y)\mathrm{d}\sigma}{\iint_D \mu(x,y)\mathrm{d}\sigma},\quad \overline{y}=\frac{\iint_D y\mu(x,y)\mathrm{d}\sigma}{\iint_D \mu(x,y)\mathrm{d}\sigma}.$$

如果薄片质量分布均匀，即面密度为常数，那么

$$\overline{x}=\frac{\iint_D x\mathrm{d}\sigma}{\iint_D \mathrm{d}\sigma}=\frac{1}{A}\iint_D x\mathrm{d}\sigma,\quad \overline{y}=\frac{\iint_D y\mathrm{d}\sigma}{\iint_D \mathrm{d}\sigma}=\frac{1}{A}\iint_D y\mathrm{d}\sigma.$$

其中 A 为区域 D 的面积，即 $A=\iint_D \mathrm{d}\sigma$，此时质心只与薄片的形状有关，故该质心也称为 D 形心.

素养提升小课堂

位于贵州省黔南布依族苗族自治州平塘县克度镇大窝凼的500米口径球面射电望远镜，被誉为“中国天眼”.“中国天眼”是由我国著名天文学家南仁东于1994年提出构想，历时22年建成的.“中国天眼”是世界最大单口径、最灵敏的射电望远镜，其综合性能达到国际领先水平. 由于“中国天眼”的形状是半球状，因此，在建设“中国天眼”的过程中，需要计算其体积，就要用到二重积分的知识.

学习二元函数微积分，学生既提高了数学素质，又提高了职业技能，学会用数学思维分析问题、解决问题，进一步成为全面发展的新时代应用型人才.

知识回顾

一、知识结构图

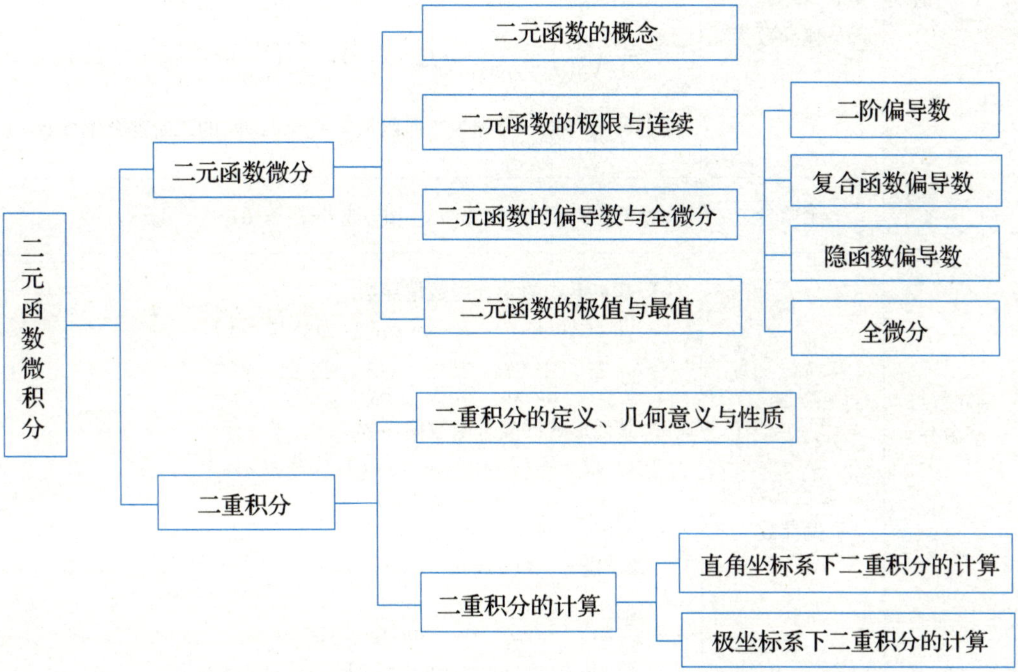

二、重点小结

二元函数	二元函数的概念	$z=f(x,y)$ 或 $z=z(x,y)$ 其中 x，y 叫作自变量，z 叫作函数或因变量
	二元函数的极限	$\lim\limits_{(x,y)\to(x_0,y_0)} f(x,y)=A$ 需要注意：二元函数极限存在，是指当 $P(x,y)$ 以任何方式趋近于 $P_0(x_0,y_0)$ 时，函数 $f(x,y)$ 都无限接近于一个确定常数 A
	二元函数的连续	$\lim\limits_{(x,y)\to(x_0,y_0)} f(x,y)=f(x_0,y_0)$
偏导数与全微分	偏导数	(1) 对 x 的偏导数. $f'_x(x_0,y_0)=\lim\limits_{\Delta x\to 0}\dfrac{f(x_0+\Delta x,\ y_0)-f(x_0,y_0)}{\Delta x}$ $\left.\dfrac{\partial z}{\partial x}\right\|_{\substack{x=x_0\\y=y_0}}$，$\left.\dfrac{\partial f}{\partial x}\right\|_{\substack{x=x_0\\y=y_0}}$，$z'_x(x_0,y_0)$，$f'_x(x_0,y_0)$ (2) 对 y 的偏导数. $f'_y(x_0,y_0)=\lim\limits_{\Delta y\to 0}\dfrac{f(x_0,y_0+\Delta y)-f(x_0,y_0)}{\Delta y}$ $\left.\dfrac{\partial z}{\partial y}\right\|_{\substack{x=x_0\\y=y_0}}$，$\left.\dfrac{\partial f}{\partial y}\right\|_{\substack{x=x_0\\y=y_0}}$，$z'_y(x_0,y_0)$，$f'_y(x_0,y_0)$

续表

偏导数与全微分	偏导数	(3) 二阶偏导数. $\frac{\partial}{\partial x}\left(\frac{\partial z}{\partial x}\right)=\frac{\partial^2 z}{\partial x^2}=f''_{xx}(x,y)$，$\frac{\partial}{\partial y}\left(\frac{\partial z}{\partial x}\right)=\frac{\partial^2 z}{\partial x\partial y}=f''_{xy}(x,y)$， $\frac{\partial}{\partial x}\left(\frac{\partial z}{\partial y}\right)=\frac{\partial^2 z}{\partial y\partial x}=f''_{yx}(x,y)$，$\frac{\partial}{\partial y}\left(\frac{\partial z}{\partial y}\right)=\frac{\partial^2 z}{\partial y^2}=f''_{yy}(x,y)$， 其中$\frac{\partial^2 z}{\partial x\partial y}$和$\frac{\partial^2 z}{\partial y\partial x}$称为二元函数 $z=f(x,y)$ 的二阶混合偏导数
	全微分	$\mathrm{d}z=f'_x(x,y)\mathrm{d}x+f'_y(x,y)\mathrm{d}y$ 或 $\mathrm{d}z=\frac{\partial z}{\partial x}\mathrm{d}x+\frac{\partial z}{\partial y}\mathrm{d}y$
	复合函数偏导数	(1) 基本形式的复合函数偏导数. 设 $z=f(u,v)$，$u=\varphi(x,y)$，$v=\psi(x,y)$， 则$\frac{\partial z}{\partial x}=\frac{\partial z}{\partial u}\frac{\partial u}{\partial x}+\frac{\partial z}{\partial v}\frac{\partial v}{\partial x}$，$\frac{\partial z}{\partial y}=\frac{\partial z}{\partial u}\frac{\partial u}{\partial y}+\frac{\partial z}{\partial v}\frac{\partial v}{\partial y}$ (2) 其他形式的复合函数偏导数. 1) 设 $z=f(u,v)$，$u=\varphi(x)$，$v=\psi(x)$， 则$\frac{\mathrm{d}z}{\mathrm{d}x}=\frac{\partial z}{\partial u}\cdot\frac{\mathrm{d}u}{\mathrm{d}x}+\frac{\partial z}{\partial v}\cdot\frac{\mathrm{d}v}{\mathrm{d}x}$； 2) 设 $z=f(u)$，$u=\varphi(x,y)$， 则$\frac{\partial z}{\partial x}=\frac{\mathrm{d}z}{\mathrm{d}u}\frac{\partial u}{\partial x}$，$\frac{\partial z}{\partial y}=\frac{\mathrm{d}z}{\mathrm{d}u}\frac{\partial u}{\partial y}$； 3) 设 $z=f(u,v)$，$u=\varphi(x)$，$v=\psi(x,y)$， 则$\frac{\partial z}{\partial x}=\frac{\partial z}{\partial u}\frac{\mathrm{d}u}{\mathrm{d}x}+\frac{\partial z}{\partial v}\frac{\partial v}{\partial x}$，$\frac{\partial z}{\partial y}=\frac{\partial z}{\partial v}\frac{\partial v}{\partial y}$
	隐函数偏导数	(1) 一元隐函数求导公式为$\frac{\mathrm{d}y}{\mathrm{d}x}=-\frac{F'_x}{F'_y}$. (2) 二元隐函数求导公式为$\frac{\partial z}{\partial x}=-\frac{F'_x}{F'_z}$，$\frac{\partial z}{\partial y}=-\frac{F'_y}{F'_z}$
二元函数极值与最值	二元函数极值	定理（必要条件） 设函数 $z=f(x,y)$ 在点 (x_0,y_0) 具有偏导数，且在点 (x_0,y_0) 取得极值，则它在该点的两个偏导数都等于零，即 $f'_x(x_0,y_0)=0,f'_y(x_0,y_0)=0.$ 定理（充分条件） 设函数 $z=f(x,y)$ 在点 (x_0,y_0) 的某邻域内连续且具有一阶及二阶连续偏导数，且 $f'_x(x_0,y_0)=0$，$f'_y(x_0,y_0)=0$. 记 $A=f''_{xx}(x_0,y_0)$，$B=f''_{xy}(x_0,y_0)$，$C=f''_{yy}(x_0,y_0)$，$\Delta=B^2-AC$，则 (1) 当 $\Delta<0$ 时，函数在点 (x_0,y_0) 处取得极值. $A<0$ 时有极大值，$A>0$ 时有极小值. (2) 当 $\Delta>0$ 时，函数在点 (x_0,y_0) 处没有极值. (3) 当 $\Delta=0$ 时，可能有极值也可能没有极值，需要另行讨论

续表

二元函数极值与最值	实际问题中二元函数最值	在解决实际问题时，可从问题的实际意义出发，判定函数 $z=f(x,y)$ 在 D 内一定取得最大值或最小值，又函数 $z=f(x,y)$ 在 D 内只有唯一一个驻点，那么这个驻点的函数值就是函数 $z=f(x,y)$ 在 D 上的最大值或最小值
二重积分	二重积分的性质	(1) $\iint\limits_D kf(x,y)\mathrm{d}\sigma=k\iint\limits_D f(x,y)\mathrm{d}\sigma$（$k$ 为常数）； (2) $\iint\limits_D [f(x,y)\pm g(x,y)]\mathrm{d}\sigma=\iint\limits_D f(x,y)\mathrm{d}\sigma\pm\iint\limits_D g(x,y)\mathrm{d}\sigma$； (3) $\iint\limits_D f(x,y)\mathrm{d}\sigma=\iint\limits_{D_1} f(x,y)\mathrm{d}\sigma+\iint\limits_{D_2} f(x,y)\mathrm{d}\sigma$； (4) $\iint\limits_D f(x,y)\mathrm{d}\sigma\leqslant\iint\limits_D g(x,y)\mathrm{d}\sigma$ $(f(x,y)\leqslant g(x,y))$； (5) $\iint\limits_D \mathrm{d}\sigma=A$（$A$ 为区域 D 的面积）； (6) $mA\leqslant\iint\limits_D f(x,y)\mathrm{d}\sigma\leqslant MA$（$M$ 与 m 为 $f(x,y)$ 的最大值与最小值）； (7)（中值定理）$\iint\limits_D f(x,y)\mathrm{d}\sigma=f(\xi,\eta)A$（$A$ 为区域 D 的面积）
	二重积分的计算	在直角坐标系下计算二重积分： (1) X 型区域. $\iint\limits_D f(x,y)\mathrm{d}x\mathrm{d}y=\int_a^b\mathrm{d}x\int_{\varphi_1(x)}^{\varphi_2(x)}f(x,y)\mathrm{d}y$； (2) Y 型区域. $\iint\limits_D f(x,y)\mathrm{d}x\mathrm{d}y=\int_c^d\mathrm{d}y\int_{\psi_1(y)}^{\psi_2(y)}f(x,y)\mathrm{d}x$； (3) 混合型区域. $\iint\limits_D f(x,y)\mathrm{d}x\mathrm{d}y=\int_a^b\mathrm{d}x\int_c^d f(x,y)\mathrm{d}y=\int_c^d\mathrm{d}y\int_a^b f(x,y)\mathrm{d}x$
		在极坐标系下计算二重积分： (1) 极点 O 在区域 D 的外部. $\iint\limits_D f(r\cos\theta,r\sin\theta)r\mathrm{d}r\mathrm{d}\theta=\int_\alpha^\beta\mathrm{d}\theta\int_{r_1(\theta)}^{r_2(\theta)}f(r\cos\theta,r\sin\theta)r\mathrm{d}r$； (2) 极点 O 在区域 D 的内部. $\iint\limits_D f(r\cos\theta,r\sin\theta)r\mathrm{d}r\mathrm{d}\theta=\int_0^{2\pi}\mathrm{d}\theta\int_0^{r(\theta)}f(r\cos\theta,r\sin\theta)r\mathrm{d}r$； (3) 极点 O 在区域 D 的边界上. $\iint\limits_D f(r\cos\theta,r\sin\theta)r\mathrm{d}r\mathrm{d}\theta=\int_\alpha^\beta\mathrm{d}\theta\int_0^{r(\theta)}f(r\cos\theta,r\sin\theta)r\mathrm{d}r$

阅读与欣赏

柯西

柯西，法国数学家，19 世纪有影响力的数学先驱. 柯西长期担任巴黎综合工科学校教授，他有许多以工科大学讲义形式面世的著作，其中最有代表性的是《分析教程》和《无限小计算教程概论》. 柯西在他的著作中对微积分的基本概念，如变量、函数、极限、连续性、导数、微分、收敛等都给出了明确的定义，并在此基础上重建和拓展了微积分.

目标检测六

一、单项选择题

1. 函数 $z=\ln\sqrt{x^2-y}$ 的定义域是（　　）.

A. $\{(x,y)\,|\,x^2>y\}$　　B. $\{(x,y)\,|\,x^2\geqslant y\}$

C. $\{(x,y)\,|\,x^2<y\}$　　D. $\{(x,y)\,|\,x^2\leqslant y\}$

2. 函数 $z=f(x,y)$ 在点 (x_0,y_0) 处连续是函数在该点处可微分的（　　）.

A. 充分但不必要条件　　B. 必要但不充分条件

C. 必要且充分条件　　D. 既不充分也不必要条件

3. 设 $f(x,y)=xy+\dfrac{a^3}{x}+\dfrac{b^3}{y}$ $(a>0,b>0)$，则（　　）.

A. $\left(\dfrac{a^2}{b},\ \dfrac{b^2}{a}\right)$是 $f(x,y)$ 的驻点，但非极值点

B. $\left(\dfrac{a^2}{b},\ \dfrac{b^2}{a}\right)$是 $f(x,y)$ 极大值点

C. $\left(\dfrac{a^2}{b},\ \dfrac{b^2}{a}\right)$是 $f(x,y)$ 极小值点

D. $f(x,y)$ 无驻点

4. 当 D 是由（　　）围成的区域时，二重积分 $\iint\limits_D \mathrm{d}x\,\mathrm{d}y=1$.

A. x 轴，y 轴和 $x+y=1$

B. $x=-1$，$x=1$，$y=-1$ 和 $y=1$

C. $x=1$，$x=2$，$y=2$ 和 $y=4$

D. $|x|=\dfrac{1}{2}$，$|y|=\dfrac{1}{2}$

5. 已知 $z=\dfrac{x^2}{y}$，则$\dfrac{\partial^2 z}{\partial x\partial y}=$（　　）.

A. $\dfrac{2x}{y}$　　B. $\dfrac{1}{y}$　　C. $-\dfrac{1}{y^2}$　　D. $-\dfrac{2x}{y^2}$

二、填空题

1. $\lim\limits_{\substack{x\to1\\y\to0}}\dfrac{\sin(xy^2)}{y^2}=$__________.

2. 已知 $z=\sin(xy)+\cos^2(xy)$，$\frac{\partial z}{\partial x}=$____________，$\frac{\partial z}{\partial y}=$____________.

3. 函数 $f(x,y)=4(x-y)-x^2-y^2$ 的极大值为____________.

4. 由方程 $xy+xz+z^2-1=0$ 所确定的隐函数 $z=f(x,y)$，则$\frac{\partial z}{\partial x}=$____________，$\frac{\partial z}{\partial y}=$____________.

5. 设 $I_1=\iint\limits_D (x+y)^2 d\sigma$，$I_2=\iint\limits_D (x+y)^3 d\sigma$，其中区域 D 是由 $x=1$，$y=1$，$x+y=1$ 所围成的，则 I_1 与 I_2 的大小关系是____________.

三、解答题

1. 已知 $z=x\sin(x+y)$，求$\frac{\partial^2 z}{\partial x^2}$，$\frac{\partial^2 z}{\partial y^2}$，$\frac{\partial^2 z}{\partial x\partial y}$.

2. 已知 $z=u^2v-uv^2$，$u=x\cos y$，$v=x\sin y$，求$\frac{\partial z}{\partial x}$，$\frac{\partial z}{\partial y}$.

3. 已知 $z=e^{\sin xy}$，求 dz.

4. 计算二重积分$\iint\limits_D \frac{\sin y}{y}dxdy$，其中 D 由 $y=x$ 与 $y^2=x$ 围成.

5. 计算二重积分$\iint\limits_D \sqrt{x^2+y^2}\,d\sigma$，其中 D 是圆域 $x^2+y^2\leqslant a^2(a>0)$.

第七章　常微分方程

学习引导

客观现实中物体运动过程中的量与量之间的关系，存在着大量满足常微分方程的数学模型，如糖尿病检测模型、交通模型、经济模型等. 常微分方程是解决实际问题的重要工具，通过求解常微分方程我们便可以了解未知函数的性质.

在本章中，我们首先介绍常微分方程的相关概念，其次给出可分离变量微分方程和一阶线性微分方程的解法，最后介绍二阶常系数线性微分方程的解法.

学习目标

掌握　可分离变量微分方程的解法，一阶线性微分方程的解法，二阶常系数线性微分方程的解法.

熟悉　微分方程的定义，微分方程的阶、解、通解、初值条件和特解.

了解　二阶线性微分方程解的结构.

素质培养　培养学生用函数关系式表示客观事物之间内部联系的能力. 通过研究函数关系式，可以对客观事物的规律性进行了解和探讨，最终学会用数学方法分析和解决实际问题.

案例导入

（1）已知曲线上一点及该曲线上任一点的切线斜率，求该曲线方程.

（2）人口自然增长过程中，单位时间内人口数量与时间的关系.

第一节　微分方程

一、微分方程的建立

首先，我们通过具体的例子来说明微分方程是如何建立的.

案例分析

（1）求曲线方程.

已知一曲线通过点（2,1），且该曲线上任一点处的切线斜率为 $3x^2$，求该曲线方程.

解　设该曲线方程为 $y=f(x)$，
由题意可得

$$\frac{dy}{dx}=3x^2,$$

两边同时积分得

$$y=x^3+C\ (C\ 为任意常数),$$

又因为曲线通过点（2,1），得 $C=-7$，

故所求曲线方程为

$$y=x^3-7.$$

（2）找到人口增长模型.

假设人口在自然增长的过程中，单位时间内人口的净增长数与人口总数之比为常数 r，则在 t 到 $t+\Delta t$ 这段时间内人口数量 $N=N(t)$ 的增长为

$$N(t+\Delta t)-N(t)=rN(t)\Delta t,$$

于是 $N(t)$ 满足微分方程

$$\frac{dN}{dt}=rN.$$

由以上两个例子，我们大致可以看出微分方程反映客观现实中量与量之间的变化关系，并且常与时间有关. 构造微分方程的数学模型最常用的方法是从已知的规律出发，通过主要因素提炼出自变量和因变量（未知函数），再根据相应的规律构造出自变量和未知函数及其导数的关系式.

二、微分方程的基本概念

1. 微分方程的定义

一般地，表示未知函数、未知函数的导数与自变量之间关系的方程，叫作微分方程. 如果在微分方程中，自变量的个数只有一个，称这种方程为常微分方程. 我们主要研究常微分方程，例如关系式 $\frac{dN}{dt}=rN$ 就是常微分方程，这里 N 是未知函数，t 是自变量；又如 $\frac{dy}{dx}=3x^2$，$\frac{dy}{dx}=2x$，$y''-2y'-3y=0$ 也是常微分方程，其中 y 是未知函数，x 是自变量.

微分方程中未知函数的最高阶导数的阶数称为微分方程的阶. 例如 $\frac{dy}{dx}=3x^2$，$\frac{dy}{dx}=$

$2x$ 是一阶常微分方程，$y''-2y'-3y=0$ 是二阶常微分方程.

2. 线性与非线性微分方程

由未知函数及其导数的一次有理整式组成的微分方程，称为线性微分方程；不是线性的微分方程称为非线性微分方程. 例如 $y''-2y'-3y=0$ 为二阶线性微分方程.

3. 微分方程的解和隐式解

满足微分方程的函数，即代入微分方程能使该方程成为恒等式的函数，叫作微分方程的解. 如果函数 $y=\varphi(x)$ 代入方程后，能使之成为恒等式，我们就把函数 $y=\varphi(x)$ 称为微分方程的解. 如果方程的解 $y=\varphi(x)$ 是由隐函数 $\Phi(x,y)=0$ 确定的，我们称 $\Phi(x,y)=0$ 是微分方程的隐式解. 例如，微分方程 $\frac{\mathrm{d}y}{\mathrm{d}x}=-\frac{2x}{3y}$ 的解有 $y=\sqrt{1-\frac{2}{3}x^2}$ 和 $y=-\sqrt{1-\frac{2}{3}x^2}$，是由隐函数 $2x^2+3y^2=3$ 确定的，所以 $2x^2+3y^2=3$ 叫作此方程的隐式解. 今后为了方便，我们不把隐式解与解区分开来，通称为微分方程的解.

4. 微分方程的通解和特解

我们把微分方程的解 $y=\varphi(x,C_1,C_2,\cdots,C_n)$ 称为 n 阶微分方程的通解，其中 $C_1,C_2,\cdots,C_n$ 是 n 个相互独立的任意常数，且任意常数的个数与微分方程的阶数相同. 例如微分方程 $\frac{\mathrm{d}y}{\mathrm{d}x}=2x$ 是一阶的，其通解为 $y=x^2+C$，含有一个任意常数；而微分方程 $y''-2y'-3y=0$ 是二阶的，其通解为 $y=C_1\mathrm{e}^{-x}+C_2\mathrm{e}^{3x}$，含有两个任意常数.

确定这些常数，往往需要给出必需的条件，这就是初值条件. 所谓初值条件就是，如果微分方程是一阶的，通常确定方程解中常数的条件是当 $x=x_0$ 时有 $y=y_0$；如果微分方程是二阶的，通常确定方程解中常数的条件是当 $x=x_0$ 时有 $y=y_0$ 及 $y'=y'_0$.

通过初值条件确定通解中常数所得到的解，称为微分方程的特解. 注意初值条件不同，特解也不尽相同. 例如，二阶微分方程 $y''-2y'-3y=0$ 的通解是 $y=C_1\mathrm{e}^{-x}+C_2\mathrm{e}^{3x}$. 容易验证，方程满足初值条件

$$y(0)=0,y'(0)=1$$

的特解为

$$y=-\frac{1}{4}\mathrm{e}^{-x}+\frac{1}{4}\mathrm{e}^{3x},$$

故 $C_1=-\frac{1}{4}$，$C_2=\frac{1}{4}$；

而方程满足初值条件

$$y(0)=2,y'(0)=2$$

的特解为

$$y=\mathrm{e}^{-x}+\mathrm{e}^{3x},$$

故 $C_1=1$，$C_2=1$.

第二节　一阶微分方程

一、可分离变量的微分方程

微课

可分离变量的微分方程

我们将一阶微分方程$\frac{\mathrm{d}y}{\mathrm{d}x}=f(x)g(y)$称为可分离变量的微分方程，其中函数$f(x)$与$g(y)$分别是$x$，$y$的连续函数.

这时，若$g(y)\neq 0$，便能把方程写成一边只含y的函数和$\mathrm{d}y$，另一边只含x的函数和$\mathrm{d}x$，即$\frac{1}{g(y)}\mathrm{d}y=f(x)\mathrm{d}x$的形式，变量就"分离"了，然后两边积分可得

$$\int\frac{1}{g(y)}\mathrm{d}y=\int f(x)\mathrm{d}x+C,$$

这里的积分常数C确切地写了出来，$\int\frac{1}{g(y)}\mathrm{d}y$和$\int f(x)\mathrm{d}x$分别看作$\frac{1}{g(y)}$和$f(x)$的原函数. 此时，$\int\frac{1}{g(y)}\mathrm{d}y=\int f(x)\mathrm{d}x+C$就是方程$\frac{\mathrm{d}y}{\mathrm{d}x}=f(x)g(y)$的通解.

例 1　求微分方程$\frac{\mathrm{d}y}{\mathrm{d}x}=3x^2y$的通解.

解　方程可分离变量，分离变量后得

$$\frac{\mathrm{d}y}{y}=3x^2\mathrm{d}x,$$

两边积分得

$$\int\frac{\mathrm{d}y}{y}=\int 3x^2\mathrm{d}x,$$

所以

$$\ln|y|=x^3+C_1,$$

即

$$y=\pm\mathrm{e}^{x^3+C_1}=\pm\mathrm{e}^{C_1}\mathrm{e}^{x^3},$$

因$\pm\mathrm{e}^{C_1}$是任意非零常数，又$y\equiv 0$也是方程的解，
故方程的通解为

$$y=C\mathrm{e}^{x^3}.$$

例 2 求微分方程$\frac{dy}{dx}=e^{2x-y}$满足$y|_{x=0}=0$条件的特解.

解 方程可分离变量，

$$\frac{dy}{dx}=e^{2x}e^{-y}, e^{y}dy=e^{2x}dx,$$

两边积分得

$$\int e^{y}dy=\int e^{2x}dx,$$

即通解为

$$e^{y}=\frac{1}{2}e^{2x}+C,$$

将初始条件$y|_{x=0}=0$代入通解中，得$C=\frac{1}{2}$，

故方程的特解为

$$e^{y}=\frac{1}{2}e^{2x}+\frac{1}{2}.$$

【即学即练 1】

微分方程$\frac{dy}{dx}=2xy$满足当$x=0$时，$y=1$的特解是（　　）.

A. $y=e^{x^2}$　　B. $y=Ce^{x^2}$　　C. $y=-e^{x^2}$　　D. $y=e^{x}$

知识链接

设降落伞从跳伞塔下落后，所受空气阻力与速度成正比，并设降落伞离开跳伞塔时（$t=0$）速度为零，求降落伞下落速度与时间的函数关系.

解 设降落伞下落速度为$v(t)$. 降落伞在空中下落时，同时受到重力与阻力的作用. 重力大小为mg，方向与速度v一致；阻力大小为kv（k为比例系数），方向与速度v相反，因此降落伞所受外力为

$$F=mg-kv.$$

根据牛顿第二定律，得

$$m\frac{dv}{dt}=mg-kv,$$

由题意可知，初值条件为

$$v|_{t=0}=0.$$

方程 $m\dfrac{\mathrm{d}v}{\mathrm{d}t}=mg-kv$ 为可分离变量方程，分离变量后得

$$\frac{\mathrm{d}v}{mg-kv}=\frac{\mathrm{d}t}{m},$$

两端积分

$$\int\frac{\mathrm{d}v}{mg-kv}=\int\frac{\mathrm{d}t}{m},$$

由于 $mg-kv>0$，得

$$-\frac{1}{k}\ln(mg-kv)=\frac{t}{m}+C_1,$$

即

$$mg-kv=\mathrm{e}^{-\frac{k}{m}t-kC_1},$$

令 $C=-\dfrac{\mathrm{e}^{-kC_1}}{k}$，得

$$v=\frac{mg}{k}+C\mathrm{e}^{-\frac{k}{m}t},$$

这就是方程 $m\dfrac{\mathrm{d}v}{\mathrm{d}t}=mg-kv$ 的通解.

将初值条件 $v|_{t=0}=0$ 代入通解，得

$$C=-\frac{mg}{k},$$

于是所求的特解为

$$v=\frac{mg}{k}(1-\mathrm{e}^{-\frac{k}{m}t}).$$

由此可以看出，随着时间 t 的推移，速度 v 逐渐接近于常数 $\dfrac{mg}{k}$，且不会超过 $\dfrac{mg}{k}$. 也就是说，跳伞后开始阶段是加速运动，但以后逐渐接近于匀速运动.

二、一阶线性微分方程

一阶线性微分方程的一般形式为

$$\frac{\mathrm{d}y}{\mathrm{d}x}+P(x)y=Q(x).$$

其中 $P(x)$，$Q(x)$ 均为 x 的已知连续函数.

1. 一阶齐次线性微分方程$\frac{\mathrm{d}y}{\mathrm{d}x}+P(x)y=0$

齐次线性微分方程$\frac{\mathrm{d}y}{\mathrm{d}x}+P(x)y=0$ 是可分离变量的，分离变量后得

$$\frac{\mathrm{d}y}{y}=-P(x)\mathrm{d}x,$$

两边积分得

$$\ln|y|=-\int P(x)\mathrm{d}x+C_1,$$

故齐次线性微分方程的通解为

$$y=Ce^{-\int P(x)\mathrm{d}x}\ (C=\pm e^{C_1}).$$

若齐次线性微分方程具有如下形式：

$$\frac{\mathrm{d}y}{\mathrm{d}x}=g\left(\frac{y}{x}\right),$$

引入变量

$$u=\frac{y}{x},\text{即 } y=ux,$$

对上式两边微分后得

$$\frac{\mathrm{d}y}{\mathrm{d}x}=x\frac{\mathrm{d}u}{\mathrm{d}x}+u,$$

于是原方程化为

$$x\frac{\mathrm{d}u}{\mathrm{d}x}+u=g(u),$$

整理后即得

$$\frac{\mathrm{d}u}{\mathrm{d}x}=\frac{g(u)-u}{x},$$

$$\frac{1}{g(u)-u}\mathrm{d}u=\frac{1}{x}\mathrm{d}x,$$

$$\int\frac{1}{g(u)-u}\mathrm{d}u=\int\frac{1}{x}\mathrm{d}x+C.$$

这样，再将 $u=\frac{y}{x}$代回，即得到原方程的解.

例 3 解微分方程$\frac{\mathrm{d}y}{\mathrm{d}x}=\frac{y}{x}+\tan\frac{y}{x}$.

解 令 $u=\frac{y}{x}$，则$\frac{\mathrm{d}y}{\mathrm{d}x}=x\frac{\mathrm{d}u}{\mathrm{d}x}+u$，

代入原方程得

$$x\frac{\mathrm{d}u}{\mathrm{d}x}+u=u+\tan u,$$

分离变量得

$$\frac{\cos u}{\sin u}\mathrm{d}u=\frac{\mathrm{d}x}{x},$$

两边积分得

$$\int\frac{\cos u}{\sin u}\mathrm{d}u=\int\frac{\mathrm{d}x}{x},$$

从而

$$\ln|\sin u|=\ln|x|+\ln|C_1|,$$

这里 C_1 是非零的任意常数. 整理后，得到

$$\sin u=\pm C_1x$$

令 $\pm C_1=C$ 得到 $\sin u=Cx$.

同时 $\tan u=0$ 即 $\sin u=0$ 也是方程的解，

所以方程的通解为

$$\sin u=Cx, C\text{ 为任意常数}.$$

以 $\frac{y}{x}$ 代替 u，得所给方程的通解为

$$\sin\frac{y}{x}=Cx, C\text{ 为任意常数}.$$

2. 一阶非齐次线性微分方程 $\frac{\mathrm{d}y}{\mathrm{d}x}+P(x)y=Q(x)$

求非齐次线性微分方程 $\frac{\mathrm{d}y}{\mathrm{d}x}+P(x)y=Q(x)$ 的通解，常使用常数变易法. 显然，齐次方程是非齐次方程的特殊情形，可以设想将对应齐次方程的通解 $y=Ce^{-\int P(x)\mathrm{d}x}$ 中的 C 换成 x 的待定函数 $C(x)$，即

$$y=C(x)e^{-\int P(x)\mathrm{d}x},$$

于是代入非齐次方程中，得

$$C'(x)\cdot e^{-\int P(x)\mathrm{d}x}+C(x)\cdot e^{-\int P(x)\mathrm{d}x}\cdot[-P(x)]+P(x)\cdot C(x)\cdot e^{-\int P(x)\mathrm{d}x}=Q(x),$$

整理得

$$C'(x)\cdot e^{-\int P(x)\mathrm{d}x}=Q(x),$$

从而

$$C(x)=\int Q(x)\cdot e^{\int P(x)dx}\cdot dx+C,$$

故非齐次线性微分方程的通解为

$$y=(\int Q(x)\cdot e^{\int P(x)dx}\cdot dx+C)e^{-\int P(x)dx}=Ce^{-\int P(x)dx}+e^{-\int P(x)dx}\int Q(x)\cdot e^{\int P(x)dx}dx.$$

由此可知，一阶非齐次线性微分方程的通解等于对应的齐次方程的通解与非齐次方程的一个特解之和. 通常，我们将常数转变为待定函数的方法称为常数变易法，常数变易法也是一种变量变化的方法.

例 4 求微分方程$\frac{dy}{dx}+y\cos x=xe^{-\sin x}$的通解.

解 由题可知 $P(x)=\cos x$，$Q(x)=xe^{-\sin x}$，先求出对应的齐次方程的通解

$$y=C_1e^{-\int P(x)dx}=C_1e^{-\int \cos x dx}=C_1e^{-\sin x},$$

用常数变易法，令上式中的 $C_1=C(x)$，得

$$y=C(x)e^{-\sin x},$$

将上式代入原方程中，得

$$(C(x)e^{-\sin x})'+(C(x)e^{-\sin x})\cos x=xe^{-\sin x},$$
$$C'(x)e^{-\sin x}=xe^{-\sin x},$$

于是

$$C(x)=\frac{1}{2}x^2+C,$$

得原方程通解为

$$y=\left(\frac{1}{2}x^2+C\right)e^{-\sin x}\text{（}C\text{ 为任意常数）}.$$

例 5 求微分方程 $x\frac{dy}{dx}-y=4x\ln x$ 的通解.

解 两边同时除以 x 得

$$\frac{dy}{dx}-\frac{y}{x}=4\ln x,$$

由题可知 $P(x)=-\frac{1}{x}$，$Q(x)=4\ln x$，

因为

$$e^{-\int P(x)dx}=e^{\int \frac{1}{x}dx}=e^{\ln x}=x,$$
$$\int Q(x)e^{\int P(x)dx}dx=4\int \ln x\cdot\frac{1}{x}dx=2\ln^2x,$$

所以方程的通解为

$$y=\left(\int Q(x)\cdot e^{\int P(x)dx}\cdot dx+C\right)e^{-\int P(x)dx}$$
$$=(2\ln^2 x+C)x \text{（}C\text{ 为任意常数）}.$$

【即学即练 2】

微分方程 $y'+3y=e^{-2x}$ 的通解为（　　）.

A. $e^{-2x}+e^{-3x}$　　　　B. $Ce^{-2x}+e^{-3x}$

C. $e^{-2x}+Ce^{-3x}$　　　　D. $e^{-3x}+Ce^{-2x}$

第三节　二阶常系数线性微分方程

二阶线性微分方程具有一般形式

$$y''+a_1(x)y'+a_2(x)y=f(x),$$

其中 $a_1(x)$，$a_2(x)$ 以及 $f(x)$ 均为 x 的连续函数. 当 $f(x)\equiv 0$ 时，方程 $y''+a_1(x)y'+a_2(x)y=0$，叫作二阶齐次线性微分方程；当 $f(x)\neq 0$ 时，方程 $y''+a_1(x)y'+a_2(x)y=f(x)$，叫作二阶非齐次线性微分方程.

一、二阶线性微分方程解的结构

通过以下定理，给出二阶线性微分方程解的结构，定理证明从略.

定理 1　二阶齐次线性微分方程一定存在两个解，并且它们是线性无关的.

定理 2　假设二阶齐次线性微分方程具有两个线性无关的特解 $y_1(x)$ 与 $y_2(x)$，则此二阶齐次线性微分方程的通解就是 $y=C_1y_1(x)+C_2y_2(x)$，其中 C_1 与 C_2 是任意常数.

定理 3　设 $y^*(x)$ 是二阶非齐次线性微分方程的一个特解，$Y(x)$ 是与其对应的齐次微分方程的通解，则此二阶非齐次线性微分方程的通解就是 $y=Y(x)+y^*(x)$.

二、二阶常系数齐次线性微分方程

在二阶齐次线性微分方程

$$y''+P(x)y'+Q(x)y=0$$

中，如果 y' 与 y 的系数 $P(x)$，$Q(x)$ 均为常数，则上式为

$$y''+py'+qy=0,$$

其中 p 与 q 为常数，这样的方程称为二阶常系数齐次线性微分方程.

观察一阶线性微分方程的通解可知，其解均含指数函数，故可推断二阶常系数齐次线性微分方程也有形如 $y=e^{\lambda x}$ 形式的解. 将 $y=e^{\lambda x}$，$y'=\lambda e^{\lambda x}$，$y''=\lambda^2 e^{\lambda x}$ 代入方程中得

$$(\lambda^2+p\lambda+q)e^{\lambda x}=0,$$

由于 $e^{\lambda x}\neq 0$，所以有

$$\lambda^2+p\lambda+q=0,$$

将代数方程 $\lambda^2+p\lambda+q=0$ 的解代入 $e^{\lambda x}$，则函数 $e^{\lambda x}$ 就是二阶常系数齐次线性微分方程的解.

代数方程 $\lambda^2+p\lambda+q=0$ 叫作二阶常系数齐次线性微分方程的特征方程，代数方程 $\lambda^2+p\lambda+q=0$ 的根叫作二阶常系数齐次线性微分方程的特征根. 根据 $\Delta=p^2-4q$ 的情况，二阶常系数齐次线性微分方程有三种不同的特征根：

（1）当 $\Delta>0$ 时，有两个不同实根 λ_1，λ_2，

$$\lambda_1=\frac{-p+\sqrt{p^2-4q}}{2},\lambda_2=\frac{-p-\sqrt{p^2-4q}}{2},$$

可得齐次微分方程的两个线性无关的特解 $y_1=e^{\lambda_1 x}$ 和 $y_2=e^{\lambda_2 x}$，所以二阶常系数齐次线性微分方程的通解为

$$y=C_1e^{\lambda_1 x}+C_2e^{\lambda_2 x}.$$

（2）当 $\Delta=0$ 时，有两个相等实根 $\lambda_1=\lambda_2=\lambda=-\frac{p}{2}$，

可得齐次微分方程的一个特解 $y_1=e^{\lambda x}$，因此还需找到它的另一个线性无关的特解 y_2. 不妨设 $y_2=e^{\lambda x}u(x)$，代入二阶常系数齐次线性微分方程 $y''+py'+qy=0$ 中可得

$$u''+(p+2\lambda)u'+(\lambda^2+p\lambda+q)u=0,$$

其中 λ 是代数方程 $\lambda^2+p\lambda+q=0$ 的重根，故 $p+2\lambda=0$ 及 $\lambda^2+p\lambda+q=0$，于是有

$$u''=0.$$

我们只需要一个不为常数的解，因此不妨选取 $u(x)=x$，得到此微分方程的另一个特解 $y=xe^{\lambda x}$，所以二阶常系数齐次线性微分方程的通解为

$$y=(C_1+C_2x)e^{\lambda x}$$

（3）当 $\Delta<0$ 时，有一对共轭复根 $\lambda_{1,2}=\alpha\pm\beta i(\beta\neq 0)$，其中 $\alpha=-\frac{p}{2}$，$\beta=\frac{\sqrt{4q-p^2}}{2}$.

此时 $y_1=e^{(\alpha+i\beta)x}$，$y_2=e^{(\alpha-i\beta)x}$ 是齐次微分方程的两个复值解，利用欧拉公式 $e^{i\theta}=\cos\theta+i\sin\theta$ 可得二阶常系数齐次线性微分方程的通解为

$$y=e^{\alpha x}(C_1\cos\beta x+C_2\sin\beta x).$$

综上所述，求二阶常系数齐次线性微分方程 $y''+py'+qy=0$ 通解的步骤如下：

(1) 写出所对应的特征方程 $\lambda^2+p\lambda+q=0$；

(2) 求出特征方程的特征根 λ_1，λ_2；

(3) 依照下表写出二阶常系数齐次线性微分方程的通解.

特征根	$y''+py'+qy=0$ 的通解
不相等的实根 λ_1，λ_2	$y=C_1e^{\lambda_1 x}+C_2e^{\lambda_2 x}$
相等的实根 $\lambda_1=\lambda_2=\lambda$	$y=(C_1+C_2x)e^{\lambda x}$
共轭复根 $\lambda_{1,2}=\alpha\pm\beta i$ $(\beta\neq 0)$	$y=e^{\alpha x}(C_1\cos\beta x+C_2\sin\beta x)$

例 1　求微分方程 $y''-2y'-3y=0$ 的通解.

解　特征方程为 $\lambda^2-2\lambda-3=0$，

有两个不相等的实根 $\lambda_1=-1$，$\lambda_2=3$，

因此所求通解为 $y=C_1e^{-x}+C_2e^{3x}$，C_1 与 C_2 为任意常数.

例 2　求微分方程 $y''+2y'+y=0$ 满足初始条件 $y|_{x=0}=4$，$y'|_{x=0}=-2$的特解.

解　特征方程为 $\lambda^2+2\lambda+1=0$，

有两个相等的实根 $\lambda_1=\lambda_2=-1$，

因此所求通解为 $y=(C_1+C_2x)e^{-x}$，

将条件 $y|_{x=0}=4$代入通解，得 $C_1=4$，

从而 $y=(4+C_2x)e^{-x}$，

对 x 求导，得 $y'=(C_2-4-C_2x)e^{-x}$，

将条件 $y'|_{x=0}=-2$代入，得 $C_2=2$，

因此所求特解为 $y=(4+2x)e^{-x}$.

例 3　求微分方程 $y''-2y'+5y=0$ 的通解.

解　特征方程为 $\lambda^2-2\lambda+5=0$，

有一对共轭复根 $\lambda_1=1+2i$，$\lambda_2=1-2i$，

因此所求通解为 $y=e^x(C_1\cos 2x+C_2\sin 2x)$.

三、二阶常系数非齐次线性微分方程

在二阶非齐次线性微分方程

$$y''+P(x)y'+Q(x)y=f(x)$$

中，如果 y'与 y 的系数 $P(x)$，$Q(x)$ 均为常数，则上式为

$$y''+py'+qy=f(x),$$

其中 p 与 q 为常数，这样的方程称为二阶常系数非齐次线性微分方程. 下面我们仅就方程 $y''+py'+qy=f(x)$ 的几种特殊形式介绍求其特解的方法.

(1) $y''+py'+qy=P_n(x)$，$P_n(x)$ 是 n 次多项式.

由于多项式的导数还是多项式，因此推测这类方程的特解也是多项式，并用待定系

数法求解.

例 4 求方程 $y''+y'+3y=x^2+1$ 的一个特解.

解 设 y 是 x 的 n 次多项式，则 y' 是 x 的 $n-1$ 次多项式，y'' 是 x 的 $n-2$ 次多项式，根据方程两边次数相等，所以 $n=2$.

设 $y=ax^2+bx+c$ 是所求方程的特解，则 $y'=2ax+b$，$y''=2a$，代入方程得

$$2a+2ax+b+3(ax^2+bx+c)=x^2+1,$$

整理得

$$3ax^2+(2a+3b)x+2a+b+3c=x^2+1,$$

比较系数得

$$\begin{cases}3a=1,\\2a+3b=0,\\2a+b+3c=1,\end{cases}$$

解得 $a=\dfrac{1}{3},b=-\dfrac{2}{9},c=\dfrac{7}{27}$,

即 $y=\dfrac{1}{3}x^2-\dfrac{2}{9}x+\dfrac{7}{27}$ 是方程的一个特解.

例 5 求方程 $y''=x^2+1$ 的一个特解.

解 方程两边同时积分得

$$y'=\frac{1}{3}x^3+x+C_1,$$

再积分得

$$y=\frac{1}{12}x^4+\frac{1}{2}x^2+C_1x+C_2,$$

取 $C_1=C_2=0$，得到一个特解

$$y=\frac{1}{12}x^4+\frac{1}{2}x^2.$$

(2) $y''+py'+qy=e^{\lambda x}P_n(x)$，$\lambda\neq 0$，$P_n(x)$ 是 n 次多项式.

当 $\lambda\neq 0$ 时，我们通过变量代换把 $f(x)=e^{\lambda x}P_n(x)$ 中的 $e^{\lambda x}$ 消掉. 作变量代换 $y=Q(x)e^{\lambda x}$，则

$$y'=(Q'(x)+\lambda Q(x))e^{\lambda x},$$
$$y''=(Q''(x)+2\lambda Q'(x)+\lambda^2Q(x))e^{\lambda x},$$

代入方程 $y''+py'+qy=e^{\lambda x}P_n(x)$，整理得

$$(Q''(x)+(2\lambda+p)Q'(x)+(\lambda^2+p\lambda+q)Q(x))e^{\lambda x}=e^{\lambda x}P_n(x),$$

消去 $e^{\lambda x}$，得

$$Q''(x)+(2\lambda+p)Q'(x)+(\lambda^2+p\lambda+q)Q(x)=P_n(x),$$

即

$$Q''(x)+\varphi'(\lambda)Q'(x)+\varphi(\lambda)Q(x)=P_n(x).$$

因此，$y''+py'+qy=e^{\lambda x}P_n(x)$ 的特解为 $y=x^kQ(x)e^{\lambda x}$；$Q''(x)+\varphi'(\lambda)Q'(x)+\varphi(\lambda)Q(x)=P_n(x)$ 的解为 $Q(x)$，解是等价的.

特别指出：$Q''(x)+\varphi'(\lambda)Q'(x)+\varphi(\lambda)Q(x)=P_n(x)$ 是未知函数为多项式的微分方程，只要设出 $Q(x)$ 的一般式，就可以利用比较系数法求出其各项系数.

例 6　求方程 $y''+5y'+6y=xe^{2x}$ 的一个特解.

解　特征多项式为 $\varphi(\lambda)=\lambda^2+5\lambda+6$，由于只需求一个特解，不妨令 $\lambda=2$，

$$\varphi(2)=2^2+5\times2+6=20,\varphi'(2)=2\times2+5=9.$$

设特解为 $y^*=Q(x)e^{2x}$，则

$$Q''(x)+9Q'(x)+20Q(x)=x$$

比较等式两边次数，$Q(x)$ 应为一次多项式.

设 $Q(x)=ax+b$，则

$$9a+20(ax+b)=x.$$

比较系数，得

$$\begin{cases}20a=1,\\9a+20b=0,\end{cases}$$

解得 $a=\dfrac{1}{20}$，$b=-\dfrac{9}{400}$，

原方程的一个特解为

$$y^*=\left(\frac{1}{20}x-\frac{9}{400}\right)e^{2x}.$$

例 7　求方程 $y''-2y'+y=(x-1)e^x$ 的通解，并求满足条件 $y(1)=y'(1)=1$ 的特解.

解　特征多项式为 $\varphi(\lambda)=\lambda^2-2\lambda+1$，$\lambda=1$，

$$\varphi(1)=1^2-2\times1+1=0,\varphi'(1)=2\times1-2=0$$

即特征方程为 $\lambda^2-2\lambda+1=0$ 有特征重根 $\lambda=1$，

对应齐次微分方程通解为

$$Y=(C_1+C_2x)e^x.$$

设原方程特解为 $y^*=Q(x)e^x$，则

$$Q''(x)=x-1,$$

得特解

$$Q(x)=\frac{x^3}{6}-\frac{x^2}{2},$$

因此原方程的一个特解为

$$y^*=\left(\frac{x^3}{6}-\frac{x^2}{2}\right)e^x,$$

故原方程的通解为

$$y=(C_1+C_2x)e^x+\left(\frac{x^3}{6}-\frac{x^2}{2}\right)e^x.$$

对通解求导，得

$$y'=\left[(C_1+C_2)+(C_2-1)x+\frac{x^3}{6}\right]e^x$$

将条件 $y(1)=y'(1)=1$ 代入，得联立方程

$$\begin{cases}C_1+C_2=\dfrac{1}{e}+\dfrac{1}{3},\\ C_1+2C_2=\dfrac{1}{e}+\dfrac{5}{6},\end{cases}$$

解得

$$\begin{cases}C_1=\dfrac{1}{e}-\dfrac{1}{6},\\ C_2=\dfrac{1}{2},\end{cases}$$

所以原方程满足初始条件的特解为

$$y=\left(\frac{1}{e}-\frac{1}{6}+\frac{1}{2}x\right)e^x+\left(\frac{x^3}{6}-\frac{x^2}{2}\right)e^x.$$

例 8 求微分方程 $y''+3y'+2y=xe^{-x}$ 的一个特解.

解 特征多项式为 $\varphi(\lambda)=\lambda^2+3\lambda+2$，由于只需求一个特解，不妨令 $\lambda=-1$，

$$\varphi(-1)=0,\varphi'(-1)=1.$$

设特解为 $y^*=Q(x)e^{-x}$，则

$$Q''(x)+Q'(x)=x.$$

设 $Q'(x)=ax+b$，则

$$a+ax+b=x,$$

解得 $a=1$，$b=-1$，即 $Q'(x)=x-1$.

所以 $Q(x)=\frac{1}{2}x^2-x$ 是一个特解，因此原方程一个特解为

$$y^*=\left(\frac{x^2}{2}-x\right)e^{-x}.$$

(3) $y''+py'+qy=A\sin\beta x+B\cos\beta x$，其中 A，B，β 为实数.

此类方程的特解具有如下形式

$$y^*=x^k(a\cos\beta x+b\sin\beta x),$$

其中 a，b 为待定系数，当 $p=0$ 且 $q=-\beta^2$ 时，取 $k=1$；其他情况取 $k=0$.

设出特解后，直接用代入法求特解即可.

例 9 求方程 $y''+y=\cos 2x$ 的通解.

解 特征方程为 $\lambda^2+1=0$，对应的齐次方程的通解为

$$Y=C_1\cos x+C_2\sin x.$$

由于 $1\neq-2^2$，则 $k=0$ 可设特解为 $y^*=a\sin 2x+b\cos 2x$，则

$$y^{*\prime}=2a\cos 2x-2b\sin 2x,$$

$$y^{*\prime\prime}=-4a\sin 2x-4b\cos 2x,$$

代入原方程得

$$-4a\sin 2x-4b\cos 2x+a\sin 2x+b\cos 2x=\cos 2x,$$

解得 $a=0$，$b=-\frac{1}{3}$，

因此，原方程的通解为

$$y=C_1\cos x+C_2\sin x-\frac{1}{3}\cos 2x.$$

【即学即练 3】

求微分方程 $y''-2y'-3y=3x+1$ 的一个特解.

素养提升小课堂

通过学习常微分方程，学生可以理解函数是客观事物内部联系在数量方面的反映. 通过研究函数关系式，可以对客观事物的规律性进行探究，这正是辩证唯物主义的充分体现. 党的二十大报告中指出，“我们必须坚持解放思想、实事求是、与时俱进、求真务实，一切从实际出发，着眼解决新时代改革开放和社会主义现代化建设的实际问题，不断回答中国之问、世界之问、人民之问、时代之问，作出符合中国实际和时代要求的正确回答，得出符合客观规律的科学认识，形成与时俱进的理论成果，更好指导中国实践”. 这也是我们学好数学的目标.

知识回顾

一、知识结构图

- 常微分方程
  - 微分方程 —— 定义、类型、解和隐式解、通解和特解
  - 一阶微分方程 —— 可分离变量微分方程及一阶线性微分方程的解法
  - 二阶常系数线性微分方程
    - 二阶线性微分方程解的结构
    - 二阶常系数齐次线性微分方程的解法
    - 二阶常系数非齐次线性微分方程的解法

二、重点小结

微分方程的基本概念	定义	未知函数、未知函数的导数与自变量之间的关系式叫作微分方程	
	阶	未知函数的最高阶导数的阶数叫作微分方程的阶	
	解	满足微分方程的函数叫作微分方程的解	
	通解	微分方程的解 $y=\varphi(x,C_1,C_2,\cdots,C_n)$ 称为 n 阶微分方程的通解，其中 $C_1,C_2,\cdots,C_n$ 是 n 个相互独立的任意常数，任意常数的个数与微分方程的阶数相同	
	初值条件	一阶微分方程的初值条件是当 $x=x_0$ 时，$y=y_0$； 二阶微分方程的初值条件是当 $x=x_0$ 时，$y=y_0$，$y'=y'_0$	
	特解	通过初值条件确定通解中的常数所得到的解叫作微分方程的特解	
微分方程的解法	可分离变量的微分方程	$\frac{\mathrm{d}y}{\mathrm{d}x}=f(x)g(y)$	$\int\frac{1}{g(y)}\mathrm{d}y=\int f(x)\mathrm{d}x+C$
	一阶齐次线性微分方程	$\frac{\mathrm{d}y}{\mathrm{d}x}+P(x)y=0$	$y=C\mathrm{e}^{-\int P(x)\mathrm{d}x}\ (C=\pm\mathrm{e}^{C_1})$
		$\frac{\mathrm{d}y}{\mathrm{d}x}=g\left(\frac{y}{x}\right)$	$\int\frac{1}{g(u)-u}\mathrm{d}u=\int\frac{1}{x}\mathrm{d}x+C$，$u=\frac{y}{x}$
	一阶非齐次线性微分方程	$\frac{\mathrm{d}y}{\mathrm{d}x}+P(x)y=Q(x)$	$y=(\int Q(x)\cdot\mathrm{e}^{\int P(x)\mathrm{d}x}\cdot\mathrm{d}x+C)\mathrm{e}^{-\int P(x)\mathrm{d}x}$

续表

<table>
<tr><td rowspan="6">微分方程的解法</td><td rowspan="3">二阶常系数齐次线性微分方程</td><td rowspan="3">$y''+py'+qy=0$，特征方程为 $\lambda^2+p\lambda+q=0$</td><td>$p^2-4q>0$</td><td>$y=C_1e^{\lambda_1 x}+C_2e^{\lambda_2 x}$</td></tr>
<tr><td>$p^2-4q=0$</td><td>$y=(C_1+C_2x)e^{\lambda x}$</td></tr>
<tr><td>$p^2-4q<0$</td><td>$y=e^{\alpha x}\ (C_1\cos\beta x+C_2\sin\beta x)$</td></tr>
<tr><td rowspan="3">二阶常系数非齐次线性微分方程</td><td rowspan="3">$y''+py'+qy=f(x)$</td><td>$f(x)=P_n(x)$</td><td>待定系数法</td></tr>
<tr><td>$f(x)=e^{\lambda x}P_n(x)$，$\lambda\neq 0$</td><td>变量代换法</td></tr>
<tr><td>$f(x)=A\sin\beta x+B\cos\beta x$，$A$，$B$，$\beta$ 为实数</td><td>代入法</td></tr>
</table>

阅读与欣赏

海王星的发现与数学

海王星的发现是人类智慧的结晶，也是微分方程巨大作用的体现，它体现了数学演绎法的强大威力. 1781 年发现天王星后，人们注意到它所在的位置总是和万有引力定律计算出来的结果不符，于是有人怀疑万有引力定律的正确性，但也有人认为，这可能受另外一颗尚未发现的行星吸引所致. 当时虽然有不少人相信后一种假设，但是缺乏去寻找这颗未知行星的办法和勇气.

23 岁的英国剑桥大学的学生亚当斯承担起这项任务，他利用万有引力定律和对天王星的观测资料建立起微分方程，以此来求解和推算这颗未知行星的轨道. 1843 年 10 月 21 日，他把计算结果寄给格林尼治天文台台长艾利，但艾利不相信这个“小人物”的计算成果，置之不理. 两年后，法国青年勒威耶也开始从事该研究. 1846 年 9 月 18 日，勒威耶把计算结果告诉了柏林天文台助理员卡勒，就在 23 日晚，卡勒果然在勒威耶所说的位置上发现了海王星.

微分方程所具有的重大意义主要在于：很多物理问题可以化归为微分方程的求解问题.

目标检测七

一、单项选择题

1. 下列方程是常微分方程的为（　　）.

A. $x^2-2x+1=0$　　B. $y'=xy^2$

C. $\dfrac{\partial u}{\partial t}=\dfrac{\partial^2 u}{\partial x^2}+\dfrac{\partial^2 u}{\partial y^2}$　　D. $y=x^2+C$

2. 下列微分方程是线性的为（　　）.

A. $y'=x^2+y^2$　　B. $y''+y^2=e^x$　　C. $y''+x^2=0$　　D. $y'-y=xy^2$

3. 若 $y=e^{-3x}+a$ 是微分方程 $y'+3y=1$ 的解，则 $a=$（　　）.

A. $\dfrac{1}{3}$　　B. $-\dfrac{1}{3}$　　C. 1　　D. -1

4. 微分方程 $x\dfrac{dy}{dx}+3y=0$ 的通解为（　　）.

A. $y=x^{-3}$　B. $y=Cxe^{x}$　C. $y=x^{-3}+C$　D. $y=Cx^{-3}$

5. 微分方程 $y'=y$ 满足初始条件 $y|_{x=0}=2$ 的特解是（　　）.

A. $y=e^{x}+1$　B. $y=e^{2x}$　C. $y=2e^{2x}$　D. $y=2e^{x}$

6. 微分方程 $y''-4y=0$ 的通解为（　　）.

A. $y=C_1e^{2x}+C_2e^{-2x}$　B. $y=C_1e^{3x}+C_2e^{-3x}$

C. $y=C_1x+C_2x^2$　D. $y=C_1x^{-1}+C_2x^{-2}$

7. 微分方程 $y'+y\cos x=e^{-\sin x}$ 的通解是（　　）.

A. $y=(x+C)e^{\sin x}$　B. $y=(x+C)e^{-\sin x}$

C. $y=(x+1)e^{\sin x}$　D. $y=(x+1)e^{-\sin x}$

8. 微分方程 $y''-2y'-3y=0$ 的通解为（　　）.

A. $y=\dfrac{C_1}{x}+C_2x^3$　B. $y=C_1x+\dfrac{C_2}{x^3}$

C. $y=C_1e^{-x}+C_2e^{3x}$　D. $y=C_1e^{x}+C_2e^{-3x}$

9. 若 $y_1=e^{3x}$，$y_2=xe^{3x}$，则它们所满足的微分方程为（　　）.

A. $y''+6y'+9y=0$　B. $y''-9y=0$

C. $y''+9y=0$　D. $y''-6y'+9y=0$

10. 微分方程 $y''+6y'+13y=0$ 的通解为（　　）.

A. $y=e^{-3x}(C_1\cos 2x+C_2\sin 2x)$　B. $y=e^{2x}(C_1\cos 3x-C_2\sin 3x)$

C. $y=e^{3x}(C_1\cos 2x-C_2\sin 2x)$　D. $y=e^{-2x}(C_1\cos 3x+C_2\sin 3x)$

二、填空题

1. 形如__________的方程称为可分离变量的微分方程，其中 $f(x)$ 和 $g(y)$ 分别是 x 和 y 的连续函数.

2. 微分方程 $\left(\dfrac{dy}{dx}\right)^n+\dfrac{dy}{dx}-y^2+x^2=0$ 的阶数是__________.

3. 二阶齐次线性微分方程的两个解 $y_1(x)$ 与 $y_2(x)$ 能构成此方程通解 $y=C_1y_1(x)+C_2y_2(x)$ 的充分条件是__________.

4. 微分方程 $y''=\sin x$ 的通解为__________.

5. 一阶线性微分方程 $2y'=2e^{x}+y$ 的通解为__________.

三、解答题

1. 求微分方程 $\dfrac{dy}{dx}+\dfrac{e^{y^2+3x}}{y}=0$ 的通解.

2. 求微分方程 $y''-2y'+y=0$ 的通解.

3. 求微分方程 $y'=\dfrac{2y-x\ln x}{x}$ 的通解.

4. 求微分方程 $\dfrac{d^2y}{dt^2}+4\dfrac{dy}{dt}+3y=0$，且满足 $y|_{t=0}=2$，$\left.\dfrac{dy}{dt}\right|_{t=0}=6$ 的特解.

5. 求微分方程 $y''+3y'-4y=(x^2+1)e^{4x}$ 的通解.

参考文献

[1] 同济大学数学科学学院. 高等数学. 8版. 北京：高等教育出版社，2023.

[2] 方媛璐，孙永霞. 高等数学. 3版. 北京：中国医药科技出版社，2021.

[3] 尹光. 新编高等数学. 2版. 北京：北京邮电大学出版社，2022.

[4] 郑洲顺. 高等数学. 北京：高等教育出版社，2021.

[5] 张天德，王玮. 高等数学：上册. 慕课版. 北京：人民邮电出版社，2020.

《高等数学（理工科）》习题集与考试模拟真题

主　编　方媛璐
副主编　王　颂　位　赛　郑君慧
参　编　杨　萌　商梓敬

中国人民大学出版社
·北京·

CONTENTS | 目 录

习题集

第一章习题

1. 如果$\lim\limits_{x \to x_0} f(x)$存在，则$f(x)$在$x_0$处（　　）.

A. 一定有定义　　B. 一定无定义

C. 可以有定义，也可以无定义　　D. 有定义且$f(x_0)=\lim\limits_{x \to x_0} f(x)$

2. 当$x \to 0$时，下列变量与x为等价无穷小量的是（　　）.

A. $\sin 2x$　　B. $1-\cos x$

C. $\sqrt{1+x}-\sqrt{1-x}$　　D. $x\sin x$

3. 函数$f(x)$在点x_0处左右极限存在并相等，是函数$f(x)$在点x_0处连续的（　　）.

A. 充分不必要条件　　B. 必要不充分条件

C. 充分必要条件　　D. 既非必要又非充分条件

4. $x=3$是函数$f(x)=\dfrac{x-3}{x^2-2x-3}$的（　　）.

A. 连续点　　B. 可去间断点　　C. 跳跃间断点　　D. 第二类间断点

5. 下列各式中正确的是（　　）.

A. $\lim\limits_{x \to \infty}(1+x)^{\frac{1}{x}}=\mathrm{e}$　　B. $\lim\limits_{x \to 0}(1+x)^{\frac{1}{x}}=\mathrm{e}$

C. $\lim\limits_{x \to \infty}\left(1+\dfrac{1}{x}\right)^{\frac{1}{x}}=\mathrm{e}$　　D. $\lim\limits_{x \to 0}\left(1+\dfrac{1}{x}\right)^{x}=\mathrm{e}$

6. $\lim\limits_{x \to 0} x\sin\dfrac{1}{x}=$__________.

7. 函数$y=\sin\dfrac{1}{x}$在$x=0$处是第__________类间断点.

8. $\lim\limits_{x \to 0}\dfrac{x\ln(1+x)}{1-\cos x}=$__________.

9. 设函数$f(x)=\begin{cases}-2x+1, & x \leqslant 1 \\ x-a, & x>1\end{cases}$在$x=1$处连续，则$a=$__________.

10. 如果$\lim\limits_{x \to -3}\dfrac{x^2+2x+k}{x+3}=-4$，则常数$k=$__________.

11. 求下列函数的极限.

(1) $f(x)=|x|$，求$\lim\limits_{x\to 0}f(x)$.

(2) $f(x)=\begin{cases} x, & x\geqslant 0 \\ \sin x, & x<0 \end{cases}$，求$\lim\limits_{x\to 0}f(x)$.

(3) $f(x)=\begin{cases} x^2+1, & x<1 \\ \dfrac{1}{2}, & x=1 \\ x-1, & x>1 \end{cases}$,求$\lim\limits_{x\to 1}f(x)$.

12. 求极限$\lim\limits_{n\to\infty}\dfrac{2n^2-2n+3}{3n^2+1}$.

13. 求极限$\lim\limits_{n\to\infty}(\sqrt{n^2+1}-\sqrt{n^2-2})$.

14. 求极限$\lim\limits_{x\to 1}(x^3+5x-1)^{10}$.

15. 求极限$\lim\limits_{x\to 0}\dfrac{\sin 3x}{\sin 4x}$.

16. 求极限$\lim\limits_{x\to\infty}x\sin\dfrac{1}{x}$.

17. 求极限$\lim\limits_{x\to\infty}\left(1-\dfrac{2}{x}\right)^{x+1}$.

18. 利用等价无穷小代换求下列极限.

(1) $\lim\limits_{x\to 0}\dfrac{\sin x}{\arctan x}$.

(2) $\lim\limits_{x\to 0}\dfrac{\sin x-\tan x}{\tan^3 x}$.

(3) $\lim\limits_{x\to 0}\dfrac{\ln(1-2x)}{x}$.

19. 设$\lim\limits_{x\to\infty}\left(\dfrac{x^2+1}{x+1}-ax-b\right)=0$，求 a 与 b 的值.

20. 设 $f(x)=\begin{cases} \dfrac{\sin 2x}{x}, & x<0 \\ 3x^2-2x+k, & x\geqslant 0 \end{cases}$ 在（$-\infty,+\infty$）内连续，求 k 的值.

第二章习题

1. 设函数 $f(x)$ 在点 x_0 处可导，利用导数定义求下列各式中的系数 k.

(1) $\lim\limits_{x\to x_0}\dfrac{f(x)-f(x_0)}{x-x_0}=kf'(x_0)$.

(2) $\lim\limits_{h\to 0}\dfrac{f(x_0-2h)-f(x_0)}{h}=kf'(x_0)$.

(3) $\lim\limits_{\Delta x\to 0}\dfrac{f(x_0+a\Delta x)-f(x_0-a\Delta x)}{\Delta x}=kf'(x_0)$（$a$ 为不等于 0 的常数）.

2. 求曲线 $y=\sqrt{x}$ 在点（4,2）处的切线方程和法线方程.

3. 求曲线 $y=\dfrac{1}{3}x^3$ 上与直线 $x-4y=5$ 平行的切线方程.

4. 讨论函数 $f(x)=\begin{cases}x^2 & (x\geqslant 0)\\ xe^x & (x<0)\end{cases}$ 在 $x=0$ 处的连续性与可导性.

5. 设 $y=-2x^2\cdot\sqrt{x}+3\cdot\sqrt[3]{x^2}-\dfrac{1}{x^2}$，求 y'.

6. 设 $y=\dfrac{(1+x^2)\arctan x}{1+x}$，求 y'.

7. 设 $y=(2x-3)^7$，求 y'.

8. 设 $y=\sin^3 2x$，求 y'.

9. 设 $y=\dfrac{1}{\sqrt{a^2-x^2}}$，求 y'.

10. 设 $y=\ln\sec 3x$，求 y'.

11. 求由方程 $2x^2y-xy^2+y^3=0$ 所确定函数的导数$\dfrac{dy}{dx}$.

12. 求由方程$\sqrt{x}+\sqrt{y}=\sqrt{a}$（$a>0$ 的常数）所确定函数的导数$\dfrac{dy}{dx}$.

13. 求由方程 $e^{xy}+y\ln x=\sin 2x$ 所确定函数的导数$\dfrac{dy}{dx}$.

14. 求由参数方程$\begin{cases}x=a\cos bt+b\sin at\\ y=a\sin bt-b\cos at\end{cases}$（$a$，$b$ 为常数）所确定函数的导数$\dfrac{dy}{dx}$.

15. 求由参数方程$\begin{cases}x=\dfrac{2at}{1+t^2}\\ y=\dfrac{a(1-t^2)}{1+t^2}\end{cases}$（$a$ 为常数）所确定函数的导数$\dfrac{dy}{dx}$.

16. 设 $y=e^{-x^2}$，求 y''.

17. 设 $y=e^{-x}\cos 2x$，求 y''.

18. 设 $y=3\cdot\sqrt[3]{x}-\dfrac{1}{x}$，求 dy.

19. 设 $y=[\ln(1-x)]^2$，求 dy.

20. 设 $y=3^{\ln\cos x}$，求 dy.

第三章习题

1. 下列函数中，在区间 $[-1,1]$ 上满足罗尔定理条件的是（　　）.

A. $f(x)=e^x$　　B. $g(x)=\ln|x|$

C. $h(x)=1-x^2$　　D. $k(x)=\begin{cases} x\sin\dfrac{1}{x}, & x\neq 0 \\ 0, & x=0 \end{cases}$

2. 设函数 $f(x)$ 在 $[a,b]$ 上连续，在 (a,b) 内可导，则在 (a,b) 满足 $f'(\xi)=\dfrac{f(b)-f(a)}{b-a}$ 的点 ξ（　　）.

A. 必存在且只有一个　　B. 不一定存在

C. 必存在且不止一个　　D. 以上结论都不对

3. 函数 $f(x)=\sin x$ 的 n 阶麦克劳林公式为____________________.

4. 设函数 $f(x)$ 在开区间 (a,b) 内二阶可导，且 $f'(x)>0$，$f''(x)<0$，则函数曲线 $y=f(x)$ 在开区间 (a,b) 内（　　）.

A. 上升且下凸　　B. 下降且下凸

C. 上升且上凸　　D. 下降且上凸

5. 设点 $(1,4)$ 为函数 $y=ax^3+bx^2$ 的拐点，则常数 a，b 的值为（　　）.

A. $a=-2$，$b=6$　　B. $a=6$，$b=-2$

C. $a=-6$，$b=2$　　D. $a=2$，$b=-6$

6. 设函数 $f(x)$ 与 $g(x)$ 对于区间 (a,b) 内每一点都有 $f'(x)=g'(x)$，则在 (a,b) 内必有（　　）.

A. $f(x)=g(x)$

B. $f(x)=C_1$，$g(x)=C_2$（C_1，C_2 为常数）

C. $f(x)=Cg(x)$

D. $f(x)=g(x)+C$（C 为常数）

7. 当 $x<x_0$ 时 $f'(x)>0$，当 $x>x_0$ 时 $f'(x)<0$，则 x_0 必定为函数 $f(x)$ 的（　　）.

A. 驻点　　B. 极大值点

C. 极小值点　　D. 以上都不正确

8. 设函数 $y=f(x)$ 有驻点 $x=x_0$，则（　　）不成立.

A. $f(x)$ 在 x_0 处连续

B. $f(x)$ 在 x_0 处可导

C. $f(x)$ 在 x_0 处有极值

D. 点 $(x_0,f(x_0))$ 处函数切线平行于 x 轴

9. 函数 $y=x+\dfrac{4}{x}$ 的单调减少区间为（　　）.

A. $(-\infty,-2)\cup(2,+\infty)$　　B. $(-2,2)$

C. $(-\infty,0)\cup(0,+\infty)$　　D. $(-2,0)\cup(0,2)$

10. 计算 $\lim\limits_{x\to 0}\dfrac{x-\sin x}{\tan x^3}$.

11. 计算 $\lim\limits_{x\to+\infty}\dfrac{\ln x}{x^\alpha}(\alpha>0)$.

12. 计算 $\lim\limits_{x\to 0}\left(\dfrac{1}{x}-\cot x\right)$.

13. 计算 $\lim\limits_{x\to 1}(1-x)\tan\left(\dfrac{\pi}{2}x\right)$.

14. 求函数 $f(x)=(x-1)^2(x-2)^3$ 的极值.

15. 求函数 $f(x)=(x-1)\sqrt[3]{x^2}$ 的极值.

16. 求乘积为常数 $a>0$ 而其和最小的两个正数.

17. 以河岸为一边，用石条沿围出一矩形场地用于绿化，现有 36m 长的石条沿，试问围出最大场地的面积是多少?

18. 求函数 $f(x)=x^3-6x^2+9x+1$ 的凹凸区间与拐点.

19. 求函数 $y=x+\dfrac{x}{x-1}$ 的凹凸区间与拐点.

20. 已知函数 $y=ax^3+bx^2+cx+d$ 有拐点 $(-1,4)$，且在 $x=0$ 处有极大值 2，求 a，b，c，d 的值.

第四章习题

1. $\dfrac{\mathrm{d}}{\mathrm{d}x}\int_0^x \cos t^3\,\mathrm{d}t=$（　　）.

A. $\cos x^3$　　B. $3x^2\cos x^3$　　C. $-3x^2\cos x^3$　　D. $-\sin x^3$

2. $\int_0^\pi\sqrt{1+\cos 2x}\,\mathrm{d}x=$（　　）.

A. $4\sqrt{2}$　　B. $3\sqrt{2}$　　C. $2\sqrt{2}$　　D. $\sqrt{2}$

3. 设 $f(x)=\int_0^{x^2}\mathrm{e}^t\,\mathrm{d}t$，则 $f(x)=$（　　）.

A. e^{x^2}　　B. $2x\mathrm{e}^{x^2}$　　C. $-2x\mathrm{e}^{x^2}$　　D. $-\mathrm{e}^{x^2}$

4. $\int_{-\frac{1}{2}}^1|\ln(1+x)|\,\mathrm{d}x=$（　　）.

A. $-\int_{-\frac{1}{2}}^0\ln(1+x)\,\mathrm{d}x+\int_0^1\ln(1+x)\,\mathrm{d}x$

B. $\int_{-\frac{1}{2}}^{0}\ln(1+x)dx+\int_{0}^{1}\ln(1+x)dx$

C. $-\int_{-\frac{1}{2}}^{0}\ln(1+x)dx-\int_{0}^{1}\ln(1+x)dx$

D. $\int_{-\frac{1}{2}}^{0}\ln(1+x)dx-\int_{0}^{1}\ln(1+x)dx$

5. 设 $f(x)=\sqrt{x}$，则 $\int f'(x)dx=($　　$)$.

A. $\frac{2}{3}x^{\frac{3}{2}}$　　B. $\frac{2}{3}x^{\frac{3}{2}}+C$　　C. $\sqrt{x}$　　D. $\sqrt{x}+C$

6. 设 $f(x)=\int_{0}^{x}\sin t^{2}dt$，则 $\frac{d}{dx}f(x)=($　　$)$.

A. $\sin x^{2}$　　B. $\sin x^{2}dx$　　C. $2x\sin x^{2}$　　D. $2x\sin x^{2}dx$

7. $\int_{2}^{4}\frac{1}{x\sqrt{x-1}}dx=($　　$)$.

A. $\frac{\pi}{4}$　　B. $\frac{\pi}{6}$　　C. $\frac{\pi}{2}$　　D. $\frac{\pi}{12}$

8. 设 $\int f(x)dx=xe^{-x}+C$，则 $f(x)=($　　$)$.

A. xe^{-x}　　B. $-e^{-x}+xe^{-x}$　　C. $-xe^{-x}$　　D. $e^{-x}-xe^{-x}$

9. 设 $F'(x)=f(x)$，则 $\int\cos x f(\sin x)dx=($　　$)$.

A. $F(\sin x)+C$　　B. $-F(\sin x)+C$

C. $F(\cos x)+C$　　D. $-F(\cos x)+C$

10. 设 $f'(x)=x$，$f(0)=1$，则 $f(x)=$ (　　).

A. $f(x)=\frac{1}{2}(x^{2}+1)$　　B. $f(x)=\frac{1}{2}(x^{2}+2)$

C. $f(x)=x^{2}+1$　　D. $f(x)=x^{2}+2$

11. $\int x\ln x\,dx=$________________.

12. $\int_{1}^{4}\frac{\ln x}{\sqrt{x}}dx=$________________.

13. $\int_{-\pi}^{\pi}x^{6}\sin x\,dx=$________________.

14. $\int\frac{1}{x\ln x}dx=$________________.

15. $\int\frac{1}{x^{2}}\sin\frac{1}{x}dx=$________________.

16. 求不定积分 $\int e^{-x}\cos x\,dx$.

17. 求定积分$\int_0^1 \frac{1}{e^x + e^{-x}} dx$.

18. 区域 D 是由 $y=x^2$ 和 $x=y^2$ 所围成的，

(1) 求区域 D 的面积；

(2) 求 D 绕 x 轴旋转而成的旋转体体积.

19. 区域 D 是由 $y=\sin x$，$y=\cos x$，$x=\frac{\pi}{4}$，$x=\frac{\pi}{2}$所围成的，

(1) 求区域 D 的面积；

(2) 求 D 绕 x 轴旋转而成的旋转体体积.

20. 设平面图形是由 $y=\frac{3}{x}$和 $x+y=4$ 围成，

(1) 求此平面图形的面积；

(2) 求此平面图形绕 x 轴旋转而成的旋转体体积.

第五章习题

1. 点 $M(4,-3,5)$ 到坐标原点的距离为____________.

2. 与点 $A(-4,1,7)$ 和 $B(3,5,-2)$ 等距离且在 z 轴上的点坐标为__________.

3. 已知点 $M_1(-1,1,0)$ 和 $M_2(0,-1,2)$，则向量 $\overrightarrow{M_1M_2}=$__________.

4. 已知向量 $\vec{a}=(3,5,-1)$，$\vec{b}=(2,2,2)$，$\vec{c}=(4,-1,-3)$，则 $2\vec{a}-3\vec{b}+4\vec{c}=$__________.

5. 已知向量 $\vec{a}=4\vec{i}-2\vec{j}-4\vec{k}$，$\vec{b}=6\vec{i}-3\vec{j}+2\vec{k}$，则 $\vec{a}\cdot\vec{b}=$__________.

6. 已知向量 $\vec{a}=2\vec{i}-\vec{j}+\vec{k}$，$\vec{b}=\vec{i}+2\vec{j}-\vec{k}$，则 $\vec{a}\times\vec{b}=$__________.

7. 以 $A(2,-2,0)$，$B(-1,0,1)$，$C(1,1,2)$ 为顶点的三角形 ΔABC 的面积为__________.

8. 求过点 $(2,1,-1)$ 且法向量为 $\vec{n}=\vec{i}-2\vec{j}+3\vec{k}$ 的平面方程.

9. 求过点 $(1,-2,3)$ 且与平面 $7x-3y+z-6=0$ 平行的平面方程.

10. 已知点 $A(2,-1,2)$ 和 $B(8,-7,5)$，求过点 B 且垂直于向量 $\overrightarrow{AB}$ 的平面方程.

11. 一平面通过三点 $A(1,-1,0)$，$B(2,3,-1)$，$C(-1,0,2)$，求此平面方程.

12. 求平面 $2x-y+z=7$ 与 $x+y+2z=11$ 的夹角.

13. 将直线方程$\frac{x-2}{2}=y+1=\frac{z+3}{3}$化为参数方程及一般式方程.

14. 将直线方程$\begin{cases} x-y+z+5=0 \\ 5x-8y+4z+36=0 \end{cases}$化为点向式方程及参数方程.

15. 求过点 $M_1(2,3,1)$ 和 $M_2(-1,2,0)$ 的直线方程.

16. 求过点 $(2,2,-1)$ 且与直线$\frac{x-3}{2}=y=\frac{z-1}{5}$平行的直线方程.

17. 求直线$\frac{x-3}{4}=\frac{y-2}{-12}=\frac{z+1}{3}$与$\frac{x-1}{2}=\frac{y+2}{-1}=\frac{z}{-2}$的夹角.

18. 求过点 $(2,0,-3)$ 且与直线 $x-5=\frac{y+1}{-1}=\frac{z+2}{2}$垂直的平面方程.

19. 已知平面 $Ax+3y-4z+2=0$ 与直线$\frac{x+1}{1}=\frac{y-2}{3}=\frac{z-3}{2}$平行，求 A 的值.

20. 方程 $2x^2+2y^2+2z^2+2x-2z-1=0$ 表示怎样的曲面?

第六章习题

1. 函数 $z=\arcsin\frac{x}{y}$的定义域是（　　）.

A. $\{(x,y)\mid y\neq 0\}$　　B. $\{(x,y)\mid |x|\leqslant 1, y\neq 0\}$

C. $\{(x,y)\mid |x|\leqslant |y|\}$　　D. $\{(x,y)\mid |x|\leqslant |y|, y\neq 0\}$

2. 极限$\lim\limits_{\substack{x\to\infty\\ y\to\infty}}(x^2+y^2)\sin\frac{3}{x^2+y^2}=$（　　）.

A. 1　　B. 3　　C. $\frac{1}{x^2+y^2}$　　D. -1

3. 设函数 $z=y^x$，则$\left.\frac{\partial z}{\partial y}\right|_{\substack{x=1\\ y=\mathrm{e}}}=$（　　）.

A. e　　B. e^{-1}　　C. 1　　D. 0

4. 函数 $z=x^3-y^3+3x^2+3y^2-9x$ 的极小值点是（　　）.

A. $(1,0)$　　B. $(1,2)$　　C. $(-3, 0)$　　D. $(-3,2)$

5. 函数 $z=f(x,y)$ 在点 (x_0,y_0) 处连续是函数在该点处可微分的（　　）.

A. 充分不必要条件　　B. 必要不充分条件

C. 充分且必要条件　　D. 既不充分也不必要条件

6. 设函数 $z=\sin(xy)+\cos^2(xy)$，则$\frac{\partial z}{\partial x}=$________，$\frac{\partial z}{\partial y}=$________.

7. 设函数 $z=x^{2y}$，则 $\mathrm{d}z=$________.

8. 二重积分$\iint\limits_D xy\,\mathrm{d}x\,\mathrm{d}y$（其中 D：$0\leqslant y\leqslant x^2$，$0\leqslant x\leqslant 1$）的值为________.

9. 交换积分次序 $\int_{-a}^{a}\mathrm{d}x\int_0^{\sqrt{a^2-x^2}} f(x, y)\mathrm{d}y=$________.

10. 已知区域 D 是圆域 $x^2+y^2\leqslant a^2(a>0)$，则$\iint\limits_D \mathrm{e}^{-x^2-y^2}\,\mathrm{d}\sigma=$________.

11. 求$\lim\limits_{\substack{x\to 0\\ y\to 0}}\dfrac{xy}{\sqrt{xy+1}-1}$.

12. 设$z=e^{\sin x}\cos y$，求函数在点（2，π）处的偏导数.

13. 设$z=x^4-4x^2y^2+y^4$，求所有二阶偏导数.

14. 设$z=\sin^2(ax+by)$，求所有二阶偏导数.

15. 设$u=x^2+\sin\dfrac{y}{2}+\arctan\dfrac{z}{y}$，求全微分$du$.

16. 设$z=u^v$，$u=\sin x$，$v=\cos x$，求$\dfrac{dz}{dx}$.

17. 设$z=u^2\ln v$，$u=\dfrac{x}{y}$，$v=3x-2y$，求$\dfrac{\partial z}{\partial x}$，$\dfrac{\partial z}{\partial y}$.

18. 设$z=f(x,y)$是由方程$\dfrac{x}{z}=\ln\dfrac{z}{y}$确定的隐函数，求$\dfrac{\partial z}{\partial x}$，$\dfrac{\partial z}{\partial y}$.

19. 求函数$f(x,y)=x^3-4x^2+2xy-y^2+1$的极值.

20. 计算二重积分$\iint\limits_D\dfrac{\sin y}{y}d\sigma$，其中$D$由$y=x$，$x=0$，$y=\dfrac{\pi}{2}$，$y=\pi$围成.

第七章习题

1. 通解为$y=C_1e^{-2x}+C_2e^{4x}$的微分方程是（　　）.

A. $y''-2y'-8y=0$　　B. $y''+2y'-8y=0$

C. $y''-6y'+8y=0$　　D. $y''+6y'-8y=0$

2. 微分方程$(y'')^2+x^2+y'+y^3=0$的阶数为（　　）.

A. 1　　B. 2　　C. 3　　D. 4

3. 属于二阶微分方程的是（　　）.

A. $(y')^2+y=2x$　　B. $y''+3y'=2$

C. $yy'+2x=0$　　D. $y'''+y'=3$

4. 微分方程$y''+7y'-8y=0$的通解为（　　）.

A. $y=C_1e^{-x}+C_2e^{8x}$　　B. $y=C_1e^{-x}+C_2e^{-8x}$

C. $y=C_1e^{x}+C_2e^{8x}$　　D. $y=C_1e^{x}+C_2e^{-8x}$

5. 已知函数$y=\dfrac{1}{6}x^3-\dfrac{1}{2}x^2+x+C$是微分方程$y''=x-1$的解，则下列正确的是（　　）.

A. y是该方程的通解　　B. y是该方程满足条件$y|_{x=0}=1$的特解

C. y是该方程的特解　　D. 以上都不是

6. 微分方程$\dfrac{dy}{dx}=\dfrac{2x+\sin x}{e^y}$的通解为（　　）.

A. $e^y=x^2+\cos x+C$　　B. $e^y=x^2-\cos x+C$

C. $e^y=x^2+\sin x+C$　　D. $e^y=x^2-\sin x+C$

7. 已知二阶常系数齐次线性微分方程的两个特解为 $y_1=1$ 与 $y_2=e^{2x}$，则该方程是（　　）.

A. $y''-2y'=0$　　B. $y''+2y'=0$

C. $y''-3y'+2y=0$　　D. $y''+3y'+2y=0$

8. 微分方程 $y''-2y'-3y=0$ 的通解为（　　）.

A. $y=\dfrac{C_1}{x}+C_2x^3$　　B. $y=C_1x+\dfrac{C_2}{x^3}$

C. $y=C_1e^{-x}+C_2e^{3x}$　　D. $y=C_1e^{x}+C_2e^{-3x}$

9. 若 $y_1=e^{3x}$，$y_2=xe^{3x}$，则它们所满足的微分方程是（　　）.

A. $y''+6y'+9y=0$　　B. $y''-9y=0$

C. $y''+9y=0$　　D. $y''-6y'+9y=0$

10. 求微分方程 $2y\mathrm{d}y-(1+\cos x)(1+y^2)\mathrm{d}x=0$ 在条件 $y|_{x=0}=0$ 下的特解.

11. 求微分方程 $2\sqrt{x}\,y'=y^2+1$ 的通解.

12. 求微分方程 $\dfrac{y'}{\sqrt{1-y^2}}=\dfrac{1}{2\sqrt{x}}$ 的通解.

13. 求微分方程 $4\dfrac{\mathrm{d}^2y}{\mathrm{d}t^2}-12\dfrac{\mathrm{d}y}{\mathrm{d}t}+9y=0$ 满足 $y|_{t=0}=1$ 与 $\left.\dfrac{\mathrm{d}y}{\mathrm{d}t}\right|_{t=0}=2$ 的特解.

14. 求微分方程 $y''-4y'+7y=0$ 的通解.

15. 求微分方程 $y'+y=e^x+x$ 的通解.

16. 求微分方程 $y''-3y'+2y=e^{5x}$ 的通解.

17. 设 $y=e^x(C_1\cos\sqrt{2}x+C_2\sin\sqrt{2}x)$ 是某二阶常系数线性微分方程的通解，求其对应的方程.

18. 已知某一曲线通过原点并且在点 (x,y) 处的切线斜率为 $2x+y$，求此曲线方程.

19. 设函数 $\varphi(x)$ 连续且满足 $\varphi(x)=e^x+\int_0^x t\varphi(t)\mathrm{d}t-x\int_0^x\varphi(t)\mathrm{d}t$，求 $\varphi(x)$.

20. 试求微分方程 $y''=x$ 经过点 $M(0,1)$ 且在此点与直线 $y=\dfrac{x}{2}+1$ 相切的积分曲线.

考试模拟真题

试卷一

一、单项选择题

1. 当 $x \to 0$ 时与 $\sin x$ 等价无穷小量的是（　　）.

A. x　　B. $2\tan x$　　C. $e^{-x}-1$　　D. $\ln(1+x^2)$

2. 函数 $y=e^{x^2}$ 在 $x=1$ 处的导数是（　　）.

A. e　　B. 2e　　C. e^{x^2}　　D. $2xe^{x^2}$

3. 函数 $y=x^3+2x$ 在 $(-\infty,+\infty)$ 内（　　）.

A. 不连续　　B. 不可导　　C. 单调递增　　D. 单调递减

4. 定积分 $\int_0^2 |1-x|\,dx=$（　　）.

A. $\int_0^1 (1-x)dx+\int_1^2 (1-x)dx$　　B. $\int_0^1 (1-x)dx+\int_1^2 (x-1)dx$

C. $\int_0^1 (x-1)dx+\int_1^2 (x-1)dx$　　D. $\int_0^1 (x-1)dx+\int_1^2 (1-x)dx$

5. 设向量 $\vec{a}=\{2,-49,1\}$，$\vec{b}=\{-3,10,-1\}$，若向量 $\{1,0,-1\}$ 与 $\lambda\vec{a}+\mu\vec{b}$ 垂直，则有（　　）.

A. $2\lambda=\mu$　　B. $2\lambda=-\mu$　　C. $\lambda=2\mu$　　D. $\lambda=-2\mu$

6. 若函数 $y=y(x)$ 是由方程 $y^3-4x^3-6x^2+y=0$ 所确定的隐函数，则有（　　）.

A. $x=0$ 和 $x=-1$ 都是 $y(x)$ 的极大值点

B. $x=0$ 和 $x=-1$ 都是 $y(x)$ 的极小值点

C. $x=0$ 是极大值点，$x=-1$ 是极小值点

D. $x=0$ 是极小值点，$x=-1$ 是极大值点

二、填空题

7. 极限 $\lim\limits_{x\to 0}\dfrac{e^x(\cos x-1)}{x^3}=$__________.

8. 不定积分 $\int x\cos x^2\,dx=$__________.

9. 已知函数 $f(x)=\int_0^x t\sin t\,dt$ ，则 $f'(x)=$__________.

10. 空间中过点 $(-1,0,1)$ 且与平面 $2x-y+3z=0$ 垂直的直线方程为__________.

11. 函数 $z=\ln(x^2+y)$ 的全微分 $dz=$__________.

12. 设平面区域 $D=\{(x,y)\mid 0\leqslant x\leqslant 2,0\leqslant y\leqslant 1\}$ 则二重积分 $\iint\limits_D e^x y^2\,dx\,dy=$__________.

三、解答题

13. 设函数 $f(x)=\begin{cases}(1-x)^{\frac{a-b}{x}}, & x<0\\ 1, & x=0\\ a\cos x+b, & x>0\end{cases}$ 在 $x=0$ 处连续，求常数 a，b 的值.

14. 设抛物线 $y=x^2-2x$ 与直线 $y=x$ 所围成的平面区域为 D_1，抛物线 $y=x^2-2x(0<x<1)$ 与直线 $x=1$ 及 x 轴所围成的平面区域为 D_2.

(1) 求 D_1 的面积 S；

(2) 求 D_2 绕 x 轴旋转一周的旋转体体积 V.

15. (1) 求微分方程 $y'-xy=0$ 的通解；

(2) 求微分方程 $y''-3y'-4y=0$ 满足初始条件 $y(0)=0$，$y'(0)=5$ 的特解.

16. 求二元函数 $f(x,y)=x^3-y^3-3x^2+3y^2-1$ 的极值点和极值.

17. 设 $f(\ln x)=\dfrac{\ln(1+x)}{x}$，计算定积分 $\int_{-1}^0 f(x)\,dx$.

试卷二

一、单项选择题

1. 当 $x\to 0$ 时与 x 为等价无穷小量的是（　　）.

A. $\tan x$　　B. $2\sin x$　　C. $e^{2x}-1$　　D. $\ln(1-x)$

2. 函数 $y=\sin 2x$ 在 $x=\dfrac{\pi}{2}$ 处的导数是（　　）.

A. -1　　B. 1　　C. -2　　D. 2

3. 设函数 $y=f(u)$ 可导，若 $y=f(-x^2)$，则微分 $dy=$（　　）.

A. $-2xf'(-x^2)$　　B. $-2xf'(-x^2)\,dx$

C. $f'(-x^2)$　　D. $f'(-x^2)\,dx$

4. 下列等式中正确的是（　　）.

A. $\int f'(x)\,dx=f(x)$　　B. $\left(\int f'(x)\,dx\right)'=f(x)+C$

C. $\mathrm{d}\int f'(x)\mathrm{d}x=f(x)$　　D. $\mathrm{d}\int f(x)\mathrm{d}x=f(x)\mathrm{d}x$

5. 定积分 $\int_0^{2\pi}|\sin x|\mathrm{d}x=$（　　）.

A. $\int_0^{\pi}\sin x\mathrm{d}x+\int_{\pi}^{2\pi}\sin x\mathrm{d}x$　　B. $\int_0^{\pi}\sin x\mathrm{d}x+\int_{\pi}^{2\pi}(-\sin x)\mathrm{d}x$

C. $\int_0^{\pi}(-\sin x)\mathrm{d}x+\int_{\pi}^{2\pi}(-\sin x)\mathrm{d}x$　　D. $\int_0^{\pi}(-\sin x)\mathrm{d}x+\int_{\pi}^{2\pi}\sin x\mathrm{d}x$

6. 直线 L_1：$\frac{x-1}{2}=\frac{y+2}{1}=\frac{z-1}{3}$ 和直线 L_2：$\begin{cases}x=2t-2\\y=t+2\\z=3t-3\end{cases}$ 的位置关系是（　　）.

A. 平行　　B. 相交　　C. 异面　　D. 重合

二、填空题

7. 极限 $\lim\limits_{x\to 0}\frac{\cos x\sin x}{\ln(1+x)}=$____________.

8. 函数 $y=x^3-x^2-x+7$ 的单调减小区间为____________.

9. 已知 $f(x)$ 的一个原函数为 $\sqrt{x+1}$，则 $\int f(x)\mathrm{d}x=$____________.

10. $\frac{\mathrm{d}}{\mathrm{d}x}\int_0^x \mathrm{e}^{t^2}\mathrm{d}t=$____________.

11. 函数 $z=\mathrm{e}^{2x-y}$ 的全微分 $\mathrm{d}z=$____________.

12. 设平面区域 $D=\{(x,y)\mid 0\leqslant x\leqslant 1,1\leqslant y\leqslant e\}$，则二重积分 $\iint\limits_D x\ln y\mathrm{d}x\mathrm{d}y=$____________.

三、解答题

13. 设函数 $f(x)=\begin{cases}\frac{\sin 2x}{x}, & x<0\\ a, & x=0\\ \frac{\ln(1+bx)}{x}, & x>0\end{cases}$ 在 $x=0$ 处连续，求常数 a，b 的值.

14. 设直线 $y=x$，$x=2$，$y=0$ 与曲线 $y=\frac{1}{x}(x>0)$ 所围成的平面图形为 D，

（1）求 D 的面积 S；

（2）求 D 绕 x 轴旋转一周的旋转体体积 V.

15.（1）求微分方程 $y'-y\cos x=0$ 的通解；

（2）求微分方程 $y''-6y'+8y=0$ 满足初始条件 $y(0)=2$，$y'(0)=6$ 的特解.

16. 求二元函数 $f(x,y)=x^3+y^3-6xy$ 的极值点和极值.

17. 求通过直线 L_1：$\begin{cases}x=2t-1\\y=3t+2\\z=2t-3\end{cases}$ 和直线 L_2：$\dfrac{x-3}{2}=\dfrac{y+1}{3}=\dfrac{z-1}{3}$ 的平面 Π 的方程.

试卷三

一、单项选择题

1. 下列各组函数中是同一个函数的为（　　）.

A. $f(x)=\sqrt{x^2}$ 与 $g(x)=(\sqrt{x})^2$

B. $f(x)=x$ 与 $g(x)=x(\sin^2x+\cos^2x)$

C. $f(x)=\dfrac{x^2-1}{x-1}$ 与 $g(x)=x+1$

D. $f(x)=\lg x^2$ 与 $g(x)=2\lg x$

2. 下列函数中极限存在的是（　　）.

A. $\lim\limits_{x\to0}(1+x)^{\frac{1}{|x|}}$　　B. $\lim\limits_{x\to0}3^{\frac{1}{x}}$

C. $\lim\limits_{x\to0}\arctan\dfrac{1}{x}$　　D. $\lim\limits_{x\to0}x\sin\dfrac{1}{x}$

3. 已知 $f(x)=\int_0^x\sin t^2\mathrm{d}t$，则 $\dfrac{\mathrm{d}}{\mathrm{d}x}f(x)=$（　　）.

A. $\sin x^2$　　B. $\sin x^2\mathrm{d}x$　　C. $2x\sin x^2$　　D. $2x\sin x^2\mathrm{d}x$

4. 定积分 $\int_2^4\dfrac{1}{x\sqrt{x-1}}\mathrm{d}x=$（　　）.

A. $\dfrac{\pi}{4}$　　B. $\dfrac{\pi}{6}$　　C. $\dfrac{\pi}{2}$　　D. $\dfrac{\pi}{12}$

5. 已知空间三个点 $A(1,0,0)$，$B(0,1,-1)$，$C(1,0,-1)$，则 $\overrightarrow{AB}\times\overrightarrow{AC}=$（　　）.

A. $\{-1,-1,0\}$　　B. $\{1,-1,0\}$　　C. $\{-1,1,0\}$　　D. $\{-1,0,1\}$

6. $\int_0^1\mathrm{d}x\int_1^x\mathrm{e}^{-y^2}\mathrm{d}y=$（　　）.

A. $\dfrac{\mathrm{e}^{-1}-1}{2}$　　B. $\dfrac{1-\mathrm{e}^{-1}}{2}$　　C. $\mathrm{e}^{-1}-1$　　D. $1-\mathrm{e}^{-1}$

二、填空题

7. $\lim\limits_{x\to0}\left(x\sin\dfrac{1}{x}-\dfrac{1}{x}\sin x\right)$__________.

8. 函数 $z(x,y)=(1+x)^y$ 在点（1,1）处的全微分 $\mathrm{d}z=$__________.

9. $\int_{-\pi}^{\pi}(\sin x+\sqrt{\pi^2-x^2})\mathrm{d}x=$____________.

10. 设 $z=z(x,y)$ 是由方程 $\mathrm{e}^{2yz}+x+y^2+z=\frac{7}{4}$ 确定的函数，则 $\mathrm{d}z\big|_{(\frac{1}{2},\frac{1}{2})}=$____________.

11. $\int\frac{1}{x^2}\sin\frac{1}{x}\mathrm{d}x=$____________.

12. 微分方程 $y''+2y'+3y=0$ 的通解为____________.

三、解答题

13. 求极限$\lim\limits_{x\to 0}\left(\frac{1}{x^2}-\frac{1}{x\sin x}\right)$.

14. 设 $\varphi(t)$，$\psi(t)$ 为二次可微函数，$u(x,y)=x\varphi(x+y)+y\psi(x+y)$，证明$\frac{\partial^2 u}{\partial x^2}-2\frac{\partial^2 u}{\partial x\partial y}+\frac{\partial^2 u}{\partial y^2}=0$.

15. 设平面图形由曲线 $y=\frac{3}{x}$ 和 $x+y=4$ 围成，

(1) 求此平面图形的面积；

(2) 求此平面图形绕 x 轴旋转的旋转体体积.

16. 求二元函数 $f(x,y)=x^3-y^3-3x^2+3y^2-1$ 的极值点和极值.

17. 设 $f(x)$ 在 $(-\infty,+\infty)$ 内连续，且满足 $f(x)=1-\int_{\frac{\pi}{2}}^{x}(x-t)f(t)\mathrm{d}t$，求函数 $f(x)$ 的解析式.

试卷四

一、单项选择题

1. 下列函数中，当 $x\to 0$ 时与 $\mathrm{e}^{x^2}-1$ 为等价无穷小量的是（　　）.

A. $x^2\cdot\sin x$　　B. $3x^2$　　C. $\sin x^2$　　D. $\frac{x^3}{3}$

2. $\int_{-1}^{1}\frac{1+\sin x}{1+x^2}\mathrm{d}x=$（　　）.

A. $-\frac{\pi}{2}$　　B. $\frac{\pi}{2}$　　C. $-\frac{\pi}{4}$　　D. $\frac{\pi}{4}$

3. 在点 $(1,1)$ 处，如果二元函数 $z=ax^2+2xy+by^2$ 取得极大值，则（　　）.

A. $a=-1$，$b=-1$　　B. $a=1$，$b=-1$

C. $a=-1$，$b=1$　　D. $a=1$，$b=1$

4. 设 $z=z(x,y)$，则曲面 $z^2+xy-y^2=3$ 在点 $p(1,2,1)$ 处的切平面方程为（　　）.

A. $2x-3y=0$ B. $2x-3y+2z+2=0$

C. $2x-3y+2z=0$ D. $2x+3y-2z=0$

5. 积分区域 D：$y=x$ 与 $x^2+y^2=1$ 和 x 轴所围成的第一象限部分，则 $\iint\limits_D f(x,y)\mathrm{d}\sigma$ 在极坐标系下的累次积分为（　　）.

A. $\int_0^{\frac{\pi}{4}}\mathrm{d}\theta\int_0^1 f(r\cos\theta,\ r\sin\theta)r\mathrm{d}r$ B. $\int_0^{\frac{\pi}{4}}\mathrm{d}\theta\int_0^1 f(r\cos\theta,\ r\sin\theta)\mathrm{d}r$

C. $\int_0^{\frac{\pi}{2}}\mathrm{d}\theta\int_0^1 f(r\cos\theta,\ r\sin\theta)r\mathrm{d}r$ D. $\int_0^{\frac{\pi}{2}}\mathrm{d}\theta\int_0^1 f(r\cos\theta,\ r\sin\theta)\mathrm{d}r$

6. 微分方程 $x\mathrm{d}y-y\mathrm{d}x=y^2\mathrm{e}^y\mathrm{d}y$ 的通解是（　　）.

A. $y=x(\mathrm{e}^x+C)$ B. $y=\frac{1}{x}(\mathrm{e}^x+C)$

C. $x=y(\mathrm{e}^y+C)$ D. $x=y(C-\mathrm{e}^y)$

二、填空题

7. 求极限 $\lim\limits_{x\to0}\frac{x\ln(1+2x)}{1-\cos x}=$____________.

8. 设 $f(x,y)=x^2\cos xy^2$，则 $f'_x(1,0)=$____________.

9. 设 $|\vec{a}|=3$，$|\vec{b}|=4$ 且 $\vec{a}$ 垂直于 $\vec{b}$，则 $|(\vec{a}+\vec{b})\times(\vec{a}-\vec{b})|=$____________.

10. 设 $\int xf(x)\mathrm{d}x=\arcsin x+C$，则 $\int\frac{1}{f(x)}\mathrm{d}x=$____________.

11. 函数 $f(x)=\begin{cases}1+x^2, & x\leqslant0\\ \mathrm{e}^{-x}, & x>0\end{cases}$，求 $\int_1^3 f(x-2)\mathrm{d}x=$____________.

12. 设积分区域 D 是连接三点 $(1,1)$，$(4,1)$，$(4,2)$ 的线段所围成的三角形，则 $\iint\limits_D 4\mathrm{d}\sigma=$____________.

三、解答题

13. 求极限 $\lim\limits_{x\to0}\frac{x^2\sin x}{\int_0^x t(t+\sin t)\mathrm{d}t}$.

14. 求二元函数 $f(x,y)=x^2(2+y^2)+y\ln y$ 的极值.

15. (1) 求微分方程 $x\frac{\mathrm{d}y}{\mathrm{d}x}-y\ln y=0$ 满足 $y(1)=\mathrm{e}$ 的特解；

(2) 求微分方程 $y''-2y'+5y=0$ 的通解.

16. (1) 求曲线 $y=\ln x$ 与 x 轴及直线 $x=1$，$x=\mathrm{e}$ 所围成图形的面积；

(2) 求曲线 $y=\mathrm{e}^x$ 与 x 轴及 $x=1$，$x=2$ 所围成的图形绕 x 轴旋转所得的旋转体体积.

17. 已知函数 $f(x)$ 在 $(-\infty,+\infty)$ 上连续，且满足 $f(x)=2+4\int_0^x tf(x-t)\mathrm{d}t$，求函数 $f(x)$ 的解析式.

试卷五

一、单项选择题

1. 下列极限存在的是（　　）.

A. $\lim\limits_{x\to 0}\dfrac{1}{2^x-1}$　　B. $\lim\limits_{x\to 0}\mathrm{e}^{\frac{1}{x}}$　　C. $\lim\limits_{x\to\infty}x\sin\dfrac{2}{x}$　　D. $\lim\limits_{x\to+\infty}\sqrt{\dfrac{x^2+1}{x}}$

2. $x=0$ 是函数 $f(x)=x\sin\dfrac{1}{x}$ 的（　　）.

A. 连续点　　B. 可去间断点　　C. 跳跃间断点　　D. 第二类间断点

3. 若函数 $f(x)$ 在 x_0 处可导，且 $f'(x_0)=\dfrac{1}{3}$，则 $\lim\limits_{h\to 0}\dfrac{f(x_0+3h)-f(x_0)}{h}=$（　　）.

A. $\dfrac{1}{3}$　　B. $\dfrac{1}{9}$　　C. 1　　D. $-\dfrac{1}{3}$

4. 函数 $y=\dfrac{\ln x}{x}$ 的驻点为（　　）.

A. 0　　B. 1　　C. e　　D. e^2

5. 已知 $|\vec{a}|=1$，$|\vec{b}|=\sqrt{2}$，且 $\vec{a}$ 与 $\vec{b}$ 的夹角为 $\dfrac{\pi}{4}$，则 $|\vec{a}+\vec{b}|=$（　　）.

A. 2　　B. 4　　C. 5　　D. $\sqrt{5}$

6. 已知函数 $f(x)=\int_0^x \mathrm{e}^t\,\mathrm{d}t+2$，则 $f(x)=$（　　）.

A. e^x+C　　B. e^x　　C. e^x+1　　D. e^x+2

二、填空题

7. $\lim\limits_{x\to\infty}\left(\dfrac{3x+2}{3x-2}\right)^{2x}=$__________.

8. $\dfrac{\mathrm{d}}{\mathrm{d}x}\int\sin x^2\,\mathrm{d}x=$__________.

9. 设函数 $y=y(x)$ 由方程 $\cos(xy)=\mathrm{e}^{-x}+\ln y$ 所确定，则 $y'(0)=$__________.

10. 曲面 $x^2+y^2-z-2=0$ 在 $(2,1,3)$ 处的法线方程为__________.

11. $\int_{-\pi}^{\pi}(x^3+1)|\sin x|\,\mathrm{d}x=$__________.

12. 积分区域 D：$0\leqslant x\leqslant 2$，$-2\leqslant y\leqslant 2$，则 $\iint\limits_D \dfrac{1}{4}x+y^2\,\mathrm{d}x\mathrm{d}y=$__________.

三、解答题

13. 已知函数 $f(x)=\begin{cases}(1+x)^{\frac{2}{x}}, & x>0 \\ x^2+a, & x\leqslant 0\end{cases}$ 在 $x=0$ 点连续，求常数 a 的值.

14. 求过点（$-3,1,-2$）和（$3,0,5$）且平行于 x 轴的平面方程.

15. 当 $x>0$ 时，已知 $f(\ln x)=\dfrac{1}{x}$，计算 $\int_{-2}^{2}xf'(x)\mathrm{d}x$.

16. 设图形由 $y=\mathrm{e}^x$，$y=\sin x$，$x=0$，$x=1$ 所确定.

（1）求此图形的面积；

（2）求由此图形绕 x 轴旋转得到的体积.

17. 已知 $f(x)$ 为区间［0,2］上的连续函数，且 $\int_0^{2x}xf(t)\mathrm{d}t+2\int_x^0 tf(2t)=2x^3(x-1)$，证明：$-\dfrac{3}{4}\leqslant f(x)\leqslant 6$.